U0382153

本书出版得到以下基金或项目的资助:

教育部人文社会科学研究规划基金项目（16YJA790017）

河南省高校科技创新人才支持计划（人文社科类，2017-cxrc-022）

河南省社科规划决策咨询项目（2017JC35）

河南省高等学校青年骨干教师资助计划（2015GGJS-072，2016GGJS-046）

河南省高等学校重点科研项目（17B790003，17A790025）

创新驱动下的
碳减排机制研究

李 创◇著

中国社会科学出版社

图书在版编目（CIP）数据

创新驱动下的碳减排机制研究/李创著．—北京：中国
社会科学出版社，2017.6
ISBN 978 - 7 - 5203 - 0514 - 3

Ⅰ.①创… Ⅱ.①李… Ⅲ.①二氧化碳—减量化—排
气—研究—中国 Ⅳ.①X511

中国版本图书馆 CIP 数据核字（2017）第 126429 号

出 版 人 赵剑英
责任编辑 卢小生
责任校对 周晓东
责任印制 王 超

出 版 中国社会科学出版社
社 址 北京鼓楼西大街甲 158 号
邮 编 100720
网 址 http：//www.csspw.cn
发 行 部 010 - 84083685
门 市 部 010 - 84029450
经 销 新华书店及其他书店

印 刷 北京明恒达印务有限公司
装 订 廊坊市广阳区广增装订厂
版 次 2017 年 6 月第 1 版
印 次 2017 年 6 月第 1 次印刷

开 本 710 × 1000 1/16
印 张 19.5
插 页 2
字 数 319 千字
定 价 80.00 元

凡购买中国社会科学出版社图书，如有质量问题请与本社营销中心联系调换
电话：010 - 84083683
版权所有 侵权必究

前　言

习近平总书记在党的十八届五中全会上提出的创新、协调、绿色、开放、共享"五大发展理念",把创新提到首要位置,指明了我国发展的方向和要求,代表了当今世界发展潮流,体现了我们党认识把握发展规律的深化。用以创新为首的"五大发展理念"引领时代发展,必将带来我国发展全局的一场深刻变革,为全面建成小康社会、实现中华民族伟大复兴中国梦提供根本遵循、注入强劲动力。

从全球大局来看,创新发展是中国顺应国际国内形势的必然选择。中国之所以创新,最主要的国际原因是全球气候变化,严峻的全球环境形势要求中国作为一个负责任的大国,必须实现从高投入、高耗能、高污染的"传统三高"发展模式走向高产出、高效益、高品质的"新三高"模式。中国之所以创新,最主要的国内原因是资源环境的约束性趋紧,环境问题已经成为影响中国经济持续健康快速发展的第一杀手。

创新是时代发展的需要。综观全球,主要经济体增长普遍乏力,与此同时,反全球化和贸易保护主义势力又有所抬头,世界经济发展面临的不确定性因素不断增加。但归根结底,世界发展面临的最大矛盾仍是供需矛盾,尤其是资源有限性与需求无限性的矛盾。随着人口的增长,需求数量会越来越大,质量要求也越来越高,供需之间的矛盾将越来越突出。而解决这一矛盾的关键在于创新。在我国,创新基础薄弱、创新力量不足,因此,"把创新摆在国家发展全局的核心位置","把创新作为引领发展的第一动力",具有特别重要的历史意义。通过创新,促进我国发展方式从规模速度型粗放增长向质量效率型集约增长转变,经济结构从增量扩能为主向调整存量、做优增量并举转变,发展动力从主要依靠资源和低成本劳动力等要素投入向主要依靠创新驱动转变,让创新在全社会蔚然成风,让创新助力中华民族伟大复兴梦!

综上所述,本书在创新驱动背景下开展碳减排机制研究具有重要的理论和现实意义。本书主要围绕碳减排的六大核心环节开展相关研究，具体研究内容如下：

第一章　绪论。首先阐述了创新驱动的时代背景以及环境问题的重要性和紧迫性，在此基础上提出了创新驱动下的碳减排研究思路及主要研究方法，尤其是针对碳减排机制的框架设计，为后续碳减排研究提供了清晰的研究视角和研究路径。

第二章　碳减排的环境技术创新机制研究。工业企业的经济发展与污染问题的解决，关键在于技术创新，尤其是与环境相关的环境技术创新。这一章首先厘清了有关环境技术创新的相关概念，梳理了国内外的研究动态；其次，就我国环境技术创新的总体发展现状、存在的问题以及发展趋势进行了客观分析和深入剖析，并以规模以上工业企业的研发活动与专利为主要考察对象，评价了我国 31 个省份的环境技术创新能力，为全面掌握我国各地的创新力量提供了参考；最后，选取典型地区——河南省焦作市进行了环境技术创新的案例研究。这种宏观、中观和微观的研究思路为全面了解我国环境技术创新实力提供了各层次的决策参考。

第三章　碳减排的投资决策机制研究。要想降低碳排放，就需要环境技术创新；要想实现环境技术创新，就需要投资，且环境技术创新具有准公共物品属性。本章首先系统回顾了投资决策相关理论以及国内外的研究动态，为实验经济学方法在投资决策研究中的应用奠定了理论基础；其次，运用演化博弈理论分析了企业在三种不同情形下的投资策略，即对等规模企业间、规模差异企业间以及企业与政府间；最后，运用公共物品实验，重点针对合作机制、惩罚措施、信息沟通等因素对环境技术创新投资的影响进行了深入剖析，这为政府部门激发企业投资活力、制定相关的政策措施提供了科学的微观依据。

第四章　碳减排的公众参与机制研究。企业的碳减排活动连接着市场的两端：一端是企业的创新行为，另一端是公众的消费行为，只有这两者有机结合在一起才能实现最大化的碳减排目标。这一章首先对公众参与碳减排的理论基础进行了分析；其次运用实验拍卖及问卷调查相结合的研究方法，对公众环境友好型产品的消费态度及消费行为进行了实证研究，研究结论对于指导公众参与碳减排活动具有很好的启发和借鉴价值。

　　第五章　碳减排的碳标识制度研究。随着低碳经济及碳排放测算技术的发展，碳标识制度便应运而生了。本章首先对碳足迹、碳标签的基本概念进行了介绍，在此基础上，科学论述了碳标签的研究意义和研究思路以及国内外研究成果；其次，系统总结了欧洲地区、美洲地区、亚洲地区的碳标签实践经验，以及面临的挑战和机遇；最后，立足国内，分析了碳标签在我国的发展历程、对我国经济社会的影响，论证了我国发展碳标签的可行性和发展策略，为加快我国碳标签制度发展提供了政策建议。

　　第六章　碳减排的市场激励机制研究。从环境政策改革的总体方向看，基于市场化的环境经济政策将是未来发展的主流，而我国当前的环境管理手段仍然以命令控制型政策为主。因此，本章首先介绍了被国际社会广泛认可的碳排放权交易制度的相关理论成果；其次，对美国、欧盟、日本和其他国家的碳排放权交易制度在实践中的使用效果、政策保障、不足之处等问题进行了全面系统的分析，对国内七个开展碳排放权试点工作的省份进行了经验总结，归纳出各自的可推广经验和面临的挑战；最后，在理论分析和实践检验的基础上，提出了我国碳排放权制度的四大设计原则，即实事求是、循序渐进、秉公执法和健全配套，并以河南省为例进行了具体方案设计，为即将开启的全国碳排放权交易体系提供了决策参考。

　　第七章　碳减排的碳金融体系研究。环境问题是全球性的，需要发达国家与发展中国家一起共同应对，尤其是《联合国气候变化框架公约》和《京都议定书》为国际碳减排合作提供了法律指导。本章首先介绍了碳金融的产生与发展，围绕碳金融的基础性问题一一进行了阐述；其次，针对当前碳金融发展比较好的美国、欧盟、澳大利亚、日本进行了具体研究，并预测了未来全球碳金融的发展形势；最后，详细论证了中国发展碳金融的可行性和发展现状，针对存在的问题提出了相关政策建议。

　　本书由河南理工大学能源经济研究中心李创撰写。本书在撰写过程中，参考了大量的中外文资料，在此向所有参考文献的作者表示感谢。

　　由于时间仓促和作者水平所限，本书一定存在不少缺点和错误，恳请读者批评指正。

目　　录

第一章 绪论

第一节 选题背景与研究意义

一 创新驱动的时代背景

党的十八届五中全会于 2015 年 10 月 29 日在北京胜利闭幕，会议审议通过了《中共中央关于制定国民经济和社会发展第十三个五年规划的建议》（以下简称《建议》）。全会及其通过的《建议》提出了全面建成小康社会的新目标，习近平总书记首次提出创新、协调、绿色、开放、共享五大发展理念，为中国"十三五"乃至更长时期的发展描绘出新蓝图。

五中全会强调"坚持发展是第一要务"，但将发展的重心从"经济建设为中心"明确转移至"以提高发展质量和效益为中心"，加快形成引领经济发展新常态的体制机制和发展方式，这意味着，"十三五"和以前十二个五年规划最大不同在于，以前十二个五年规划重视中国经济在"量"的层面的扩张，以"量"带动质的提升，而"十三五"则更注重"质"的飞跃，强调发展方式的重大变革，并据此提出了"创新、协调、绿色、开放、共享"的五大发展理念。而无论是创新、协调、绿色，还是开放和共享，都是过去 30 多年中国经济发展的短板。其中创新发展是国家发展全局的核心，是为了解决发展动力不足的问题；协调发展是正确处理发展中的重大关系，尤其是解决区域均衡发展不平衡问题；绿色发展则要求发展必须补生态环保的短板，实现可持续发展，为此生态文明首次被写入五年发展规划；开放则是要求陆海内外联动、东西双向开放，形成全面开放新格局，使中国对外开放迈向更高层次；共享发展则要求全体人民共同迈入小康社会，充分体现了发展目的和社会主义体系的内在要求。

李克强总理在 2015 年第 20 期《求是》上刊发了署名文章《催生新的动能、实现发展升级》，文中明确指出，创新是国家强盛和社会进步的不竭动力，技术革命对促进经济提质增效、实现发展升级起着极为关键的作用。我国深入实施创新驱动发展战略，倡导大众创业、万众创新，就是要用创新的方式和手段来推进创业，更好地推动我国发展升级。而且，创新绝不仅仅是科学家、企业家或者科技工作者的事，创新也是全社会的事。由此可见，未来我国经济发展必须在"创新"上下功夫，让以科技创新为核心的全面创新真正驱动生产力迈向更高水平。

当前，我国经济社会发展的外部环境和条件都发生了深刻变化。从国际环境来看，一方面，受金融危机的影响，世界主要经济体的增长呈疲软态势，全球经济仍在深度调整，经济和贸易增长普遍乏力，不稳定和不确定性明显增强；另一方面，世界经济一体化进程继续推进，国际生产要素的流动性不断增强，国际产业转移还在继续，尤其是在中国，仍然是世界公认的国际产业最佳承接地之一，也是全球最具增长潜力的消费市场之一。从国内经济环境来看，21 世纪以来，我国持续高速的经济增长态势已经有所下降，2016 年 GDP 增速为 6.7%，为近二十年来的历史最低水平，我国经济下行压力继续加大，与此同时，国家层面的"一带一路""大众创业、万众创新""自贸区建设"等发展战略已被摆上更加重要的位置。

外部环境和条件的变化为我国发展经济提供了重要契机。总体来看，"十三五"期间，我国经济社会发展面临的风险与挑战明显增多，经济社会发展仍处于重要战略机遇期，但是，战略机遇期已经从相对稳定型为主向更加复杂多变、更加依赖主动塑造的方向转变，突出表现为两个方面：一是延续粗放发展模式的空间接近极限，改革、转型和调整的倒逼机制全面形成，转型发展的大势已经形成；二是依靠要素成本优势驱动的发展方式已经没有空间，以土地、劳动力等传统要素吸引外来资金或简单承接产业转移的状况已难以为继，创新型增长已经走向前台。基于此，"十三五"规划建议提出，"必须把创新摆在国家发展全局的核心位置，不断推进理论创新、制度创新、科技创新、文化创新等各方面创新"，可谓水到渠成（韩建平，2015）。

在继承中创新，在创新中发展，要大力推进理论创新。毛泽东思想、邓小平理论、"三个代表"重要思想、科学发展观都是在实践基础上的理论创新。实践创新和理论创新永无止境。

要大力推进制度创新，制度创新是创新发展的保障。五中全会提出："必须把发展基点放在创新上，形成促进创新的体制架构，塑造更多依靠创新驱动、更多发挥先发优势的引领型发展。"习近平总书记指出："突出创新，就是要加强体制创新和科技创新。"他强调："要进一步深化改革、扩大开放，加快体制、机制创新，形成科学合理的管理体制以及多元化的投入机制和市场化的运作机制。"他还强调："从建立健全长效机制着手，推进思路创新、机制创新和方法创新。"要大力推进科技创新，科学技术是推动产业发展的根本动力。他强调："综合国力竞争说到底是创新的竞争。要深入实施创新驱动发展战略，推动科技创新、产业创新、企业创新、市场创新、产品创新、业态创新、管理创新等，加快形成以创新为主要引领和支撑的经济体系和发展模式。"

必须把发展基点放在创新上，创新必须以实践为基础，尊重规律、遵循规律；解放思想、实事求是。首先，要善于创新。要在日常工作与生活中善于培养创新意识，提高抢抓机遇、开拓进取的能力，适应新的形势，坚持与时俱进，增强创新意识，是一个地区加快发展的关键。其次，创新必须尊重实际。尊重实际，就是要始终坚持从世情、国情、区情出发，从我们面临的形势任务的实际出发，从人民的愿望要求的实际出发。要清醒认识发展中遭遇的新挑战、行动中遇到的新问题，不囿于以往的经验，不照搬别人的做法，做出符合实际的战略决策。再次，创新必须遵循客观规律。"十三五"期间，既是中国发展的关键期、机遇期，同时又会面临诸多挑战。我们要在改革和发展的实践中，积极探索认知社会经济发展的规律。最后，创新要干在实处。只有实干才能在实际中认知规律，才能在实践中创新，才能将创新的成果发扬光大。习近平总书记指出："进一步培育和弘扬真抓实干、讲求实效的'务实'精神。'务实'，就是要尊重实际、注重实干、讲求实效。"

二 环境问题的重要性和紧迫性

自工业革命以来，全球经济总量呈现出爆炸式的增长，然而在我们不断追求财富的过程中，却忽视了对赖以生存环境的保护，全球范围内的极端天气、恶劣气候、自然灾害等频频出现。根据中国气象报援引世界气象组织（World Meteorological Organization，WMO）发布的《年度气候状况声明》对极端事件的声明,该声明指出,全球各地的极端事件不仅会明显增多,而且分布范围会很广。比如2014年的美洲、欧洲、亚洲等全球大部分地区都遭遇了极端天气灾害。

在美洲,2014年的美国经历了创纪录的低温冰冻天气、连续暴雪、持续暴雨和高温干旱等诸多极端天气和自然灾害(刘玮,2014)。2014年1月,强大的北极冷空气突袭美国大部地区,带来罕见的酷寒天气,美国多地进入20年来创纪录的低温冰冻天气,大雪和超低温天气不仅威胁着许多民众的生命和财产安全,而且也给很多地方的城市交通和经济发展带来灾难性破坏,甚至有些地区的交通陷入严重混乱,近4000架航班被迫延误或取消,多地高速公路被迫封闭,一些城市几乎陷入瘫痪状态。美国东北部约百万公民因受暴风雪陷入无电状态,其中宾夕法尼亚州、新泽西州和马里兰州受灾最为严重。宾夕法尼亚州的州长宣布该州进入紧急状态,并责令所有紧急服务人员和所有可用资源处于备战状态。与此形成鲜明对比的是,美国加州从1月21日开始遭遇史上最干旱的冬季,州长杰里·布朗宣布加州进入干旱紧急状态,呼吁民众节约用水。加州水务部门历史上首次采取"零供水"措施,该措施影响到2500万人的生活和生产用水。加利福尼亚州2/3的居民和100万英亩的农田依靠州水务局提供饮用水和灌溉用水。"零供水"措施后,州长布朗敦促该州居民节约用水,并建议人们在不必要的情况下不要冲厕所,在刮胡子的时候要关上水龙头。加州州长布朗在1月31日还表示,这是该州经历的有记录以来最严重的一次旱灾,加州最大的水库出现创纪录的低水位。

在欧洲,多国遭遇恶劣天气,暴风雪、洪灾等给当地经济建设和民众生活造成严重影响。2014年2月持续的暴雨给英国经济社会和人民的生产生活带来了巨大损失,无论是降雨强度还是持续时间,此轮暴雨几乎都创下英国近200年来的最大值。事实上,在2013年12月至2014年2月,英国环境署就已经发布了130多条严重洪水警报。在斯洛文尼亚西部,数千户居民受到暴雪影响,连续多天处于断水、断电、停暖等艰难状态,当地政府的经济救援部负责人表示,全国可能需要几个月的时间才能从这场雪灾中恢复过来。在意大利中北部地区,2014年2月突如其来的暴雨使上百个市镇被困,当地诸多河流水位急剧暴涨,超过正常值的200%或300%,持续的强降雨天气使多条河流水位逼近或超过了警戒线，甚至部分河流决堤，淹没了大量农田和房屋，一些民众不得不撤离家园，VENEZIA 广场的水深就超过了 1 米，其中罗马北部是本次暴雨受灾最重的地区。与此同时，在阿尔皮斯山的东部地区，强降雪导致雪的厚度超过 5 米。受极端天气的影响，拉齐奥大区（LAZIO）大区主席 Nicolas Zingaretti 宣布，罗马、Frosinone、Rieti 和 Viterboshe 4 个省进入紧急状态，恶劣天气给意大利造成的经济损失可能高达 1 亿欧元。此外，在比萨州的沃尔泰拉，一段中世纪的古堡城墙被冲垮，其损失难以估量。恶劣天气同样使海上活动面临更多凶险，从荷兰鹿特丹出发前往阿联酋的一艘海上补给船只在西班牙海域遭遇十级海风，当地警方不得不出动直升机来营救船员。持续的海上大风大浪使法国大西洋沿岸大面积地区出现洪水泛滥。

在亚洲，恶劣天气正威胁着人类的生存。英国气象局"哈德利气候预报研究中心"主任、著名气象专家戴维·格瑞格斯在 2014 年 10 月曾表示，到 21 世纪末，亚洲地区的气候条件可能会在降雨方式、热浪和热带风暴等方面发生巨大改变，由此导致的结果是一些热带地区将变得更加酷热、一些内陆地区在本应多雨的夏季却变得非常干燥，受恶劣气候条件的影响，台风带来的风险将会更大，这些都会对农业、工业产生重大影响。如果海平面升高 1 米，孟加拉国将因此而失去约 17% 的领土。还有科学家推测认为，在气候变化超过某个限度后，水稻和其他农作物的生产可能受到干旱的严重影响。

据国际减灾委员会统计，气象灾害造成的损失在全球平均占 GDP 总量的 3%—6%。更重要的是，这些极端天气和自然灾害等恶性环境事件随时可能危及人们的生命和财产安全，给发展中的经济、科技造成难以估量的损失，并重创人类的生产经营活动。因此，积极应对气候变化、保护我们的地球是世界各国的共同使命。

科学家们几十年来通过对来自气象站、卫星、船只、浮标、深海探测器和气象气球的信息研究表明，大气中长期以来积累的温室气体正不断吸收热量，导致陆地、海洋和大气的温度不断升高。世界平均气温在过去的 40 年中上升了 0.5℃，2010 年的平均温度是 14.51℃，与 2005 年创下的纪录持平。国际大气研究方面的资深科学家杰拉尔德·米尔指出，全球变暖提高了极端天气现象发生的概率。2011 年，气候与能源解决方案中心的资深科学家杰伊·古里奇指出，到 21 世纪末，世界平均气温可能会上升 1.5—4.5℃，具体上升的数值大小取决于我们这些年间的碳排放量。

随着我国改革开放政策的成功实施，在过去的 30 多年间，我国经济增长取得了举世瞩目的成绩，1979—2015 年的年均增长率为 9.8%，高于同期世界经济增长 6.8%，国际地位也迅速提升。然而，在经济快速增长背后是环境质量的不断下降和自然资源的大量损耗，环境污染已经成为民生之患、民心之痛，成为我国经济社会发展的突出短板。据国家环保总局统计，我国每年因为环境污染所造成的经济损失大约占国家GDP 的 10%。究其原因，主要是各地在追求经济增长的同时没有处理好经济建设与环境保护之间的关系，在环境问题的认识上存在较大误区，在环境实践中国家的方针政策执行不到位，在环境监管方面存在"走过场"、摆形式的现象。为此，必须以改善环境质量为核心、以提高环境效益为标准、以改革环境管理的体制机制为切入点，为环保事业的健康发展提供制度保障。特别是党的十八大以来，有序、有力、有效地推进环保管理体制改革，生态补偿、环境公益诉讼、领导者问责追责条例、环保机构垂直管理制度等一系列改革措施陆续出台并开始实施，尤其是首次将生态文明建设写入国民经济发展五年规划，这充分体现了我们党和国家对环境问题的高度重视，对于建设"美丽中国"的决心和信心。

三　研究意义

综上所述，当前中国经济正面临增长速度从高速增长向中高速过渡、发展方式从粗放型发展向资源节约型发展转变、增长动力从要素驱动向创新驱动转变的关键时期。与此同时，中国的能源资源短缺、生态环境破坏、大气污染严重等环境问题越发突出，经济社会发展与人民群众对美好生活诉求的矛盾越发激烈，因此，开展创新驱动背景下的碳减排机制具有重要的理论和现实意义。

第一，本书提出的创新驱动背景下的碳减排机制框架包括环境技术创新机制、投资决策机制、公众参与机制、碳标识制度、市场激励机制和碳金融等多个方面，涉及碳减排机制的技术来源、风险投资、公众参与、碳量化、市场管理和金融政策体系等关键问题，这在以往研究中还不曾见到，它们相互关联、相互影响，因此，本书提出的碳减排机制对于促进我国生态文明建设具有顶层设计的参考价值。

第二，节能减排的最终落脚点在于技术创新，尤其是与污染控制紧密相关的环境技术创新，本书全面阐述了环境技术创新的内涵演进、基本概念以及国内外研究动态，实事求是地评估了当前我国环境技术创新的发展现状，并就我国整体的环境治理理念、政策依据、政策措施、创新驱动效应和区域创新能力等进行了深入剖析和客观评价。在此基础上，还选取了河南省焦作市进行了典型案例研究，围绕焦作市工业企业环境技术创新的基本现状和存在的问题进行了认真研究，尤其是针对碳影响环境技术创新的驱动因素和限制因素的深刻思考，为下一步促进我国环境技术创新发展提供了决策依据和实践经验。

第三，环境技术创新具有一般技术创新的路径依赖和高风险等特征，同时也具有特殊的强公益性特征，且环境技术创新投资周期长、短期收益不明显等，这些都会影响环境技术创新的投资决策。因此，本书没有像以往文献那样，仅从理论建模角度对投资行为进行理性分析，而是从行为决策视角围绕投资决策机制开展深入研究，并系统地梳理了有关投资决策的行为经济学理论、实验经济学理论和有限理性理论，构建了行为决策视角下的投资决策实验模型，分析了影响投资决策的行为因素，这一研究思路及研究成果对于丰富碳减排的投资政策、激活投资活力具有重要的参考价值。

第四，应对气候变化、大力推进节能减排不仅需要政府部门和企业机构的努力，同样，也需要社会公众的全员参与，尤其是作为市场终端的消费者对其要青睐。环境问题具有典型的公共物品属性特征，因此，本书借助心理学、社会学等理论知识，深入研究了公众在参与碳减排方面存在的突出问题，并通过区域范围的调查研究，详细分析了雾霾爆发的典型地区公众参与碳减排的现状，以及影响因素的统计规律，从公众对环境的关心度和了解程度、公众对环境友好型产品的认知和主客观态度等方面进行了实证研究，为今后提升我国公众在碳减排方面的参与力度提供了很好的微观资料。

第五，我国的碳减排工作是一项长期而艰巨的任务，而宣传教育对于顺利推进碳减排至关重要。碳标识制度就是以标签的形式将商品在生产过程中所排放的碳以量化指数表示出来，以引导广大消费者选择低碳产品，从而达到减少温室气体排放的目的。本书从碳标签的起因做起，详细阐述了碳标识的发展脉络，并总结了发达国家实施碳标签制度的实践经验，剖析了我国面临的碳标签压力，以及碳标签对我国经济社会发展的影响，最后，提出了我国发展碳标签的策略和政策建议。

第六，碳排放权交易制度是我国进行环境政策创新的必然选择。因为碳排放权交易不但在理论上解决了外部性问题，也从美国等发达国家的实践中得到了很好的验证，它能够利用市场机制使环境治理达到效率最优水平。我国一些省份在碳排放权交易试点过程中，交易量不断提升，环境污染的问题有所改善，交易主体的积极性明显提高。此外，碳排放权交易制度不但降低了污染排放总量，而且也促进了节能减排技术的发展。但碳排放权交易毕竟是一项新政策，在实施过程中出现了一些问题和需要完善的地方，如初始总量的确定、初始价格的确定、交易条件、交易范围等。本书在综合国内外碳排放权交易的理论和实践基础上，对我国碳排放权交易的障碍和交易机制进行系统性的分析，归纳出碳排放权实施过程中的障碍并找出产生的原因，在此基础上对碳排放权交易制度进行设计，为全国碳排放权交易的实施提供政策上的借鉴，这是本书突出的现实意义。

第七，发展低碳经济需要强大的资金、技术和制度保障，需要完善的市场结构和健全的政策体系，这正是碳金融的产生背景。为此，本书提出创新驱动背景下的碳减排金融体系，并详细阐述了碳金融的市场架构、参与者、产品类型、法律框架、市场交易和风险等基础理论，全面客观地总结国外碳金融的发展经验，剖析国内碳金融的发展现状及发展困境，最后提出相应的发展对策，这些研究对于我国应对气候变化具有较好的参考价值。

第二节　研究的技术路线与研究方法

一　研究的技术路线

本书是在全球共同应对气候变化的国际大背景下，在国际碳减排机制和国内碳减排实践的基础上展开的，具体技术路线如图 1-1 所示。

二　研究方法

本书主要是通过学校图书馆查阅大量国内外相关文献资料，并充分利用一些权威性较高的电子数据库，对现有资料数据进行整理分析，在

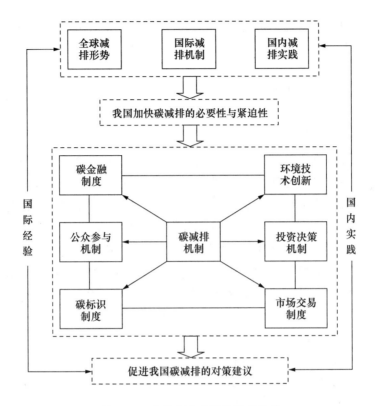

图 1 - 1　本书研究采用的技术路线

充分借鉴国外发达国家以及国内先进省份碳减排实施经验的基础上，根据当前的经济社会实际情况，围绕碳减排的方方面面提出相应对策。主要研究方法如下：

（一）文献研究法

相关文献资料的获得，主要是利用学校图书馆阅读有关书籍，并充分利用电子数据库如国外的 SCI、EI、Elsevier、Springer、EBSCO，以及国内的 CNKI、维普、超星、万方等，查询国内外相关文献资料，从而对碳减排的历史和现状等问题做到全面透彻的了解，并初步形成本书对碳减排机制分析的基本思路。

（二）归纳推理法

任何事物或现象的发生都有其不可复制的背景，对事物背景进行分析，才能了解事件的起因和发展脉络，以避免研究过程中的盲目性，这就需要对背景材料进行深入细致的推理分析。另外，在对事物的研究过程中，及时对所得经验进行归纳总结有利于下一步计划的顺利实施，同时学习借鉴别人的经验也可以让自己少走弯路，这一总结的过程就是归纳学习的过程。本书就是对不同碳减排机制的情况进行分析，并借鉴国内外一些成功的实践经验，从而找出我国现有碳减排机制存在的不足之处。

（三）对比分析法

对比分析是本书研究的主要方法，可以对任何现象或事物进行比较分析，从而容易得知事物发展的共性和个性问题，进而透过现象看本质，探究事物或某种现象发生的一般和特殊规律。本书通过国内外碳减排机制的各个环节的对比，分析出我国开展碳减排的成效和存在的问题，学习借鉴国外，尤其是发达国家在碳减排方面的成功经验及实践启示。此外，本书通过国内先进省份之间的碳排放权交易实践的对比分析，找出在全国实施碳排放权交易制度面临的"瓶颈"，为碳排放权方案的设计及政策建议的提出提供理论基础。

（四）动静结合法

有句话说：世界上唯一不变的东西就是变化，这句话形象地描述了动与静之间密切的关系。从实践来看，无论环境质量状况还是国家经济增长，以及减排政策体系的构建，其实，都是一个动态演变的过程。本书从环境保护的长远利益考虑，探究其发展过程中的规律性，并在理论分析的基础上结合国内减排机制的实施案例，既有对过去历史的经验总结，也有对现有客观条件的剖析，并从可持续发展角度出发提出一系列政策建议，从而使问题研究动静结合、过去与未来有机结合。

（五）定性与定量相结合

与定性分析法相比，定量分析法能够更精确描绘出数据之间的关系，以及数据本身的变化态势，因此，本书坚持在定性分析的基础上，注重运用量化分析方法对碳减排现象进行数量特征、数量关系的研究。比如，在研究企业的环境技术创新投资决策机制时，首先运用一般的归纳推理进行理论分析，随后基于演化博弈理论对对称企业间、非对称企业间、企业与政府间的投资决策行为进行了博弈分析，从而有助于更真实地刻画企业的投资决策过程。在研究公众参与机制时，在定性分析的基础上，本书基于问卷调查数据进行了大量的统计特征量化分析，对于揭示社会公众的环境友好型产品消费态度和消费行为提供了很好的微观基础。

第二章 碳减排的环境技术创新机制研究

第一节 环境技术创新的内涵及基本概念

一 环境技术创新的内涵演进

环境资源是人类所有存续活动的物质基础，是所有技术进步的最基础条件。工业时代以来，人类在依托自然资源创造前所未有的经济繁荣的同时也引发了大量的环境问题。环境资源与生俱来的无阶级性、非排他、非竞争等公共商品属性导致任何人、组织都可以轻易获取并使用，而企业在缺乏外界强制力的情况下往往以实现利润为首要目标，不会将有限的精力、财力、物力投入到环境技术创新上。而市场机制无法对企业索取环境资源的行为进行有效约束，"高污染、低能效"的发展方式迟迟得不到改善，造成环境资源利用率越来越低，环境污染问题不断加剧。较早步入工业时代的西方国家在社会发展中逐渐认识到环境保护对可持续发展的重要意义，不断探索着兼顾环境保护和资源利用的有效途径。环境治理理念也在工业进步与治理实践中不断演进，先后经历了"末端控制—无废工艺—清洁生产—可持续发展"等阶段（王丽萍，2014）。

（一）末端控制阶段

其核心是末端控制，即在工业生产的末端，通过研发并实施一系列污染物排放控制方法，达到控制污染物排放目的，在实际应用中，该方法存在不少弊端。首先，末端治理是基于"先污染、后治理"的思路，并不能提高自然资源的利用率。其次，造成企业短期成本升高，经济效益降低，例如，据美国环境保护署（Environmental Protection Agency，EPA）的统计，美国用于空气、水和土壤等环境介质污染控制总费用

（包括投资和运行费用），1972 年为 260 亿美元，占 GNP 的 1%，到 80 年代末增长至 1200 亿美元，占 GNP 的 2.8%。即使如此之高的污染处理费用仍未能达到预期的污染控制目标。最后，事后控制模式导致污染物本质上只是产生了转移，并未消除，例如火电厂的烟气脱硫处理会造成大量废渣，废水集中处理会产生大量污泥等。

（二）无废工艺阶段

随着末端控制理念的弊端不断显现，1979 年 11 月西方主要工业国家在日内瓦举行"在环境领域内进行国际合作的全欧高级会议"，会议通过了《关于少废无废工艺和废料利用的宣言》，提出了"无废工艺"理念，该理念强调，工业生产应采用内部循环方式，实现资源在整个生产链条的充分利用，进而实现"零污染"物排放。无废工艺理念的应用和实施上的主要方式有：一是资源重组优化，即将不同工厂的上下游生产工艺进行科学、合理的配置组合，进而形成无污染的闭合生产线。二是自主研发，即针对某类工业项目，从相关的各生产环节出发，发展能有效闭合的无污染生产工艺。三是工艺替代，例如，用少水工艺或无水工艺替代用水工艺，进而减少水污染。

（三）清洁生产阶段

20 世纪 80 年代后，随着全球性环境污染和生态破坏的日益加剧，人们逐渐认识到现有控制污染物排放的思路难以从本质上改善环境质量状况，于是强调对整个生产周期进行系统性控制和管理的清洁生产的理念逐渐普及。1989 年，联合国环境规划署提出"清洁生产"理念，即通过应用先进技术、改进工艺流程、改善组织管理等对生产和产品的整个生命周期进行优化控制，实现节约资源和环境保护的双重目的，进一步将污染控制纳入整个社会生产体系中来综合对待。清洁生产理念强调进行过程控制，包括两方面：一是基于产品周期的控制，即清洁生产强调减少产品的整个生命周期对环境造成的污染，即对产品的原材料阶段、生产阶段、流通阶段，以及最终处理阶段均进行清洁控制；二是基于生产过程的控制，即选取清洁能源或原材料，尽量避免使用有毒有害的原材料，并在产品生产的各个环节进行清洁控制，保障最终的排放物无污染或者最少污染。总之，清洁生产模式是一种使社会经济效益最大化的先进生产模式。

（四）可持续发展阶段

该阶段以 1992 年的联合国环境发展大会为标志。会议通过了《里约环境与发展宣言》《21 世纪议程》等文件，首次提出了可持续发展战略，会议强调环境保护要与经济发展同步进行，依托良好的环境保障发展可持续。在我国，1994 年 7 月 4 日，国务院批准了《中国 21 世纪人口、环境与发展白皮书》，这是我国第一个国家级可持续发展战略，党的十七大以后，国务院确定可持续发展战略为我国基本发展战略，它强调"人与自然和谐相处，认识到对自然、社会和子孙后代的应负的责任，并有与之相应的道德水准"。

二　环境技术创新的基本概念

经济学家熊彼特（1912）在《经济发展理论》一书中首次将创新作为一种经济学概念提出。他认为，创新是建立一种新的生产函数的过程。即将生产要素和生产条件按新的组合方式引入到生产体系中（熊彼特，2012）。熊彼特之后，经济学家不断拓展创新理论的内涵，从技术创新和制度创新两方面给予定义。一般来说，技术创新是指应用新技术、新工艺、新方法对既有的生产方式和经营管理模式进行优化升级，通过开发新产品、提供新服务取得市场优势实现市场价值的整个活动和过程，主要包括产品创新和工艺创新两部分。

作为技术创新的一种，环境技术创新同样强调其创新成果的商业化属性，但同时坚持环境友好导向的社会属性，进而与传统的技术创新区别开。1992 年，联合国地球峰会上形成的纲领性文件——《21 世纪议程》，将环境技术创新解释为一个包括技术诀窍、过程、产品、服务、装备及组织和管理过程的总系统。1994 年美国环保局将绿色技术创新划分为浅绿色技术和深绿色技术两类，其中浅绿色技术指污染治理技术即末端控制技术，深绿色技术指的是清洁生产技术即污染防治技术（联合国环境与发展委员会，1992）。在学术界，最早提出环境技术创新的概念的学者有雷思和哈伯特·科普利（Rath and Herbert - Coply，1993）、布朗和威尔德（Brawn and Wield，1994）等，他们基于技术应用与经济发展及环境保护的辩证关系的角度给出了环境技术创新的定义。

国内一些学者对此也进行了研究，许健和吕永龙（1999）把环境技术创新定义为，能节约或保护能源和自然资源，减少人类活动的环境负荷从而保护环境的生产设备、生产方法和规模、产品设计以及产品发送的方法等。钟晖和王建锋（2000）将环境技术创新理解成绿色技术创新，包括产品创新与工艺创新两方面。沈冰和冯勤（2004）把环境技术创新定义为，在既定的生产要素约束下，通过实施新产品研究、开发、转化、扩散等一系列过程，通过提高企业的节能减排能力，达到减少污染、保护环境的目的。田建春（2007）认为，企业的创新行为受企业、政府、科研院校、社会公众等多方因素制约，从环境技术创新的不同主体角度看，绿色技术创新的首要主体是企业，根本推动方是政府，技术推动方是科研院所与高校，而社会公众是绿色技术创新的实际制定者和最终受益者。

综上可知，环境技术创新是指所有能够改善或维持生态环境水平的技术创新活动及过程的总称，主要包括工艺创新、过程创新、技术创新、产品创新、组织创新等内容。环境技术创新与环境治理有高度正相关关系，通过环境技术创新可以有效地保护和改善生态环境，降低甚至消除工业发展对环境造成的负面影响，与此同时，环境治理的过程会持续推动环境技术发展进步，使二者建立良性互动的协同发展模式。

第二节　环境技术创新研究动态

一　环境技术创新的影响因素

近年来，我国学者从不同角度运用多种方法对环境技术创新的影响因素开展了大量有针对性的研究。

（一）基于调研统计的实证研究

吕永龙（2003）首次在全国 31 个省份开展了大规模的环境技术创新与产业化发展影响因素的实证研究工作，并从系统功能的角度将环境技术创新影响因素分为关键因素、支撑要素、咨询要素和调控要素四类，最后从财政补贴、税收政策、人才战略、社会管理体系等方面提出可以促进我国环境技术创新的政策建议。

（二）基于环境规制影响程度的分析研究

赵细康（2004）分别从内驱力、内阻力、外驱力和外阻力四个方面研究了环境规制政策对企业环境技术创新动力的影响问题，并从不同角度给出了政策建议。王璐和杜澄等（2009）从企业"经济人"的角度对政府环境管制行为对企业环境技术创新活动产生的影响进行分析，梳理了企业决策的内在作用机制，对企业环境技术创新的影响因素进行比较分析，研究得出企业的预期收益和生产成本是影响企业开展环境技术创新的最重要因素。许士春、何正霞和龙如银（2012）通过建立理论模型对排污许可、排污税、可交易许可等环境规制措施对企业绿色技术创新的影响程度进行了分析，得出环境规制强度与企业环境技术创新能力有正相关关系，而企业是否完全遵守环境规制政策，主要取决于政府的监管力度。

（三）基于企业行为模式的分析研究

马小明和张立勋（2002）指出，企业负责人进行环境投资决策时往往受到企业经济状况和自身环境意识的双重影响，因而表现出不同的行为偏好。鞠晴江和王川红（2008）对企业履行环境责任的内涵与意义、实施环境创新的理论基础与实践途径等进行了深入分析，指出，从长期来看，实施环境技术创新是企业有效应对环境责任挑战、培育可持续竞争力的最佳战略路径。杜晶和朱方伟（2010）从企业的风险偏好、环境意识、信息能力、职业关联、社会责任感等行为变量出发进行比较分析，建立了企业环境技术创新采纳的行为决策框架。

二　环境技术创新的动力机制

环境技术创新不仅是经济领域的行为，同时也是环境领域的行为。基于"经济人"假设，企业技术创新的内部动力来源于对利润的不断追求，而环境技术创新又不同于一般的技术创新，外部动力来自政府、市场、公众的多重压力也对企业创新行为的产生、形成有重要影响。许庆瑞（2000）从一般意义上的技术创新概念出发，通过对技术创新动力的分析，探讨了技术创新的动力机制，并从技术的推动力、市场拉动力、竞争对手威胁力、群众创造和政府推进力方面建立了五力作用模型。黄健（2008）基于环境问题的外部性将环境技术创新的动力来源分为内外两个方面，内部动力包括产品绿色竞争力、企业家精神和塑造企业环保形象三个方面；外部动力包括政府环境规制、社会舆论监督、市场需求和市场竞争四个方面。李新娥和穆红莉（2008）通过研究指出，工业企业的主观能动性对其开展环境技术创新工作有着重大正向激励作用，呼吁企业在政府大力支持环境创新的背景下要主动发挥自身作用，最后提出，企业可以通过构建声誉激励机制来提高企业环境技术创新的积极性。

三 环境技术创新的政策体系

近几年，国内学者针对环境规制政策与环境技术创新的辩证关系展开了一些研究。其中，吴巧生和陈金华（2004）以费雪（Fischer）等建立的模型为基础，重点分析了内生时的排放税和排放许可对企业技术进步和员工福利的影响程度，结论表明环境政策工具的影响程度受多方面因素影响，包括新技术的转化程度、自主创新成本、环境收益大小及污染厂商数量等。李光军和徐松（2004）对企业进行清洁生产的政策机制进行分类研究，分析了政策激励机制存在的问题及面临的障碍，指出环境政策应该体现强制性和激励性的统一，既要考虑市场对企业经济效益的杠杆作用又要具有可执行性。沈芳（2004）在建立数学模型的基础上，分别研究了在成本与收益不确定的前提下和存在诱发性技术革新的前提下，环境政策如何在数量工具与价格工具之间进行选择的问题，她认为，环境规制者的政策选择与污染成本的不确定性无直接相关。赵红（2008）通过分析中国 30 个省份的工业企业面板数据得出，从中长期来看环境管制对我国企业环境技术创新有激励作用。何欢浪和岳咬兴（2009）充分分析了环境技术补贴对企业技术创新的诱发作用，使用了一个简单的第三国模型，结合环境税和减排补贴的比较分析，指出了使用环境税和技术补贴即使不能完全消除环境污染但可以提高国内环境标准，有利于控制企业污染排放和消除国际贸易壁垒。

四 环境技术创新的政策建议

王京芳（2005）探讨了制约中小企业进行环境技术创新的影响因素，主张从健全企业外部的激励机制和企业内部的创新环境两方面发力，使中小企业开展环境技术创新工作既有制度约束又有内生动力。黄德春和刘志彪（2006）认为，发展中国家进行环境规制能够取得显著收益，可以有效减少污染和提高生产效率，因此，政府要下决心取消变相补贴政策，激励企业通过市场行为提升自身竞争力的同时改善环境。耿建新（2007）从我国现行的企业环境信息披露制度出发，对我国企业环境信息披露的形式、内容以及政府对环境信息披露的管制等方面进行分析，提出通过建立一套公开透明、层次清晰、执法公平的环境信息披露规范体系对于改善企业排污行为很有帮助。在如何客观地评测环境规制政策的客观成效的问题上，李翠锦（2007）通过分析指出模糊综合评价法和层次分析法测评企业环境及经济效益的不足，并探讨了利用主成分分析法和回归分析法来构建经济与环境协调发展模型的综合分析评价过程。李武威（2008）利用制度经济学理论，分析了绿色技术创新和传统技术创新在运行模式上的差异，并结合发达国家在绿色技术创新上的制度设计来探索我国环境法律法规、环境技术标准及环境经济激励等制度设计。张宗和和彭昌奇（2009）在对格瑞里茨和杰菲的知识生产函数模型进行改进的基础上，通过对我国 30 个省份三大技术创新主体的投入产出面板数据进行实证分析，指出中国区域技术创新二次产出存在巨大地域差异，要提高区域技术创新能力需要进一步优化不同地域的科研经费配置，开展技术创新主体的体质机制创新。孙宁、蒋国华、吴舜泽（2010）从技术规范文件、环境技术评价制度、环境技术示范和推广等方面介绍了我国环境技术创新管理体系的实施现状与存在问题，并提出了政策建议。

第三节　我国区域环境技术创新发展态势

一　我国区域环境技术创新的发展现状

（一）我国的环境治理理念

我国的环境治理工作在摸索中前进，各个时期制定的环境政策有鲜明的时代特色，体现不同的治理理念，为此，将我国环境治理理念的变化过程分为以下四个阶段。

第一阶段，20 世纪 70 年代初到 1978 年党的十一届三中全会。1973 年国务院召开的第一次全国环境保护会议上提出了环保工作 32 字方针："全面规划、合理布局、综合利用、化害为利、依靠群众、大家动手、保护环境、造福人民"。总体来看，这一阶段我国还没有引入市场经济的概念，环境保护工作没有形成系统，具体措施不明显，常以政治口号式的宣传为主，具有鲜明的时代特色。

第二阶段，党的十一届三中全会到 1992 年。党的十一届三中全会以后，随着我国经济建设步伐的加快，对环境问题的认识开始提到日程上来，提出了政府自身考核与环境规制措施相结合的环境治理理念，方法措施明确，治理理念已从空洞的口号提升为科学的考量，提出了环境管理八项制度，即环境保护目标责任制、综合整治与定量考核、污染集中控制、限期治理、排污许可证制度、环境影响评价制度、"三同时"制度和排污收费制。总体来看，这一阶段，对环境保护工作有了科学认识和系统规划，并将环境保护上升为国策，为后期环保工作的开展奠定了坚实基础。

第三阶段，1992—2002 年。1992 年 6 月联合国环境与发展大会的召开以及《里约环境与发展宣言》的通过，在国际范围内掀起了可持续发展的大潮，在此背景下，我国也提出了可持续发展战略并确立为国家战略，并于 1994 年率先在世界上制定实施《中国 21 世纪议程》，提出资源合理利用与环境保护的发展战略，还相继颁布实施或修订了一系列有关生态保护与建设的法律、法规。总体来看，在这一阶段，已经开始将环保工作纳入社会综合系统来统筹规划，环境保护理念已经扩大到资源、生态、物种、社会、人口等方方面面，不再割裂环境保护与社会有机体的同生关系，治理措施更加多样化，治理主体也更加多元化，并且体现了标本兼治、齐抓共管的治理理念，环保工作进步明显。

第四阶段，2002 年至今。随着 2001 年 11 月中国加入世界贸易组织，我国作为负责任的环境大国，在环保领域的治理力度持续加强。2007 年 10 月党的十七大报告提出，以科学发展观为指导，积极探索环境保护新路，加快推进环境保护历史性转变，努力构建资源节约型、环境友好型社会，并将环保工作上升为建设环境友好型社会的高度（胡锦涛，2007）。2012 年 11 月党的十八大报告中，生态文明建设被纳入中国特色社会主义事业总体布局，努力建设美丽中国，实现中华民族永续发展（胡锦涛，2012）。2015 年 10 月通过的"十三五"规划建议，首次将生态文明建设写入国家的五年规划。总体来看，该阶段已形成了科学的治理体系和理论体系，我国在环保领域的管制政策和治理措施也更加科学化、国际化、体系化和法制化。

（二）我国的环境政策依据

A. C. 庇古（2009）在《福利经济学》中指出，市场不是万能的，"市场失灵"会在经济出现外部性时出现，政府需要采取有效的干预措施才能解决"市场失灵"问题，并倡导通过征收一定的税费来解决经济外部性现象，这种税收一般被称为"庇古税"。通过"庇古税"来解决环境污染外部性问题的本质是纠正环境外部性所导致的社会成本与私人成本之间的偏离，而这需要政府掌握的污染信息与企业实际排污情况完全对称且同步，而这在现实中几乎不可能实现，企业总是想方设法减少甚至规避交税。因此，仅通过征收"庇古税"并不能很好地控制企业的污染行为。但庇古开创式的研究为后来的经济学家们提供了研究的基点，20世纪60年代以后，外部性概念逐渐成为经济学家们分析环境污染问题的基本原则。关于外部性的问题，科斯在其《社会成本问题》一文中提出（R. H. 科斯，1994）："在交易成本为零、产权明晰的假设前提下，私人主体间可以通过谈判的方式解决外部性问题"，该方法首次将市场行为纳入环境保护范围。20世纪80年代以后，研究集中在环境保护措施与企业竞争力之间的作用关系，一部分学者认为政府的环境规制措施会增加企业成本、降低企业竞争力。迈克尔·波特（2012）指出，经过恰当设计的环境规制政策能够激励企业主动实施环境技术创新，长期来看不仅不会增加企业制造成本，反而会因技术的提升降低制造成本，进而产生丰厚收益使企业更具竞争优势，这被称为波特假说。波特假说开启了新的研究方向，为政府推进环境政策提供了理论支持。

（三）我国的环境政策措施

我国的环境政策本质上是自上而下的统一规制和地方政府负责制的结合运用。经过不断的改进与完善，已基本形成以命令—控制型手段为主，经济激励型手段为辅的环境管理制度体系。

命令—控制型手段是指规制机构通过法律和行政手段制定并执行各种不同的标准来改善环境的质量。主要有环境影响评价制度、"三同时"制度、环境污染限期治理制度、污染集中控制制度、排污许可证制度、城市环境综合整治定量考核制度等。

（1）环境影响评价制度。该制度又称环境质量的预断评价，最早见于1986年3月由国务院环境保护委员会等单位联合颁布的《建设项目环境保护管理办法》。1989年12月实施的《中华人民共和国环境保护法》（以下简称《环境保护法》）中明确规定："建设污染环境的项目，必须遵守国家有关建设项目环境保护管理的规定。建设项目的环境影响报告书，必须对建设项目产生的污染和对环境的影响做出评价，规定防治措施，经项目主管部门预审并依照规定的程序报环境保护行政主管部门批准。环境影响报告书经批准后，计划部门方可批准建设项目设计任务书"。环境影响评价制度是我国环境保护的基本法律制度之一，它是我国实行预防为主的环境保护原则最直接的体现，对于新污染源的增长控制、旧污染源的废止改造具有重大作用。

（2）"三同时"制度。《环境保护法》第二十六条对该项制度进行了明确，是指所有新建、改建、扩建项目（含小型建设项目）和技术改造项目，以及其他一切可能对环境造成污染和破坏的工程建设项目和自然开发项目，必须将有关的环保设施与主体工程进行同时设计、同时施工、同时使用。该制度与环境影响评价制度互为补充，充分体现了中国预防为主的环境工作方针。

（3）环境污染限期治理制度。该制度是对造成环境污染问题的单位，限定在某一具体时间段内进行污染治理的环境保护制度。该制度具有以下性质：一是法律的强制性，1979 年的《环境保护法》第三十九条规定，对逾期未完成治理工作的单位可以酌情予以处罚、责任停用甚至关闭。二是治理内容具体性，即是否排污达标或者污染情况是否改善均可以客观衡量。三是时限性，即治理行为具有明确的时间期限，并以期限内的治理成效作为行政执法依据，便于行政执法。该制度运用几十年来取得了很大成效，对保护环境起到了重要作用，它有效推动污染单位自主积极治理，充分发挥自身能动性，同时，限期治理的环境技术也在不断的应用中发展成熟，这反过来又促进了该项制度在实践应用中效益更高、成效更快。

（4）污染集中控制制度。该制度要求在一定区域建立集中的污染处理设施，对多个污染源进行集中控制和处理。要认识到治理污染的根本目的不是追求单个污染源的处理和达标，而是争取改善整个环境质量，以较小的环境投入获取较大的经济效益。该制度符合我国国情，有利于集中有限精力解决重点污染问题，有利于环保新技术、新工艺的应用和普及，节省污染防治的总投入。在实践中，该项制度在治理废水、废气污染上发挥了巨大作用。在废水治理上的方式有大型企业联合处理、同类型企业联合控制、特殊污染源集中控制等；在废气治理上的方式有城市民用燃气向气体化推进、实行集中供热、企业放空的可燃性气体集中回收、加强烟尘治理、防止二次扬尘污染等。

（5）排污许可证制度。"九五"期间，国家把污染物排放总量控制政策列入环保考核目标，并将总量控制指标细分到各省份，最终分到排污各单位。排污许可证制度就是以污染物总量控制为基础提出并实施的，该制度是指任何需向环境排放各种污染物的单位或个人，必须事先向环境保护部门办理申领排污许可证手续，经环境保护部门批准获得排污许可证后方能向环境排放污染物的制度。该制度目前在水体污染领域的应用取得了显著成果，大气污染方面还处于研究和初试阶段。排污权交易是基于市场的环境管制政策，区别于其他行政命令型环境管制政策，是我国环保制度的一项重大创新。

（6）城市环境综合整治定量考核制度。城市环境综合整治是指运用系统的观点、方法、措施，对城市环境进行系统规划、综合管理、整体控制，通过经济建设与环境建设的同步规划、同步推进，使复杂的城市环境问题得以解决，以最小的环境资源投入换取最大的系统收益。该制度是对政府工作进行管理和调整的一项环境监督管理制度，制度要求每年对城市各项环境建设与环境管理的总体水平进行一次考核。

经济激励型手段是指政府不再直接干预市场，而是利用市场信号去激励排污单位的行为选择，使个人和单位的逐利行为既可以获取经济利益又能有效改善环境，在实现社会综合效益提升的同时完成环境政策的目标，该类手段基于"经济人"的假设，也被称为基于市场的环境手段。我国经济激励型的手段主要有排污收费制度和排污权交易制度等。

（1）排污收费制度。1979年颁布的《中华人民共和国环境保护法（试行）》规定："超过国家规定的标准排放污染物，要按照排放污染物的数量和浓度，根据规定收取排污费。"排污收费制度强调"污染者付费"，通过使污染者的防治责任与经济利益相挂钩，促使其节约利用资源，主动改善环境，从而实现社会效益和环境效益的统一。排污收费的依据有两种：一种是以环境质量为依据，凡是向环境排放污染物的均要收费；另一种是以环境标准为依据，对超过排放标准的污染物征收排污费。经过几十年的发展和完善，我国已制定了包括污水、废气、废渣、噪声、放射性五大类100多项排污收费的标准，对排污费的征收方式、计算标准、管理程序、使用办法等予以详细规定，使排污费制度成为一项比较成熟的有中国特色的环境管理制度。

（2）排污权交易制度。该制度同排污收费制一样是基于市场的经济手段。两者的区别在于排污收费制度是在价格确定的基础上让市场确定总排放水平，而排污权交易制度则是在排污总量确定的基础上让市场确定价格。排污权交易制度利用市场机制，建立合法的污染物排放权利，并允许这种权利同其他有形商品一样被交易，这种交易过程也是优化资源配置的过程，经过市场定价的排污权可以有效促进获得排污权的单位或个人进行排污控制，进而实现节能减排的目的。污染物排放权通常以排污许可证的形式发放给排污方，它是政府用法律制度将环境使用权与市场交易机制有机结合，使政府调控"有形之手"和市场调控"无形之手"紧密结合，是一种较为先进的环境调控手段。

（四）环境政策的创新驱动效应

政府制定并实施环境政策措施，旨在激发企业积极开展环境技术创新活动，从而从源头上遏制环境污染事件，实现真正的企业自愿环境管理。下面就环境政策对企业环境技术创新的影响做一具体分析。

（1）环境政策对企业开展环境技术创新工作具有正向驱动作用。从企业"经济人"的角度看，企业从事环境技术创新活动的期望收益是驱使企业开展工作的动力。一般来说，企业通过应用清洁技术或改进传统工艺可以有效减少甚至避免缴纳相关环境污染税费。从长远来看，生产工艺的改进与技术的提升不仅能有效应对资源环境承载能力不断下降的现实，也能充分提高企业的可持续发展能力。

从市场竞争的角度看，企业发展环境技术创新可以降低社会综合生产成本，从而实现环境成本的内部消化，符合国家政策趋势，也更容易获得政府相关项目及资金支持。与此同时，同类行业中环境技术发展滞后的企业，很难在短时间内依靠调整价格将环境成本转嫁到市场和消费者身上，于是环境技术较强的企业就进一步增强了市场竞争力。因此，企业不应仅仅将环境技术创新投入视为无回报的短期成本投入，而更应将其视为能够获取长远收益的技术投资。

（2）环境政策对企业进行环境技术创新产生负向阻力作用。从企业获取资源的角度来看，环境规制会导致企业不能轻易获取生产资源，或者较高的环境资源成本导致企业产品成本升高、市场竞争力下降。同时，国外一些发达国家借环保之名对进口商品采取较高的环保要求，是阻碍发展中国家向发达国家输出产品的贸易壁垒。

从企业承受能力角度来看，治理环境污染的技术创新是一种高成本、高风险、长时期的投入，我国当前大部分中小企业出于自身的能力和现实条件所限，往往没有专项环境技术创新资金。在惯性因素的作用下，如果新技术的开发和采用会在较大程度上改变企业原来的生产工艺对资源占用的状态，就会对新技术的研发产生较大阻力。

从环境技术创新政策体系角度来看，环境政策最终目的是通过保护和改善环境质量来实现可持续发展，其在促进环境技术创新发展的同时能实现企业转型升级。与环境技术创新配套的财政、金融、税收、知识产权等政策体系如果得不到健全完善，环境规制措施会对多数企业特别是中小企业开展环境技术创新工作产生一定的限制作用。

总之，我国环境技术创新的总体发展概括为以下几个特征：

（1）环境友好型产品迅速普及。近年来，在国家的大力支持和投入下，环境技术创新发展迅速，环境新技术、新成果的研发和转化广泛涵盖了绿色技术开发门类，涌现了一大批科技新成果、新工艺，例如，清洁汽车、环境检测仪器仪表、环保纳米新材料、污水处理装置、化学需氧量。废水治理技术、光伏太阳能技术、静电除尘器、光催化空气净化技术等，这些环保新产品不仅符合大众的环境友好价值取向，还享受国家惠民补贴，往往一经推出就受到市场青睐。

（2）环境技术产业化体系基本形成。从1978年开始，我国开始发展环境技术。30多年来，我国通过自然科学基金、高技术研究发展计划、科技攻关计划等方式对环保基础研究及技术开发给予了大力支持。技术领域涉及城市环境综合防治、城市污水资源化利用、水污染防治、大气污染控制、绿色生态恢复、固体废物处理集中处置、煤的清洁利用等领域。2016年2月26日，国务院关于印发实施《中华人民共和国促进科技成果转化法》若干规定的通知，习近平总书记高度重视科技成果转移转化工作，多次作出重要指示，并明确要求科技部要会同有关部门做好促进科技成果转移转化行动。该通知还明确了一系列促进科技成果转化的政策和措施，推广了一大批环保实用技术，加速了我国环境技术产业化的发展，标志着我国环境技术产业化新时期的到来。近年来，我国光伏太阳能技术发展迅速，产品竞争力较强，在全世界范围内有较高占有率；水污染防治技术及饮用水净化技术已惠及千家万户，成为我国社会系统正常运转的重要一环；固体废物量化管理技术、废物转移跟踪技术等初见成效，垃圾分类意识逐渐深入人心，废物集中处理的方式和手段也有明显进步。总的来说，环境技术可以从产业化的程度分为三类：

第一类，已经通过试验或检验，具备了产业化条件的技术。如近年来高速发展的太阳能光伏技术，目前，我国是全球第一大太阳能光伏设备生产国，在高纯多晶硅技术及其他关键生产技术装备的国产化方面取得了令人瞩目的成绩，例如，上海交通大学在太阳能光伏电池关键设备及其生产线方面已经取得了一系列突破性进展，如钙钛矿太阳能电池，不仅制作技术简单、生产成本低、能耗小，与传统的光伏硅电池相比具有显著优势，该团队还成功制备出光滑致密的钙钛矿层，以及其他环境功能光电材料。

第二类，已初步产业化，正在开拓市场环节的技术。如我国开展的"空气净化工程——清洁汽车行动"，确定了北京等4城市为清洁汽车行动试点示范城市和地区。国家制订并实施了"天然气综合利用规划"，将燃气汽车的使用扩展到20多个城市。目前，上海规定新投入的城市出租车和公交车必须使用燃气。此外，我国在生态农业技术等方面也取得了阶段性成果，例如农业测试技术、农用仪器仪表等均有较大市场潜力。

第三类，完全产业化，市场占有率高的技术。如水污染防治技术得到广泛普及和应用，饮用水净化产品越来越受到市场认可，天然气的净化开发和应用技术已通过西气东输工程惠及中国东西部重要城市。

（3）环境监测管理体系更加健全。我国已初步形成以环境分析为基础、以物理监测为主导、以生物及生态监测为补充的环境监测技术体系。监测方式更加多样化，从传统单一的环境分析手段逐步发展为生物监测、生态监测、物理监测、卫星监测多手段相结合的方式；监测范围更大更广，从监测一个断面、一个指标逐步扩大到监测一个城市、一片区域乃至全国。

一是环境监测网络初具规模。国务院于1998年设立了国家环境监测网络专项资金，规定每年投入7000万元的专项资金用于环境监测系统建设。到2002年已有约2270家环境监测站建成并投入应用，将各地的大气、降雨、水质、土地等环境要素纳入动态监测网络，并形成环境监测数据库。

二是自动监测系统广泛应用。1999年，城市空气质量自动监测系统投入使用，该系统对全国47个重点城市发布实时空气质量预报，实现了对单一环境指标的全覆盖自动监测。2004年10月，重庆建成了全国首家市级酸雨监测网，设立 30 余个监测点对酸雨进行实时预报。环境保护部 2012 年 2 月 29 日批准发布空气质量新标准，增加了 PM2.5 值监测、调整了 PM10 的浓度限值等，从而使空气质量监测系统更加完善。新的空气质量标准采取分三步走的实施战略：第一步，即从 2013 年 1 月 1 日起，京津冀、长三角、珠三角等重点区域及省份、省会城市和计划单列市共 74 个重点城市开始实施空气质量新标准监测；第二步，即从 2014 年 1 月 1 日起，空气质量新标准监测扩大至全国 21 个省份 177 个地级以上城市共 552 个国控空气质量监测点位；第三步，即从 2015 年 1 月 1 日起，全国 338 个地级及以上城市共 1436 个监测点位，全部开展空气质量新标准监测。此外，全国各地结合自身实际，针对某项环境指标，建设了以环境监测站为主体的自动监测系统，对影响当地环境质量的重点因素进行针对防控。

三是环境监测管理日益规范。近年来，我国对环境监测系统的管理和使用更加规范，形成了一系列严格的作业及管理制度，先后发布环境标准 439 项，行业标准 100 多项，明确统计分析方法 500 多个，环境监测技术规范 300 多种，覆盖了水质、土壤、大气、噪声、辐射、固体废物等各个领域。同时，建立了环境监测质量保证体系，制定了环境监测机构计量认证的实施办法和环境监测机构计量认证评审内容和考核要求等文件。

（4）多层次环境技术创新体系初步形成。具体包括：

第一层次，以国家及重大专项为载体的环境技术创新体系。由政府、高校、科研院所、企业等多方共同参与，通过科技攻关项目、国家"863"项目、高新技术产业化项目等方式，对我国经济社会发展面临的重大环境问题进行合力攻关、协同创新。

第二层次，以产学研为载体的环境技术创新体系。我国高校和企业牵手通过产学研交流合作的形式从事环境技术创新活动，一方面实现科研院所的成果转化和应用，另一方面有效解决企业生产中的技术"瓶颈"，提升企业的科研能力。

第三层次，以市场化机制催生的环境技术创新体系。企业自主研发，自己开发新的环保设备或绿色技术。这种情况多出现于大型国有企业、私营企业、战略新兴产业企业等，该类企业往往具有较强的自主创新能力。

第四层次，社会环保共识和市场机制催生出环境友好型产品及其他实用新型产品。充分掌握市场需求，通过旧产品改造、环保新型产品研发等方式实现产品换代，例如无氟冰箱、节能风扇、节能空调等的日益普及。

二　我国区域环境技术创新的发展趋势

（一）从宏观角度看我国环境技术创新的发展趋势

1. 环境技术创新重视国际化合作

近年来，我国政府十分重视环境技术创新方面的国际合作。出台实施《全国环境保护国际合作工作纲要》，指导企业在技术创新方面采取"引进—消化—应用"的方式，提高环境技术水平。例如，由国家科技部、环境保护总局等主办的中国水处理与装备国际会议等技术合作交流会议，将会涵盖更多更广泛的产业，产学研合作交流机制将在全世界范围内得以推广应用。

2. 环境技术产业发展面临历史性机遇

2014年，"第八届环境技术产业论坛"在北京召开，该论坛较往届更强调技术与产业的辩证关系。特别设立的"产业视角中环境技术机遇"单元，针对生态修复与工业园区两大热点市场，从城市与农村两个空间维度，大力探索与挖掘环境技术产业的发展趋势。可以预见的是，今后的环境产业将逐步实现从单个环境项目向环境系统治理的转变；社会对环境专业技术的需求更强烈，广义的环境技术将得到系统分类及专业化分工；一批环保类企业将向专业环境管理服务商及综合解决方案提供商转变，具有系统思维和全局观念的服务性环境企业将获得前所未有的发展机遇。

3. 环境技术联盟不断壮大

想开发更多环境技术，不仅需要企业自身的努力，还需要企业群体、不同行业间的合作。大公司相继表示将参与土壤净化技术研发，共同推进该项事业发展，而该类技术联盟发展还处于低级阶段，有很大发展空间，相关制度建设需进一步加强，发展环境技术联盟将给我国环境技术创新带来更大的机遇。

4. 中小城市及农村环境技术市场更受青睐

在大中城市环境基础设施建设基本完成后，中小城镇及农村的环境技术市场将备受关注。2015年1月1日起施行的《环境保护法》将城乡环保服务一体化工作在立法层面明确提出，"统筹城乡建设污水处理设施及配套管网，固体废物的收集、运输和处置等环境卫生设施，危险废物集中处置设施、场所以及其他环境保护公共设施，并保障其正常运行"。由此可知，今后各种环境技术将在城镇市场得以推广应用，典型的如桑德国际研发的 SMART 小城镇污水处理系统工艺、应用于农村安全饮水工程的立升超滤膜净水技术等。

5. 生态保护与修复将成为产业热点

生态修复的首要目标是恢复生态系统的各项功能，包括土壤修复、水生态修复、空气治理等多领域。2014 年"中央一号文件"提出："加大生态保护建设力度，实施江河湖泊综合整治、水土保持重点建设工程，开展生态清洁小流域建设；建立江河源头区、重要水源地、重要水生态修复治理区生态补偿机制；启动重金属污染耕地修复试点；开展华北地下水超采漏斗区综合治理"。由此可知，在国家大力开展生态文明建设的目标下，生态修复产业将面临巨大的发展机遇。

（二）从微观角度看我国环境技术创新的发展趋势

1. 政府环境治理考核向注重成效转变

政府的行政管理工作将更强调效果考核的运用，逐渐减少约束性指标的使用，改变传统绩效评估重视指标轻视实际成效的现象，进而大大提升环境服务的实效性。

2. 明确过程创新与突破创新相结合的创新方式

即树立"在技术上引进，在改良的基础上进行创新"的发展理念。强调依靠企业自身力量发展环境技术，既要注重渐进创新、过程创新又要重视产品用途及应用原理有重大突破的产品创新，将环境创新理念融合到企业生产的全过程中。

3. 强调环境技术创新与环境管理相结合

在绿色技术创新历程中，我国一直强调的是技术项目开发，随着近几年一些发达国家在全球绿色技术创新市场上所占份额的变化，我国应该调整环境技术创新的方向，注重环境技术管理以适应全球绿色创新新趋势。

4. 清洁生产方式更加普及

清洁生产理念是将整体预防的环境战略持续应用于生产过程、产品和服务中，以增加生态效率和减少人类及环境的风险。国家先后颁布和修订《中华人民共和国大气污染防治法》《中华人民共和国水污染防治法》《中华人民共和国固体废物污染防治法》等法律法规，将清洁生产理念作为制定环境规制措施的重要理论依据予以明确。此外，国家经贸委、国家税务总局联合发布了《当前国家鼓励发展的环保产业设备（产品）目录》对清洁生产设备给予税收减免优惠。国家环保总局组织制定了一系列有关清洁生产的技术指导政策和技术规范，建立引导清洁生产的有关制度，为开展清洁生产提供全方位服务。

5. 绿色创新文化成为主流价值观

科学发展观从根本上转变了长期以来企业以追求利润为唯一目标的普遍观点，企业必须考虑到自身行为对自然环境造成的影响，并主动承担责任，由此绿色文化浪潮会受到社会各界的广泛认同。同时，社会大众对绿色企业文化的认同会成为企业发展环境技术的动力，一些企业进行绿色技术创新决策时更倾向于考虑实现企业的综合效益最大化，通过无形价值的提升增强企业的核心竞争力，使企业在更长时期赢得更大的竞争优势，而非像以前那样只考虑短期收益。

三 我国区域环境技术创新存在的问题

（一）环境立法与执法方面的问题

下面从环境立法和环境执法两个方面分别阐述我国区域环境技术创新存在的突出问题（王勇，2014）。

1. 环境立法方面

当前的法律法规对环境资源估价标准过低，环境税费没有完全反映资源价格，多数省份没有实行排污权交易制度，相关法律的立法进程较慢。

2. 执法管理方面

一是环境执法体系不健全，多次发生在重大环境污染事故前有关部门相互推诿的事件。二是基层第一线的执法人员缺乏，很难对大量乡镇企业实施有效的监督管理，如2009年环保系统中省级、地方级、县级单位分别为518个、1819个、8195个，地方和县级环保机构人员配置平均为31人和21人，远远不能满足工作的需要。三是违规排污处罚标准过低，对企业起不到约束作用，导致一些企业宁愿接受罚款也不购置环保设施，环境污染问题越来越严重。

（二）企业自身方面的问题

1. 企业规模方面

企业规模大小与创新能力高低有着密切联系，这种联系可以表现在资金、技术、人才等诸多方面。虽然近年来我国企业的规模实现连续扩大，单一企业加速向集团型企业转变，但总体来说，与发达国家的巨型企业相比还处在发展阶段，从技术构成上看，中国制造业企业多为劳动密集型，与发达国家的技术密集型企业相比，普遍存在技术落后、劳动生产率低、单位产出能耗高、环境资源浪费严重的问题。

2. 硬件设施方面

我国多数中小企业分布在县、乡地区，其硬件设施陈旧落后，有些设备是从大企业淘汰回收过来的，个别企业甚至仍处于手工操作阶段，基本上不具备自主科技创新的软硬件条件。发展环境技术创新对企业的综合实力要求很高，它要求企业有能力兼顾生态、资源、环境及社会责任，而多数中小企业现有的低技术水平很难符合绿色环保的技术要求，同时也缺少自主研发平台、成果转化平台、科研工作站等硬件设备来进行自主创新工作，这都大大阻碍了绿色技术创新在中小企业中的应用及推广。

3. 投入资金方面

环境技术创新是一种将绿色环保理念纳入科技创新范围的新型技术创新，需要专业技术设备、专业人才、专项资金等多方支持，对企业综合实力有较高要求。由于中小企业规模小、资产少、资信度低，往往对外融资困难，银行一般也不愿向中小企业提供贷款，导致部分创新意识较强的中小企业得不到资金支持，大大限制了企业的创新发展。而社会融资渠道的单一化，也导致企业没有能力将固定资金投入到短期无法带来收益的环境技术创新上，据有关资料显示，企业的基建资金中用于绿色技术创新的只有4.5%，更新改造投资中用于绿色技术创新的仅有1.3%，可见当前中小企业在绿色技术创新上的资金投入已大大滞后于社会转型的要求。

4. 创新动力方面

企业开展环境技术创新工作的原动力主要取决于其对未来投资收益的期望。在当前环境规制不能很好地限制企业排污行为的状况下，我国大部分中小企业管理者仍比较缺乏环境保护的主动性和责任意识。同时，由于企业自身条件限制和绿色技术开发周期长、投入资金大等原因，均造成多数中小型企业缺少动力开展环境技术创新工作，对部分环境技术成果的转化和应用也不深入。此外，我国中小企业还没有完善的现代企业管理制度，绿色管理的理念没有渗透到企业的生产和经营中，绿色技术网络服务、信息平台、服务中心普遍尚未建立，对环境技术创新的态度也比较模糊，缺乏目标及规划。

（三）社会创新体系方面的问题

1. 文化教育体系方面

环保意识淡薄，公众参与不足是当前的社会认识表现。我国一直缺乏生态环境保护理念教育，导致公众的环境保护意识普遍较低。我国企业尤其是中小型企业的决策者非常缺乏环保知识，长期低估环境污染行为的严重性，对环境技术改造也抱着无所谓的态度。消费者环保意识淡薄，从而使一些不符合环保标准的产品在市场上能长期存在，制约了企业环境技术创新的积极性。公众的环保监督意识也普遍较弱，缺乏社会监督这一重要环节，环保部门的执法行动也难以得到来自社会的积极响应，大大降低了环境法规的约束力。

2. 技术创新联盟方面

技术创新战略联盟往往以企业、大学、科研机构或其他组织机构为主体，以企业的发展需求及各方的共同利益为基础，以法律约束的契约为保障，以提升产业技术创新能力为目标，进而形成的联合开发、优势互补、利益共享、风险共担的技术创新合作组织。联盟组织企业各方围绕产业技术创新的关键问题开展技术合作；通过建立公共技术平台，实现创新资源的有效分工与合理衔接，实行知识产权共享；通过技术成果转移，加速科技成果的商业化运用，提升产业整体竞争力；通过培养科技创新人才，加强人才交流合作，支撑国家核心竞争力快速提升。随着经济全球化的发展，技术联盟的优势更加凸显，然而我国技术创新联盟发展还处于初级阶段，且形式上存在着诸多问题，比如：组成企业技术联盟的各方一般是在同一领域有竞争关系的各方，即使组成同盟，在创新合作过程中也可能会产生矛盾，如何形成不同研究机构间的优势互补，是我国企业技术创新面临的问题；政府在战略联盟建设上发挥的引导作用还不够，没有形成明确的工作方式、工作程序、工作目标去推进产学研合作交流及其他技术合作事业。

3. 信息管理系统方面

我国的环境统计系统普及程度不高，各地区的统计系统缺乏统一标准，统计信息的数量较小且缺少科学验证。现有统计系统往往以单个要素为统计对象，缺乏科学系统的统计方式。此外，不同部门之间的数据有时不能互相补充和印证，导致政府的行政决策缺乏客观明确的数据支持。

第四节　我国区域环境技术创新能力评析

受地理环境、资源、人口、历史沿革等因素影响，我国东西部之间、沿海与内陆之间、不同省份之间企业的环境技术创新能力存在巨大差别，我国学者在此方面进行了深入研究，本书结合各地的 R&D 活动、专利申请、新产品或工艺创新等将我国环境技术创新区域发展情况分为以下四大类。

一　创新活动乏力区

创新活动乏力区主要集中在我国西部多数省份，具体包括青海、宁夏、新疆、甘肃、西藏、云南、贵州和海南 8 个省份。从表 2 - 1 看出，从研发人员全时当量、研发经费、研发项目等各个指标值来看，2014 年这 8 个省份在研发活动方面投入劳动量均值为 7649 人，尤其是西藏、青海和海南为全国最低水平；8 个省份研发经费均值为 26. 77 亿元，尤其是西藏地区，研发经费总投入还不到 3000 万元，青海省规模以上工业企业用于研发经费投入尚不足 10 亿元；8 个省份的规模以上工业企业的单个项目研发经费投入强度均值为 242 万元；在 8 个省份有产品或工艺创新的企业数占全部企业比重平均为 31%，宁夏地区仅为 24.9%，比全国平均水平低了将近 10 个百分点；这 8 个省份 2014 年申请到的发明专利平均为 752 件，而青海省仅有 111 件，海南省有 505 件、宁夏地区有 611 件，同期全国的发明大省广东省则有 5. 6 万件的发明专利，两者相去甚远。以上指标值均低于全国平均水平。这些地区受地域因素影响，经济发展水平长期落后，地区的工业化水平、居民生活质量、平均受教育程度、环境保护意识等都比较低。与此同时，政府对科技创新重视不够，财政投入在科学技术方面的支出较少，导致地区科技创新成果少、环保技术发展滞后、企业的环境技术创新能力相对较低。

表 2 – 1　　2014 年分地区规模以上工业企业研发活动及专利情况

	地区	研发人员全时当量（人/年）	研发经费（万元）	研发项目数（项）	专利申请数量（件）	发明专利数（件）	有效发明专利数（件）	有产品或工艺创新活动的企业占全部企业比重（%）
	全国	2641576	92542598	342507	630561	239925	448885	34.1
创新活动灵敏区	广东	424872	13752869	42941	114447	55624	126936	32.7
	江苏	422865	13765387	53117	115616	39858	73252	38.5
	浙江	290335	7681473	45679	77135	16824	28235	48.5
	山东	230800	11755482	34353	44466	17299	26122	27.4
	河南	134256	3372310	12635	16505	5072	8497	26.2
	福建	110892	3153831	10949	22078	6447	9176	37.6
	平均值	269003	8913559	33279	65041	23521	45370	35
创新活动较高区	湖北	91456	3629506	9955	16839	6471	12444	34.8
	上海	93868	4492192	13821	26848	12524	27540	41.5
	安徽	95287	2847303	14648	40244	15701	21667	36.3
	天津	79014	3228057	15055	16832	6996	12263	43.3
	湖南	77428	3100446	9393	17919	7333	14415	41
	北京	57761	2335010	9010	19916	9835	18721	55.9
	河北	75142	2606711	8714	9929	3519	4999	29.1
	四川	62145	1960112	11027	19661	7800	15893	32.1
	陕西	50753	1606946	6668	7354	3171	6675	37
	辽宁	63374	3242303	8608	12098	5165	9055	16.9
	平均值	74623	2904859	10690	18764	7852	14367	28
创新活动中等区	重庆	43797	1664720	7879	12908	3696	6272	38.3
	江西	28803	1284642	4385	6825	2516	3383	30.8
	吉林	24395	789431	2264	2370	1045	1884	18.3
	黑龙江	37509	955820	4324	4267	1840	3052	19.4
	山西	35775	1247027	2726	4723	1777	3505	18.9
	内蒙古	27068	1080287	2265	2269	974	1660	16.3
	广西	22793	848808	3260	4840	2423	2670	26.2
	平均值	31449	1124391	3872	5457	2039	3204	24

续表

地区		研发人员全时当量（人/年）	研发经费（万元）	研发项目数（项）	专利申请数量（件）	发明专利数（件）	有效发明专利数（件）	有产品或工艺创新活动的企业占全部企业比重（%）
创新活动乏力区	海南	3484	111010	934	706	505	1217	36.4
	甘肃	14380	464410	1894	2558	778	1265	37.3
	青海	2068	92528	156	384	111	246	28
	宁夏	5799	186518	1136	1160	611	675	24.9
	新疆	6688	357812	897	2458	805	1111	32.8
	贵州	15659	410132	1682	4051	1918	3146	28.2
	云南	12980	516572	2102	3137	1281	2865	33.8
	西藏	130	2943	30	18	6	44	28.9
	平均值	7649	267741	1104	1809	752	1321	31

注：从 2011 年起规模以上工业企业的统计范围从年主营业务收入为 500 万元及以上的法人工业企业调整为年主营业务收入为 2000 万元及以上的法人工业企业。

资料来源：《中国统计年鉴》（2015），中国统计出版社 2015 年版。

二　创新活动中等区

创新活动中等区主要集中在中部，具体包括重庆、江西、吉林、黑龙江、山西、内蒙古和广西 7 个省份。从表 2-1 可以看出，2014 年这 7 个省份在研发活动方面投入劳动量均值为 31449 人；在研发经费投入方面，吉林、广西和黑龙江不足百亿元，但 7 省份的均值为 112.44 亿元，这主要是重庆和江西等地的带动作用；7 个省份的规模以上工业企业的单个项目研发经费投入强度均值为 290.39 万元，较西部地区的投资强度增加 50 万元；在 7 个省份有产品或工艺创新的企业数平均占全部企业的 24%，只有重庆地区占比超过全国平均水平，江西省略等于全国平均水平，其他省份占 16%—20%，不仅大大落后于全国平均水平，甚至还落后于西部地区的创新比重，这一点应引起有关省份的高度重视；这 7 个省份 2014 年申请专利数量较西部 8 个省份翻了 3 倍，并且各省份发明专利数量的平均值也是西部省份的 3 倍，为 2039 件，但值得注意的是，内蒙古地区明显落后，发明专利数不到 1000 件。这些地区既有我国的革命老区，如江西、山西，也有全国的粮食主产区，如黑龙江和吉林，还有我国的沿边省份和独立的直辖市，如广西和重庆，内蒙古是我国的矿产资源开发大省，因此，虽然它们发展历史不一，但都呈现出经济结构单一、劳动密集型或资源密集型特点，加之居民的环保意识不强烈，政府及企业对环境创新的重要性认识较浅，资金投入不大，地区的环保产业产值占工业产值比重以及环保产业增加值占工业增加值比重也普遍较低，科技创新人才储备不够充足，加之地理位置、历史沿革、资源禀赋的限制，经济总量、环境技术创新能力还赶不上东部沿海省份。

三 创新活动较高区

创新活动较高区主要集中在中东部，具体包括北京、上海、天津、安徽、湖北、湖南、河北、四川、陕西、辽宁10个省份。这些地区在经济建设、创新意识、环保意识、人才储备等方面都高于全国平均水平。另外，第三产业，尤其是现代服务业发展较快，所占比重较大，为工业企业的转型升级提供了有力支撑。与此同时，北京、上海、陕西、湖北都是我国高等院校和科研院所密集地区，这在一定程度上也带动了该地工业企业的研发活动，集中表现为，单个研发项目的经费投资力度都比较高。此外，作为东北老工业基地的典型代表，辽宁地区对实现转型升级的愿望非常强烈，河北由于紧邻全国首都，科研氛围良好，政府对科技创新和环境治理都非常重视，连年加大对环境技术研发的政策支持，环保产业开始快速发展，环境技术创新水平也有明显提高，该地区每个研发项目的经费投入平均为300万元左右。

四 创新活动灵敏区

创新活动灵敏区主要包括广东、江苏、浙江、山东、河南和福建6个省份。这些省份无论是在经济实力、科技实力，还是创新人才和创新政策等方面几乎都走在了全国的前列。尤其是东南沿海地区，长期以来都是我国经济最发达、市场化程度最高的地区，该地区的环保工作同其经济指标一样优秀，其工业"三废"综合利用产品产值、环保产品年销售产值等数据均是全国最高，其他相关指标也处于较高水平，充分体现出地区经济实力及市场化程度与环保工作的密切联系。此外，该地区政府和企业对环境保护的高度重视是环保工作取得领先的主观基础，丰富的科技人才储备、扎实的技术积累、强大的环境技术成果转化能力是其客观基础。

第五节　河南省焦作市工业企业
环境技术创新研究

　　任何地区的工业企业都不会聚集在单一行业，不同行业的企业在经营规模、营业收入、纳税、企业结构、创新能力等方面均存在巨大差别，环境技术创新能力也不在同一水平。因此，研究某地区企业的环境技术创新总体能力，不能以点代面地从某一行业、某一类企业甚至从全部企业入手，应该建立在对地区企业结构进行分析、比较、归类的基础上进行有针对性的研究，进而清晰认识到行业间环境技术创新能力的巨大差异，并以此为基础提出对策。

　　本书以2012年焦作市企业经济运行数据为基础，运用图表分析法，从五个方面对焦作市企业环境技术创新能力总体水平进行比较、分析、研究。

　　（1）研究焦作市工业企业的行业构成情况。从某行业的企业数量、纳税额和营业收入额三方面比较，进而区别出焦作市的支柱行业、新兴行业，进而探讨提升支柱行业的环境技术创新能力的对策，这对于提高焦作市企业环境技术创新的整体水平具有基础性意义。本书也将支柱行业的环境技术创新能力水平代表焦作市企业的总体水平。

　　（2）研究重点污染企业的行业分布情况。通过汇总省份环保部门公示的重点排污监测企业数据，找出污染企业最集中的行业，这也是发展环境技术最迫切的行业，同时，结合（1）的研究结论指出该行业是否是焦作市支柱行业。

　　（3）研究节能减排示范企业分布情况。以省市节能减排示范企业的行业分布情况为统计基础，通过对比得出节能减排工作开展较好、水平较高的行业，这些工业企业也是当前环境技术水平最高、转化应用最好的企业代表。

　　（4）研究焦作市企业科技创新能力情况。通过对2013年焦作市企业科技创新能力评价工作结果进行汇总、比较、分析，得到各行业科技创新能力的横向比较结果，从而找出最具潜力和能力进行环境技术创新的行业。

（5）研究政府2012年关于环境技术项目的直接投入情况。即通过分析焦作市申报的各级科技项目中关于环境技术项目的经费支持汇总数据，进而得到焦作市投入环境技术创新资金最多、最受政策优待的行业。

综合上述研究内容，并从逻辑上找出各类研究结果的内在逻辑联系，重点查看以下几个问题：一是各行业的自主创新能力和环境技术创新能力是不是同步发展。二是环境技术水平较高的行业企业是不是焦作市支柱行业，对总体水平有没有重大影响，支柱行业的环境技术发展水平相比如何。三是最需要提升环境技术的是哪些行业。四是最具备发展环境技术潜力和条件的是哪些行业。进而从宏观层面得到焦作市各工业企业的环境技术创新总体水平的比较结果、各行业科技创新能力及环境技术创新潜力的比较结果、政府的支持与投入情况等。

一 焦作市工业企业技术创新的基本现状

（一）焦作市重点工业企业的行业分布特征

在考察焦作市企业环境技术创新能力水平之前，有必要对焦作市工业企业的总体发展情况进行分析与概述。本书以《焦作市科技商务指南》提供的2012年度数据为基准，对焦作市的工业企业分布格局进行了研究。宏观上，焦作市工业企业主要分布在汽车零部件与装备制造、化工、铝工业、食品、传统能源、生物医药、新能源、新材料、节能环保和轻工纺织10个领域，规模以上企业重点企业916家，2012年主营业务收入共计2891.1亿元。在汽车零部件与装备制造、化工等领域有较强优势和竞争力，详细情况见表2-2。

表2-2　　　　2012年焦作市工业企业行业分布情况

行业	汽车零部件与装备制造	轻工纺织	食品	化工	生物医药	新材料	铝工业	传统能源	节能环保	新能源	合计
数量（个）	232	335	138	97	31	23	21	19	11	9	916
主营收入（亿元）	734.8	722	434.6	283	83.1	44.2	194.9	358	6.5	30	2891.1

续表

行业	汽车零部件与装备制造	轻工纺织	食品	化工	生物医药	新材料	铝工业	传统能源	节能环保	新能源	合计
利税（亿元）	85.3	88	57.3	32.9	8.7	4.6	-1.86	20.6	0.88	-0.3	296.1

注：规模以上工业企业是指年主营业务收入在 2000 万元以上的工业企业。

考察某个行业是不是地区的骨干行业，可以通过该行业的企业总数和利税总额进行对比分析，通过分析表 2-2 可以得出以下结论：

（1）焦作市企业主要集中在轻工纺织、装备制造（包括汽车零部件）、食品、化工、铝工业与传统能源等行业。其中，轻工纺织企业数占 36.6%，利税占 29.7%；汽车零部件与装备制造企业数占 25.3%，利税占 28.8%；食品企业数占 15.1%，利税占 19.4%；化工产业企业数占 10.6%，利税占 11.1%。由此可知，焦作市工业已形成轻工纺织、装备制造与汽车零部件、食品、化工四大产业格局，因此，四大支柱行业的环境技术创新能力水平可以代表全市企业的总体水平。

（2）新兴产业起点较低。新能源、新材料和节能环保三个行业的企业数仅占 4.7%，利税仅占全行业利税总额的 1.75%。这说明，焦作市企业多集中在传统产业上，战略新兴产业无论是从企业数量上还是从盈利能力上都处在起步阶段，对焦作市经济规模的拉动作用较小，还没构成焦作市经济社会发展的支柱型产业。因此，这些新兴行业的科技创新能力特别是环境技术创新能力具有行业的特殊性、独占性，并不能代表焦作市科技创新和环境技术创新能力的发展水平。

（3）生物医药行业企业数仅占 3.38%，利税仅占 2.94%，说明其并不是焦作市支柱行业，同时，该行业中也具有一定污染性，医药废弃物的处理问题更不容忽视。因此，本书在考察环境技术创新能力时也未将该行业归入战略新兴行业来处理。

（4）焦作市的传统能源行业主要是以煤炭工业为主，作为大型国有企业，焦煤集团呈现出一家独大的局面，其环境技术创新能力受到政府的严格规制，并不能代表其他企业普遍水平，同时，其纳税额仅占 6.96%，与其他四大支柱行业相比，对焦作市经济的拉动作用并不十分重要。焦作市工业企业构成情况见图 2 - 1。

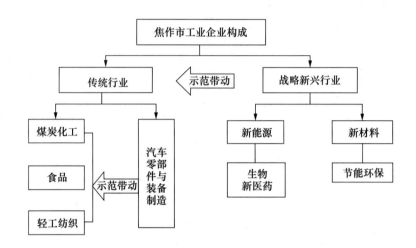

图 2 - 1 焦作市工业企业构成

（二）焦作市污染企业的行业分布特征

以省级以上环保部门重点监督的污染企业分布情况为依据，对焦作市重点污染企业的行业分布情况进行分析，并结合前面的工业企业行业分布特征进行分析，见表 2 - 3。

表 2 - 3　　　　　　　　　焦作市污染行业分布

行业	汽车零部件与装备制造	轻工纺织	化工	食品	生物医药	新能源	新材料	传统能源	铝工业	合计
国家、河南省重点监控企业数（个）	1	12	9	1	2	0	0	0	0	25

资料来源：笔者根据焦作市环保局政务公开栏信息整理所得。

被国家、省重点监督的企业共有 25 家，其中轻工纺织与化工两行业受监督的企业为 21 家，占到被监督企业总数的 84%，是焦作市环境污染的主体部分。由前面的支柱行业分析已经得知，轻工纺织与化工行业也是焦作市的支柱行业，因此，提高该行业的环境技术创新能力最为必要和紧迫，这将明显改善焦作市整体环境状况，在保护环境的同时带动传统产业转型升级。

（三）焦作市节能减排示范企业的行业分布特征

下面以节能减排能力作为企业环境技术创新能力的标准进行考察，因为任何企业进行环境技术创新的最终目的是符合环境规制与降低经营成本，这最终会体现在节能减排能力上，在没有其他直接数据做支撑的前提下，节能减排水平可以在很大程度上代表环境技术创新水平。

以《焦作市科学技术发展报告（2012）》数据为基础，将通过认定的省份节能减排示范企业作为比较依据，对各行业的节能减排能力进行横向比较。在此，本书引入"进入比"这个概念，它表示某行业的省市节能减排示范企业数占该行业企业总数的比值。比值越高说明该行业整体的节能减排水平较高；反之则较低。为了统计方便，本书将污染来源最多的化工与轻工纺织行业合并、污染来源最少甚至无污染的新能源与新材料行业合并，汇总见表 2 - 4。

表 2 - 4　　　　　　　节能减排创新示范企业的行业分布情况

行业 级别数量	汽车零部件 与装备制造	化工与轻 工纺织	食品	生物 医药	新能源与 新材料	节能 环保	传统 能源	铝工业	合计
省级	1	8	0	3	2	0	0	1	15
市级	3	5	0	2	1	1	0	1	13
去重叠部分后的 企业数（个）	4	10	0	3	2	1	0	2	22
行业企业 总数（个）	232	432	138	31	32	11	19	21	916
进入比（%）	1.7	2.3		9.7	6.3	9.1		9.5	2.4

（1）被列入省市级节能减排创新示范的企业共有 22 家，仅占全市重点规模以上企业的 2.4%，说明企业总体的节能减排创新能力较低。其中，化工与轻工纺织行业的节能减排示范企业达到 10 家，将近占示范企业总数的一半，说明该行业不仅是污染控制的重点更是环保规制措施实施的重点，龙头行业在节能减排方面也取得了成绩。

（2）新能源与新材料行业、生物医药行业、节能环保行业及铝工业的"进入比"均明显高于全市均值。说明包括生物医药在内的战略新兴行业的节能减排能力明显强于平均水平,说明行业性质是决定企业节能减排水平高低的一个重要因素。同时,也应注意到这些行业的企业数量仅占全市规模以上企业总数的 10.5%,在企业规模、纳税额、营业收入等方面也占比较小,因而该行业节能减排水平的高低不能代表全市企业节能减排的总体水平,提升其节能减排能力对于提升焦作市整体节能减排能力的贡献较小,但具有重要的示范带动作用。

(3)化工与轻工纺织、汽车零部件与装备制造、食品等支柱行业的"进入比"略低于全市均值 2.4%,也远远低于战略新兴行业,说明支柱行业的节能减排能力有很大提升空间。其中,化工与轻工纺织企业的"进入比"为 2.3%,与全市平均水平相当;汽车零部件与装备制造行业有 4 家企业,行业企业总数为 232 家,"进入比"为 1.7%,略低于平均水平;食品行业没有企业进入,企业总数为 138 家,说明该行业企业的规模普遍较小且节能减排的水平较低。从节能减排示范企业的行业地位来看,在化工与轻工纺织、汽车零部件与装备制造、铝工业等传统重工业领域,节能减排能力较强的企业以大型企业、上市企业、行业龙头企业等为主,例如中国铝业中州分公司、风神轮胎公司、多氟多公司、佰利联化学公司、江河纸业公司、隆丰皮草公司、大江化工公司等。综上所述,传统行业节能减排水平的高低与企业的规模、资金、地位有明显正相关关系,而在多数小规模传统企业中,生产成本、研发资金、技术积累、硬件条件、支持政策等多方因素限制了其开展节能减排及环境技术创新工作的积极性。

二 焦作市工业企业技术创新能力分析

企业在节能减排方面的水平可以在一定程度上反映企业的环境技术创新能力,但考察行业、企业是否具有环境技术创新的条件与潜力,需要对焦作市企业的创新能力情况进行综合分析与研究。2013 年,焦作市科技局牵头对全市规模以上企业的科技创新能力进行综合评价,并得出了客观、真实、有效的评价结论。本书将创新能力百强企业按行业进行归纳,并用"进入比"来表示某行业进入创新能力百强企业的个数与某行业企业总数的比值,进而横向比较各行业的科技创新能力水平,考察某行业发展环境技术的能力与潜力。截至 2012 年年底,焦作市拥有国家级高新技术企业 34 家,居河南省第 3 位;国家级、省级企业技术中心分别为3家、71家；省级工程技术研究中心42家，河南省院士工作站12家，居河南省第3位。2012年高新技术产业增加值为236亿元，增长24.2%；全市创新能力前100强企业分布情况见表2-5。

表2-5 焦作市规模以上企业创新能力前100强的行业分布

行业企业	汽车零部件与装备制造	化工	食品	生物医药	新能源	新材料	节能环保	轻工纺织	传统能源	铝工业	合计
进入企业数（个）	33	11	8	14	6	14	2	7	1	3	99
行业企业总数（个）	232	97	138	31	9	23	11	335	19	21	916
进入比（%）	14.2	11.3	5.8	45.2	66.7	60.9	18.2	2	5.2	14.3	10.8

资料来源：《焦作市科技商务指南（2012）》。

（1）在规模以上企业中，汽车零部件与装备制造行业的企业创新能力最强，进入创新能力百强的企业有33家，占全市百强企业总数的1/3，同时"进入比"为14.2%，也高于全市10.8%的均值。说明该支柱行业最具备开展环境技术创新工作的条件与潜力。但结合前面的节能减排情况，可以看到该行业的节能减排水平低于全市平均水平，说明该行业的自主创新投入没有集中在环境技术与节能减排方面。

（2）轻工纺织、食品行业在焦作市各行业中的创新能力相比最弱，两行业的企业总数为473家，占全市规模以上企业总数的51.6%，但进入创新能力百强的轻工纺织企业为7家，食品行业为8家，数量与进入比均远低于全市均值。结合前面分析可知轻工纺织行业是焦作市最主要的污染源，因而提高该行业企业的节能减排及环境技术创新能力最为必要，特别是在该行业企业科技创新能力普遍较弱的情况下，政府不仅要出台合理的环境规制措施，更要加强科技政策支持与资金支持，鼓励企业间兼并整合升级，大力发展节能减排新技术，提高自主创新能力与竞争力。

（3）化工行业既是焦作市四大支柱产业之一，又是污染来源最多的行业。在进入创新能力百强的企业中有11家企业属于该领域，进入比在10%—15%，略高于全市均值，同时化工行业的节能减排水平与全市平均水平相当，说明在政府强有力的规制措施下，包括铝工业在内的化工工业的自主创新能力与节能减排能力保持同步均衡发展，也具备进一步提高节能减排等环境技术的能力和潜力。

（4）新能源、新材料等战略新兴行业的整体科技创新能力较强，对自主创新的重视程度最高，在享受国家对新能源、新材料领域的优惠补贴的前提下，最具有环境技术创新的潜力。相关行业的企业总数仅为32家，进入创新能力百强的有20家，进入比高达0.625。从产品性质上看，该行业企业以生产环境友好型产品为主，生产工艺对环境的污染较小、资源消耗较少，产品具有绿色环保特征不会对环境造成二次污染，因此，该行业企业是否将精力投入在环境技术创新上，关键在于市场对新型环境友好型产品的需求程度。此外，同行业竞争也可以促使企业通过发展环境技术来降低生产成本，进而提升竞争力。不过也要注意到，新兴领域的企业无论从数量或规模上都不能代表焦作市企业在自主创新或是环境技术创新的整体现状，而提高全市环境技术创新水平的一个重要途径就是大力引进新能源、新材料企业，从数量和质量两方面做大新能源、新材料产业，提高其对焦作市经济发展的贡献率，同时，大力引进新成果、新技术，加速研发与转化应用，帮助传统产业实现转型升级。

政策性支持与引导是企业进行环境技术创新的重要动力。近年来，焦作市政府高度重视科技创新工作，加大科技创新投入，出台《焦作市科技创新奖励意见》等一系列政策性支持文件，促进企业自主创新。在环境科技领域的科技投入上主要体现在由环保部门牵头实施的环保专项资金项目和由科技部门牵头实施的各类科技计划项目投入等。

第一类是环保专项资金项目。根据焦作市环境保护局统计，2012年，共争取到上级环保部门专项资金11012万元，其中第一批海河流域水污染专项治理资金216万元，农村连片整治专项资金1625万元，生态创建专项资金51万元，国家重金属重点防控专项资金9120万元。由市环保局、市环境监测站共同完成的"焦作市环境容量约束条件下的总量控制研究"项目，获河南省环境保护科技进步三等奖。该类项目主要用于环境事业专项治理，具有明显的公益性质，因此在分析焦作市企业环境技术创新能力方面具有参考价值。

第二类是国家级、省级科技创新项目。2012 年，焦作市共争取国家级、省级科技资金扶持的项目有 77 个，资金总额 4838 万元。其中，国家级项目 13 个，省级项目 64 个；获得国家级项目资金 1576 万元，较 2011 年增加 1051 万元，同比增长 200%；获省级科技项目资金 3262 万元，较 2011 年增加 1593.5 万元，增长 91.5%。科技创新投入资金大幅度提高，科技项目整体层次较高，包括国家高技术研究发展"863"计划、国家国际合作等高层次项目。下面重点考察技术含量高的国家级、省级项目，其中凡是符合环境技术创新定义及内涵的科技项目均列为环境科技创新项目，如表 2-6 所示。

对表 2-6 进行分析可以得到以下结论：

（1）国家、省、市对企业在节能减排等环境技术领域的创新高度重视。表 2-6 显示，环境技术创新类项目支持资金达 1112 万元，占支持资金总数 4838 万元的 23%。

（2）获得支持的项目集中在新材料研发和装备制造节能新工艺两个领域。说明焦作市政府在大力挖掘装备制造行业的环境技术创新潜力，积极引导其自主创新工作向环境技术方面倾斜，同时对新兴行业的环境技术创新工作保持不断支持。

（3）化工行业仅有多氟多公司的科研项目受到节能环保专项基金的支持，纺织、食品行业没有环境科技创新项目获得上级资金支持，结合上面章节对焦作市企业行业占比、节能减排示范企业、创新能力百强企业分布情况的分析结论，可得到，化工行业的环境技术创新工作与全市平均水平同步且处在均衡阶段。但纺织、食品等行业在环境技术创新方面水平很低，且基础条件差，缺乏政策引导，短期难以改善。

三　焦作市工业企业技术创新的驱动因素

基于企业视角将其作为环境技术创新的主体进行调查研究，将环境技术创新影响因素分为驱动因素和限制因素两方面。其中，驱动因素包括环境规制措施、降低生产成本、开拓新市场、提升产品竞争力、塑造企业形象、企业家战略观念等。限制因素包括产品市场风险、投入成本风险、缺少支持资金、缺少关键人才、缺少技术积累、缺少政策扶持、缺少技术及市场信息、知识产权管理体系不健全等。

表 2-6　2012 年焦作市环境科技项目投入统计

企业	多氟多	金渭电缆	中原内配	利伟制药	中轴集团	中原内配	裕华光伏	弘瑞橡胶	思可达光伏	长江石油机械
项目名称	千吨级锂电池用六氟磷酸锂研发及产业化	环保型矿用耐火阻水防燃电力电缆	高效环保汽缸套关键技术研发	利用洗毛废弃物提取胆固醇技术研发	节能材料热挤压汽车轴管开发及产业化	低碳节能喷涂汽缸套研发及产业化	提高太阳能玻璃功效减反射膜技术研究	高性能环保再生橡胶	新型聚光大阳能光伏玻璃	节能长冲程抽油机
项目类型	国家、省级创新基金项目（两项）		省级重大科技专项	省级重大科技专项	省高新技术产业化资金项目	省高新技术产业化资金项目	省院合作专项项目	省科技进步奖	省科技进步奖	国家级炬计划产业化项目
领域	节能新材料	新材料	装备制造新工艺	生物医药新工艺	装备制造新材料新工艺	装备制造新工艺	新材料	新材料	新材料	装备制造新工艺
支持资金（万元）	453	80	200	200	63	75	40	0.5	0.5	0

　　问卷分别从驱动因素和限制因素进行设计发放，调查对象为焦作市部分重点工业企业，依据受访者对各选项的认同程度进行等级划分，如非常重要、重要、一般、不太重要、无影响，并分别赋予5分、4分、3分、2分、1分的权重，最后计算各个选项的均值，以此来衡量各选项的重要程度。在将影响因素分为驱动因素和限制因素的基础上，根据焦作市的实际情况，本书将调查对象有针对性地分为两部分：一是新能源、新材料、生物医药等战略新兴行业企业。二是由汽车零部件与装备制造、轻工纺织、化工和食品4大行业构成的支柱行业企业。

　　本次调研共计发放问卷389份，有效问卷350份，其中，面向新兴行业企业86份，有效问卷70份；面向传统行业企业发放问卷303份，有效问卷280份。

　　（一）新能源、新材料等战略新兴企业环境技术创新的驱动因素研究

　　经过对调查问卷数据的汇总、处理，统计得出新能源、新材料等战略新兴企业环境技术创新的驱动因素如表2-7所示。

表2-7　　　　　　战略新兴企业的环境技术创新驱动因素

驱动因素		非常重要	重要	一般	不太重要	无影响	平均值	名次
环境规制措施	次数（次）	20	23	18	7	2	3.75	4
	比重（%）	28.57	32.86	25.71	10.00	2.86		
降低生产成本	次数（次）	31	19	13	6	1	4.06	1
	比重（%）	44.29	27.14	18.57	8.57	1.43		
开拓新市场	次数（次）	28	20	12	7	3	3.92	3
	比重（%）	40.0	28.57	17.14	10.0	4.29		
提升环保型产品竞争力	次数（次）	31	18	12	6	3	3.99	2
	比重（%）	44.29	25.71	17.14	8.57	4.29		
塑造企业形象	次数（次）	16	23	16	9	6	3.49	5
	比重（%）	22.86	32.86	22.86	12.85	8.57		
企业家的战略观念	次数（次）	6	14	19	28	3	2.90	6
	比重（%）	8.57	20.0	27.14	40.0	4.29		

　　由表2-7可知，"降低生产成本"（权重平均值为4.06）是环保、

新能源企业进行环境技术创新的首要驱动因素；其次是"提升环保型产品竞争力"（权重平均值为3.99）、"开拓新市场"（权重平均值为3.92），都是与市场紧密相关的因素；"环境规制措施"（权重平均值为3.75）对环保新能源企业的环境技术创新也有一定的推动作用，排在第四位。最后"塑造企业形象"（权重平均值为3.49）、"企业家的战略观念"（权重平均值为2.90）分别排在第五位、第六位，说明企业对自身软实力的重视程度要低于对成本、市场的重视。

（二）传统行业企业环境技术创新驱动因素研究

根据调查问卷数据，对传统行业企业的环境技术创新驱动因素进行了统计分析，结果如表2-8所示。

表2-8　　　　　传统行业企业的环境技术创新驱动因素

驱动因素		非常重要	重要	一般	不太重要	无影响	平均值	名次
环境规制措施	次数（次）	155	57	39	22	7	4.18	1
	比重（%）	55.36	20.36	13.93	7.86	2.5		
降低生产成本	次数（次）	124	63	55	21	17	3.91	2
	比重（%）	44.29	22.5	19.64	7.5	6.07		
开拓新市场	次数（次）	85	77	42	55	21	3.54	4
	比重（%）	30.36	27.5	15.0	19.64	7.5		
提升环保型产品竞争力	次数（次）	96	71	55	47	11	3.70	3
	比重（%）	34.29	25.36	19.64	16.78	3.93		
塑造企业形象	次数（次）	72	55	62	66	25	3.30	5
	比重（%）	25.71	19.64	22.15	23.57	8.93		
企业家的战略观念	次数（次）	35	70	56	112	7	3.05	6
	比重（%）	12.5	25.0	20.0	40.0	2.5		

由前文的分析可知，汽车零部件与装备制造、轻工纺织、化工、食品4大传统行业是焦作市支柱产业。根据表2-8的调查结果分析，"环境规制措施"（权重平均值为4.18）是传统行业企业进行环境技术创新的首要驱动因素，说明传统行业受政府调控作用明显，其中大型龙头企业更是政府环境规制的重点。其次是"降低生产成本"（权重平均值为3.91），传统企业通过发展环境技术，提高节能减排能力，可以有效降

低生产成本，因而也受到企业重视。"提升环保型产品竞争力"（权重平均值为3.70）和"开拓新市场"（权重平均值为3.54）也是十分重要的因素，分别排在第三位、第四位。"塑造企业形象"和"企业家的战略观念"与其他因素相比其影响有限，分别排在第五位和第六位。

（三）新兴行业和传统行业间驱动因素的异同点分析

通过表2-7和表2-8的调查结果分析可知，无论传统行业还是新能源、新材料等战略新兴行业对生产成本因素、市场竞争力因素都十分重视，在各类驱动因素中位居前列；对"塑造企业形象""企业家的战略观念"等企业软实力因素相比重视程度不够。此外，"环境规制措施"对传统行业影响最大，特别是大型龙头企业，对战略新兴行业也有一定推动作用。

四　焦作市工业企业技术创新的限制因素

（一）新能源、新材料等战略新兴企业环境技术创新的限制因素分析

根据调查问卷数据，对新能源、新材料等战略新兴行业企业的环境技术创新驱动因素进行了统计分析，结果如表2-9所示。

表2-9　　　　　　　战略新兴企业环境技术创新限制因素

限制因素		非常重要	重要	一般	不太重要	无影响	平均值	名次
产品市场风险	次数（次）	23	18	10	13	6	3.38	6
	比重（%）	32.86	25.71	14.29	18.57	8.57		
投入成本风险	次数（次）	32	14	11	6	7	3.86	2
	比重（%）	45.71	20.01	15.71	8.57	10		
缺乏资金支持	次数（次）	33	14	11	5	7	4.10	1
	比重（%）	47.14	20.01	15.71	7.14	10		
缺少技术人才	次数（次）	33	13	14	6	4	3.87	3
	比重（%）	47.14	18.57	20	8.57	5.71		
缺少技术积累	次数（次）	25	12	17	8	8	3.60	5
	比重（%）	35.71	17.14	24.29	11.43	11.43		
缺少政策扶持	次数（次）	28	12	12	12	6	3.68	4
	比重（%）	40.01	17.14	17.14	17.14	8.57		

续表

限制因素		非常重要	重要	一般	不太重要	无影响	平均值	名次
缺乏技术及市场信息	次数（次）	19	16	9	18	8	3.34	7
	比重（%）	27.14	22.86	12.86	25.71	11.43		
知识产权管理体系不健全	次数（次）	16	13	7	21	13	3.01	8
	比重（%）	22.86	18.57	10	30	18.57		

由表2-9可知，"缺少资金支持"（权重平均值为4.1）和"投入成本风险"（权重平均值为3.86）是对新能源、新材料等战略新兴企业开展环境技术创新工作起阻碍作用最大的两个因素。从企业性质上分析，环保新能源企业多是科技中小型企业，具有规模小、科技创新潜力大等特点，这些在成长阶段的企业对科技创新专项资金的需求往往最迫切。第三个阻力是"缺少技术人才"（权重平均值为3.87），这说明焦作市科技型企业受地缘等因素影响在专业人才方面的缺口仍较大。第四个阻力是"缺少政策扶持"（权重平均值为3.68），目前焦作市对科技型企业、通过认定的各级高新技术企业等在申报科技项目、建设工程技术研究中心、申请专利、申请科技成果等方面予以支持，但从反馈的情况看，企业对政策需求仍比较大。第五个阻力是"缺少技术积累"（权重平均值为3.60）；第六位是"产品市场风险"（权重平均值为3.38），科技型企业的产品往往具有稀缺性、市场缺口较大，当前企业对资金、政策的需求明显大于对市场风险的考量。此外，缺乏"技术及市场信息"（权重平均值为3.34）、"知识产权管理体系不健全"（权重平均值为3.01）相比受企业重视不够，随着焦作市科技型产业日益形成规模，企业对信息平台、专利保护及综合管理体系的要求会越来越高。

（二）传统行业企业环境技术创新的限制因素研究

通过调查问卷对传统行业企业的环境技术创新限制因素进行了统计分析，结果如表2-10所示。

由表2-10可知，"缺少政策扶持"（权重平均值为4.13）对传统行业企业影响最大，是其开展环境技术创新工作的首要阻力；"投入成本风险"（权重平均值为3.89）和"缺乏资金支持"（权重平均值为3.86）对企业的影响紧随其后，说明资金因素无论在何种行业企业都十分重要；第四位是"产品市场风险"（权重平均值为3.63），在传统行业中，技术革新催生的新产品可以对市场份额产生较大影响，因而也很受企业重视；"缺少技术人才"（权重平均值为3.57）、"缺少技术积累"（权重平均值为3.37）排在第五位、第六位，传统行业特别是大型龙头企业的技术人才队伍已完成原始积累，产品技术比较成熟，相关市场结构稳定且具有周期性，因而对科技人才和技术的需求并不如战略新兴行业那么迫切；第七位是"知识产权管理体系不健全"（权重平均值为3.35），最后是"缺乏技术及市场信息"（权重平均值为2.97），当前部分大型企业已建设完整的知识产权战略，有健全的产学研合作交流机制，有固定的合作单位和技术来源，但传统行业中的多数小型企业受自身条件限制，对知识产权战略重视不够，对产学研交流合作平台及信息技术平台的认知和利用也不够，说明中小企业对社会综合资源的利用能力有待提升。

表 2 - 10　　　　　传统行业企业环境技术创新限制因素研究

限制因素		非常重要	重要	一般	不太重要	无影响	平均值	名次
产品市场风险	次数（次）	103	47	75	32	23	3.63	4
	比重（%）	36.79	16.79	26.78	11.43	8.21		
投入成本风险	次数（次）	135	44	53	31	17	3.89	2
	比重（%）	48.22	15.71	18.93	11.07	6.07		
缺乏资金支持	次数（次）	127	58	44	25	26	3.86	3
	比重（%）	45.37	20.71	15.71	8.93	9.28		
缺少技术人才	次数（次）	110	44	49	49	28	3.57	5
	比重（%）	39.29	15.71	17.5	17.5	10		
缺少技术积累	次数（次）	93	71	39	55	22	3.37	6
	比重（%）	33.21	25.36	13.93	19.64	7.86		
缺少政策扶持	次数（次）	144	55	54	19	8	4.13	1
	比重（%）	51.43	19.64	19.28	6.79	2.86		
缺乏技术及市场信息	次数（次）	62	52	23	101	42	2.97	8
	比重（%）	22.15	18.57	8.21	36.07	15.01		
知识产权管理体系不健全	次数（次）	79	66	36	72	27	3.35	7
	比重（%）	28.22	23.57	12.86	25.71	9.64		

（三）新兴行业和传统行业间限制因素的异同点分析

通过表2-9和表2-10的调查结果分析可知，首先，缺少资金支持、投入成本风险等资金因素对传统行业和新能源、新材料等战略新兴企业的限制作用均十分明显，在各类限制因素中位居前列。其次，政策支持因素的限制作用在传统行业的体现比新兴行业更强烈，说明传统行业独立自主进行环境技术创新的能力相对较差，积极性较低，更需要政策扶持。再次，缺少技术人才和缺少技术积累等因素对各行业的限制作用都很大，其中，战略新兴行业对技术人才的需求相比传统行业更强烈，说明战略新兴领域的开拓与发展需要大量科技领军人才。最后，技术和市场信息、知识产权管理体系等因素对各行业均有一定限制作用，但其更体现在企业规模上，往往大型龙头企业的综合科技创新能力更强、知识产权体系更健全，对社会资源的综合利用能力更强，小型企业有很大提高空间，此外，战略新兴行业企业的知识产权保护意识相比传统行业更强。

五　焦作市工业企业技术创新的总体评析

技术创新是当前经济管理领域的前沿问题，所涉及的内容极其广泛。提升某地区企业的技术创新能力是一项综合系统工程，依据单一角度的研究结论制定的政策往往不具备良好的可操作性，制定科学有效的政策需要结合客观实际，从不同的侧面进行立体式、系统性研究，本书以2012年焦作市工业企业运行数据为统计基础，基于科技创新的视角通过不同侧面对焦作市企业的技术创新能力进行了分析。总体研究认为，焦作市工业企业的技术创新能力具有鲜明的中部地区特征，从行业构成情况来看，汽车零部件、装备制造、食品和轻工纺织构成了四大支柱行业，其中大型国有企业、私营企业集中在汽车零部件、装备制造领域，该领域的科技创新能力最强，也最具备发展创新技术的条件与潜力；食品、轻工纺织等领域的企业数最多，但缺少具有竞争力的大型企业，企业的科技创新能力也最弱，是制约焦作市产业结构升级的重要"瓶颈"；此外，生物医药、新能源、新材料、节能环保等战略新兴行业的创新能力最强，但企业数量最少，对焦作市的财政贡献最小，政府应着力支持新兴行业发展，壮大新兴产业形成集群优势，进而带动传统行业完成结构升级。总之，焦作市是典型的传统重工业城市，战略新兴行业正处于发展阶段。此外，从驱动因素和限制因素两个角度分别对传统行业和战略新兴行业的调研统计得出，传统行业在技术创新方面对政策支持的依赖更大，而新兴行业对资金的需求更强烈，同时，缺少人才、技术积累欠缺等因素对各行业的阻碍作用相当。

通过上述的分析与讨论的提炼，可将焦作市企业技术创新的总体现状总结如下：

（1）焦作市工业企业主要由汽车零部件与装备制造、轻工纺织、化工和食品四大行业构成；在这些传统行业中，装备制造行业的科技创新能力最强，政府的科技创新支持力度最大，其进行环境技术创新工作不仅符合国家产业转型升级的需求，而且也最具备条件与潜力；化工、轻工纺织等重点污染行业在国家、省、市的重点监督与规制下，科技创新能力与节能减排同步发展且均衡，也具备进一步提高节能减排等环境技术的能力和潜力，且化工行业的科技创新能力比轻工纺织行业更强；食品行业的科技创新能力是四大支柱行业中最低的，受企业规模、行业性质所限，该行业企业发展环境技术创新的需求与动力最弱，政府对其科技创新支持力度最小，其发展环境技术的潜力相对较差。

（2）新能源、新材料、生物医药等战略新兴行业具有环境友好可持续的特点，其科技创新能力最强，节能减排能力明显强于全市平均水平，代表着产业转型升级的方向。目前，新兴行业企业在数量、纳税等方面在焦作市企业的构成中所占分量较小，对提升焦作市支柱行业的环境技术具有示范性作用，但其环境技术创新能力并不能代表焦作市企业的总体水平。

（3）从企业角度来看，各类行业中的龙头企业、重点企业等规模较大的企业一方面受政府环境规制的约束力最突出，另一方面受政府政策资金的支持也最多，这类企业的节能减排水平较高、科技创新能力较强、发展潜力较大，特别是传统行业中的化工行业、轻工纺织行业表现得最明显，同行业企业的节能减排能力差别也很大，这种差别与企业规模紧密相关。由此反映出，在政策支持资金有限的前提下，对传统行业环境技术创新能力的提升有赖于推动产业兼并重组，整合优质资源，降低内部竞争，消除低效率或重复的研发活动，进而实现行业整体转型发展。

六　焦作市工业企业技术创新存在的问题

目前，焦作市企业正处于转型升级的关键阶段，在可持续发展的压力下，企业对技术创新的需求日益强烈，技术也处在加速调整阶段。但我们也应该认识到提高技术创新能力是一项需长期建设的社会综合系统工程，而焦作市工业企业受地域环境、历史沿革、产业政策等因素影响，其技术创新存在不少问题，归纳起来，突出表现为以下几个方面。

（一）在产业政策方面存在的问题

1. 产业政策存在明显倾向

焦作市现行的产业政策存在明显的倾向性，即特别重视对装备制造及重工业行业的扶持，对食品、纺织等轻工业的扶持远远不够，这从政策层面造成本市企业技术创新能力发展的不平衡。

2. 技术创新缺乏总体规划

焦作市还没有出台明确的技术创新规划，企业的技术创新行为仅是在多方因素的制约下被动开展的，缺乏系统性的设计与规划，难以在根本性问题上有所突破。技术创新事业在没有总体目标和实施步骤的统筹下必然发展滞后。

（二）在激励制度方面存在的问题

1. 缺少技术创新专项激励制度

现行的《焦作市科技创新奖励意见》对各类科技创新工作的支持均是以企业为单位，没有出台以产业为支持单位的奖励政策，这导致科技支持政策的力度虽大，但仅有很少部分能应用在环境技术领域，而这部分资金往往也不直接将技术创新作为投入主体，而是服务于企业的产品改造或节能减排工作，这也造成了技术创新事业缺乏明确目标和单独发展的动力。

2. 政府对技术创新的支持标准不明确

突出表现在支持形式不明确，资金投放标准不透明。例如，当前的支持资金往往以重大科技专项为主，受益企业多是大型龙头企业，虽然带动了单个项目的发展为少数企业提升了竞争力，但是，没有惠及大众，对多数有发展潜力的科技中小型企业提供的支持仍然不够，导致整个技术创新的基础并不牢固，创新工作没有实质性进步。

3. 产学研合作体系有待升级

产学研合作交流平台是技术创新体系的重要组成部分，健全的产学研合作体系需要政府、研究机构和企业多重努力、共同构建。近年来，焦作市政府与高校携手举办了多次产学研交流合作会，为全市企业引进新技术牵线搭桥并取得了一定成果，但是，这些合作交流仍以"企业—科研机构"的点或线的形式独立存在，连接企业和技术市场的开放式、网络化的技术创新服务网络仍没有建立起来，多数小型企业仍没有畅通的技术信息来源，技术交流工作仍比较被动。

4. 知识产权服务体系不健全

市、县知识产权局的管理工作仍以宣传、服务、统计为主，缺少创新的工作方式和明确的工作计划，没有建立起一个综合性知识产权信息交流平台。同时，部分中小企业对知识产权工作重要性认识还不够，没有建立自己的知识产权发展战略，申报专利的积极性不高。

5. 社会综合创新环境未形成

虽然近年来，焦作市政府出台了一系列政策对科技事业提供大力支持，但除重要规模以上企业外，焦作市多数中小型企业的科技创新工作积极性仍不高，社会公众对科技创新的认知度不够、热情不高。总的来说，还没有形成一个崇尚创新的社会综合环境。

（三）企业自身存在的问题

1. 中小企业基础条件差

焦作市多数中小企业是由乡镇企业发展起来的，存在规模小、设备差、技术低的客观现实，其主打产品多属于技术含量较低且达不到绿色节能的要求，具有独立知识产权的高新技术产品更是稀少。企业的自身规模及实力是企业进行科研投入的基础，缺少创新基础的科技中小型企业更需要政府多方面支持。

2. 普遍缺乏环境技术人才

焦作市企业对环境技术创新事业的认识相对较晚，近年来才开始将环保理念融入生产实践中，人才引进工作起步较晚，人才储备不足，特别是环境技术专项人才更是十分缺乏。同时，企业在人才的科学利用上也缺乏经验，缺少科学的激励、监督、约束制度，导致部分科技人才创新不积极，创新能力得不到充分发挥。

3. 科研资金投入不足

受自身条件所限，焦作市企业在环境技术创新方面投入的精力和财力都比较有限。其中，焦作市轻工纺织、食品等行业的企业普遍规模小、硬件环境差、创新意识低，在环境规制对企业生产成本造成巨大压力的情况下，其有限的资金不会主动投入在节能减排或环境技术创新上，特别需要政府的扶持拉动。

4. 企业家环保意识不强

部分中小企业管理人员缺少学习渠道和前沿意识，对环境创新的重要性认识不够，对绿色消费、绿色产品、绿色生产、绿色技术、绿色增长模式、绿色营销、绿色企业形象的了解十分缺乏，导致主观上不能与时代潮流接轨，缺乏推动节能减排及环境技术创新的主动性和积极性，对环保问题的态度习惯于依赖政府规制措施，没有形成主动转变的可持续发展理念。

七 提升焦作市工业企业创新能力的对策建议

基于焦作市工业行业的现状及发展特点，通过详细调查与统计分析研究，下面就如何提升焦作市企业整体的环境技术创新能力的问题，提出"以装备制造业带动传统支柱行业提升环境技术能力，加速新能源产业规模化发展实现环境技术领军作用"的产业发展思路，并从政府、企业、社会综合系统等方面提出对策。

（一）完善产业发展策略

1. 充分挖掘装备制造行业的环境技术研发潜力

装备制造业在焦作四大支柱行业中的科技创新能力最强，最具备发展环境技术的条件与潜力。政府要将装备制造业作为环境技术创新事业的突破口，继续对该行业自主创新予以扶持，进一步加大环境科技创新奖励力度，特别是对节能减排及绿色产品研发相关的省份科技项目予以重点推荐，积极为企业争取专项研发资金，不断提升该行业企业环境技术水平，进而将较好的经验和做法运用到其他传统行业中，提升总体环境技术水平。

2. 加大对轻工纺织、食品等传统行业的支持力度

轻工纺织、食品等行业是焦作市传统支柱行业，在企业数量、纳税额度、总体规模等方面都占较大比重。受到行业性质所限，其环境技术创新能力在各行业中水平最低，是最需要政策支持的行业板块。政府要重视该行业的自主创新工作。一是要大力推动企业间兼并重组，减少行业内部竞争，鼓励资源优化配置，培养有竞争力的大型龙头企业；二是出台行业专项支持政策，对纺织、食品等行业的大型龙头企业予以重点项目支持，要吸取装备制造业的发展经验，大力引导企业自主创新，发展节能减排技术。

3. 大力推动战略新兴行业发展壮大

目前，焦作市新兴行业企业的数量少、纳税额小，规模效应仍不显著，还不能对焦作市经济形成较大支撑和拉动作用。同时，该行业的科技创新能力最强，节能减排水平较高，因此，培养壮大新能源、新材料、节能环保等新兴行业对提升焦作市工业产业整体水平、提高焦作市企业竞争力、加速传统产业转型升级具有重大意义。政府一是要加大政策和资金支持，重点要对科技中小型企业在贷款、融资、纳税等方面予以优惠，解决创新积极性较高的企业遇到的资金"瓶颈"；二是要加大新兴行业企业的招商引资工作，力争引进科技含量高、技术优势明显、绿色节能环保的企业，推动新兴产业实现集群式发展。

（二）健全政策激励机制

1. 加大环境技术创新政策激励力度

一是出台专项支持政策，明确环境技术创新的范围和项目种类，对企业发展各类环境技术及节能减排技术给予明确支持。

二是结合不同行业实际出台定向支持措施，修订符合产业结构升级导向的节能减排标准，提高企业发展节能减排等环境技术的积极性。

2. 推进多元化财政投入

进一步提高科技经费支出占一般财政预算支出的比重，并严格保障资金切实落实。同时，加快完善知识产权质押融资及其他投融资机制，鼓励中小企业以自己的发明专利进行质押贷款，解决科技中小型企业资金"瓶颈"。

3. 实施人才引进战略

政府要出台并实施人才引进优惠政策，创造尊重人才、重视人才，鼓励创新的社会环境。同时，完善人才激励机制、约束机制，不仅将人才吸引来、留得住，更能充分发挥人才优势。

（三）引导企业自主创新

1. 加强专项人才引进

企业要出台配套的环境科技人才优惠政策，积极建设科研平台，为科技人才发挥作用提供良好条件，同时完善约束机制，保障优胜劣汰，使科研人员能切实将自己的目标与企业愿景融合起来，为企业自主创新发挥持久作用。

2. 加强自主研发投入

企业要充分认识到节能减排技术及其他环境技术的重要意义，主动将可持续发展观融入企业战略中，结合自身实际，组织安排恰当的精力、财力、人力、物力到环境技术创新中，通过新技术引进、成果转化、申请专利等一系列方式，改进工艺流程，减少污染物排放，降低生产成本，加速绿色环保产品研发，提高企业竞争力，实现良性发展。

（四）完善社会创新服务体系

1. 发挥科技部门的科技服务能力

政府、高校、科研院所要携手定期组织专场产学研交流合作会，积极为企业牵线搭桥，帮助引进新技术、攻克项目研发技术"瓶颈"。企业也要主动走出去，积极与外省份科研院所、大专院校对接，将新的项目、技术、成果、人才请进来。科技服务部门要开展好产学研合作交流工作，积极为企业引荐新技术、新产品；要加强科技政策宣传，特别是知识产权保护宣传，大力引导企业建立知识产权发展战略。

2. 加强环境部门的环保执法和环境评价工作

（1）要对违法排放的企业严惩，让企业认识到环境保护这条高压线不可触碰，同时，企业在工程论证上要严格环境评估程序，充分发挥环评应有作用，让企业家能切实感受到环境问题的约束。

（2）鼓励实施环境容量总量控制制度。可以在当前的水资源管理制度基础上，尝试实施碳排放总量控制制度，客观上使企业对资源的使用和排放不再是无所顾忌，增强企业家环境保护紧迫感。

3. 加大宣传部门的环保教育力度

要通过宣传让企业家认识到环境规制的目的和意义，即企业认真执行环保标准及法规，长远上看不是增加成本而是降低成本，是提高竞争力而不是降低竞争力，良好的环境保护工作有利于企业争取政府和相关机构的支持，有利于树立起良好的社会形象和品牌形象，提高无形价值。

4. 建立开放式、网络化的技术创新服务网络

要建立企业环境技术创新信息交流平台，该平台提供的主要服务包括：及时、全面传达中央、地方政府关于环境治理和管制的有关政策和要求，传播环境技术创新知识，促进企业及时、全面了解市场动态，跟踪环境技术发展动向等。要充分发挥平台作用，促进企业间、企业与政

府间直接、便捷、有针对性的沟通与交流,降低企业信息搜寻与获取成本,促进企业间技术转移和技术交流,避免重复开发和引进。

5.建立知识产权综合服务体系

市、县知识产权局要进一步加大保护知识产权的宣传工作力度,鼓励中小企业申请专利,积极开展行业专利"清零"工作,特别对科技中小型企业要提供系统的专利咨询服务,帮助其建立知识产权发展战略。

第三章　碳减排的投资决策机制研究

第一节　投资决策的相关理论

一　行为经济学理论

20世纪90年代初，经济学和心理学两个不同领域的一些学者们进行了里程碑式的合作，把认知心理学的研究成果渗入到经济学研究的框架中，成就了行为经济学这一名词的新潮流。行为经济学作为后起之秀，也得到了主流经济学一定程度上的承认，行为经济学领域的文章在西方一流经济学刊物上发表的越来越多就是一个很好的证明。2002年度诺贝尔经济学奖获得者是行为经济学家丹尼尔·卡尼曼（Daniel Kahneman）和弗农·史密斯（Vernon Smith），他们对行为经济学和实验经济学的杰出研究使行为经济学的学术地位得到了充分展现。普林斯顿大学心理学教授丹尼尔·卡尼曼研究了人类在不确定性条件下的决策行为，并做出了重要贡献——人类的实际决策偏离标准经济理论的逻辑预测的系统性过程。另一个很好的证明是，丹尼尔·卡尼曼与他的同事特沃斯基（Amos Tversky）创建了著名的前景理论，这个著名的前景理论就是行为经济学的理论基础。而美国乔治梅森大学经济学教授弗农·史密斯创建的实验经济学，是通过模拟现实场景来做设计实验，从而对经济行为进行分析和考察，以对政策的制定提供建议指导。

行为经济学作为一门实用的经济学科，它将心理学与经济科学有机联系起来，进而修正有关主流经济学对于人的理性、完全信息及效用最大化这些基本假设的不足。所以，无论是对心理学研究成果的应用还是实验方法的引入，最终目的都在于对更为真实合理的行为基础的构建。周业安（2004）对行为经济学与新古典经济学进行了对比，结果如

表 3 - 1 所示。

表 3 - 1   行为经济学 VS 新古典经济学

类别	新古典经济学	行为经济学
硬核	理性经济人假定、偏好和禀赋分布外生、主观价值论、交易关系中心等	有限理性当事人假定、可能追求利他行为和非理性行为、偏好和禀赋内生、学习过程、主观价值论等
保护带	均衡、边际效应或产量递减、要素和产品自由流动、价值接受者	非均衡、非线性效用函数、随机性、要素和产品异质、路径依赖、显示市场和组织、有限套利等
研究方法	个体主义、边际分析方法、以静态和比较静态分析为主、线性规划和动态规划	个体主义、演化分析、非线性规划、实验和微观计量为主

以上对比可以很明显地看出，行为经济学的重点在于对当事人的决策行为进行重新建立模型，并对当事人的行为心理基础进行充分的经验检验。

二 实验经济学理论

西方经济学的证实方法一直是以主流经济学为指导的，基本思路就是先提出理论假设以避免不确定因素，然后在理论假设的基础上建立数学模型并且计算得出结果，最后对上述结果进行经验上的实证和针对性的理论分析。

西方主流经济思想的假设——"理性经济人"在理论上是科学合理的，但是在现实生活实例的应用中却有着一定的局限性。因为人是社会性的动物，人类的行为和在社会上的经济关系中不确定因素和非理性行为是普遍存在的。而实验经济学的出现意味着经济学领域内里程碑式的突破。

实验经济学依然是遵循自然科学规则的实证学科，但是它在方法上对主流经济学的缺陷有一定的弥补作用。首先，实验经济学不再设定"理性经济人"的假设前提，是由实实在在的、可以犯错并且有学习能力的人来完成的。其次，实验经济学中的数学分析方法由主流经济学中单纯的数学推导方法转变为数理统计的分析方法，并且通过实验的反复验证，用现实数据克服之前经验检验的历史性数据，从而将抽象的问题现实化，更贴近现实中的实际问题。最后，实验经济学在实验的过程中，可以根据实验目的需要主动地进行实验变量的更替和增减、实验条件的变换，能够有效避免非关键因素对实验结果造成的影响。

近年来，很多学者将行为经济学的研究中渗透了大量的实验方法，行为经济学与实验经济学二者的联合研究相得益彰，正在逐步得到人们的认可，这也是 2002 年诺贝尔经济学奖共同颁发给创立实验经济学的弗农·史密斯和心理学教授丹尼尔·卡尼曼的根本原因。

三　有限理性理论

传统经济学理论中的决策模型是理性模型，理性决策模型中分析人们作出决策行为的前提是"经济人"，理性决策模型能用来说明和解释市场经济中的很多现象。但理性决策模型中采取一些变量简化的做法，即理论决策中的"经济人"假设是一种理想化的模式，带有一定程度的"乌托邦"色彩，虽然理想化的分析模型不代表就没有了应用价值和研究意义，但是，用之指导现实中的决策却不是十分适合。

20 世纪 50 年代，美国管理学家和社会科学家、经济组织决策管理大师、第十届诺贝尔经济学奖获得者——赫伯特·西蒙（Herbert A. Simon），将传统经济学中的"经济人"用"社会人"做了替代，提出了有限理性标准，也产生了相对应的新理论——"有限理性决策理论"，又称"西蒙（最满意）模型"。这是一个比理性决策模型更接近现实的理论模型，因为有限理性决策理论指的是介于完全理性与完全非理性两个极限之间的"有限理性"，而大多数社会人做决策时的思想状态都处于比较"中间"的有限理性阶段。1947 年，西蒙在其著作《管理行为》中这样说：经济学中所描述的"经济人"是过于理性化的状态，实际上应该是具有有限理性的普通人（夏飞、李成智，2005）。

在现实社会中，有限理性决策是一个始终存在的，但是长期以来都被摒弃于理论分析框架之外的理论。赫伯特·西蒙认为，绝大多数的人在决定过程中找寻的并非是"最大"或"最优"的标准或结果，而是"最满意"的，由此来解析人们如何对信息进行处理和加工的心理活动，是现代心理学（尤其是认知心理学）发展的重要成果之一。认知心理学认为，不同的人具有不同的性格、知识结构、文化水平以及所处的环境，还有新闻媒体、权威观念、政治事件、体制和政策等其他社会性因素等,这些因素都会使人们对同一件事物有着不同的认知过程,所以这些因素也会直接地影响人们最终的决策。有限理性决策的经济理论可以很贴近现实地解释事情的成因和发生过程。

通过上述"有限理性"和"满意准则"这两个先决条件,我们可以理解在企业中选择勇于创新的人士并不是因为这样一个行为能在未来带来的财富或社会地位。即使他们不能计算现在的创新行为在未来的真正收益和损失,他们也不愿意更改自己的决心。更有甚者,他们根本不用费尽心机地去考虑创新带来的所有可能的回报,他们只是在寻求做自己认为对的事这么一个"满意解"。正是这样,创新成功的企业家们可以对所取得的成就淡然处之,把创新过程中经历的喜怒哀乐都看成是人生中精彩的一部分,放开胸襟,坦然面对,不断积累经验和积极学习,最终在创新的道路上有所作为,如图3-1所示。

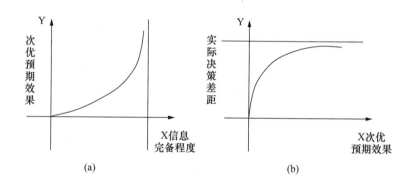

图 3-1 有限理性模型

图3-1(a)显示,随着信息完备程度的增加,决策者掌握的信息资源不断增多,基于有限理性的决策者制定的次优决策效果渐渐趋于理想的最优决策效果(图中无箭头的竖线表示最优决策下的预期效果)。图3-1(b)显示,随着次优决策预期效果的增加,使最优决策预期效果和实际社会效果之间的差距逐渐缩小(无箭头的横线表示最优决策下的预期效果)。

四 前景理论

对于相同大小的"所得"和"所失",人们对"所得"看得更重,这一事实叫作前景理论,也有学者将其翻译为"预期理论"。20世纪

70 年代末，卡尼曼和特维斯基（Kahneman and Tversky，1979）提出了前景理论，前景理论是心理学和行为科学领域的研究成果，而卡尼曼获得 2002 年诺贝尔经济学奖的原因就是前景理论的贡献。前景理论简单来说是一个描述性的风险决策模型，有三个主要特征：其一，相比财富的绝对值，财富的前后变化量更加被人们关注；其二，大多数人对前景"获得"的风险选择是规避，而对前景"损失"的风险选择是偏好；其三，人们对"损失"的敏感程度要远远大于"获得"，损失会让人们产生不甘心的情绪，损失时的痛苦感要远远超过等量财富带给人们的快乐感。这三个特征也证实了前景理论提出的出发点——效用最大化，可以看出，在财富最大化的对比之下，人们更愿意追求幸福感的最大化，而幸福感的最大化并不是传统经济学上认为纯粹的增加财富。财富的增加会给人们带来生活水平的改善，但是随之增加的压力并不会让幸福感和改善的生活水平一样有明显的变化。

来自心理学的研究成果前景理论，在经济学的应用中做出了突出贡献，特别是人们在较多的不确定因素环境下做决策时，前景理论大有用武之地。可以说，前景理论的应用小到个人选择、企业决策，大到社会现象、国家政策，都有非常好的应用。

第二节　碳减排的投资决策研究动态

一　针对企业方面的研究现状

国外关于企业碳减排等环境技术创新活动的研究最初集中在企业研发活动上。有学者总结归纳了 1972—1993 年环境技术管理与开发方面的文献，调查结果表明，其中只有不到十篇的文章涉及有关环境的问题，而且这些问题主要是围绕"废弃物"方面的研究。由此看出，涉足环境研究与开发领域的学者尚少，并且多集中在环境工具的研究上，具有战略性的研究并不多见。比如，道宁和基姆鲍尔（Downing and Kimball，1982）认为，企业管理者对企业环境形象的关心对企业环境行为有正面影响。还有学者斯坦威克和斯坦威克（P. A. Stanwick and S. D. Stanwick，1998）研究了企业经营状况的好坏是否会对企业节能减排造成不同的影响，他们通过对 120 多家不同的行业中的企业研究结果发现，企业经营的良好和企业积极地进行污染治理之间没有必然的联系，也就是说，企业财务状况好并不一定就会采取积极主动的环保行为。帕加兰和威勒（Pargaland and Wheeler，2003）认为，企业的规模是企业改善其行为的一个主要的决定性因素，企业规模的大小与企业采用环境技术的可能性大小成正比。最后，沃德曼和西格尔（Waldman and Siegel，2007）研究了企业的领导人和决策者，他们认为，在企业主动做出社会责任的决策并且进行活动的过程中，企业的领导人和决策者是一个非常重要的公关角色。

在国内，马小明和张立勋（2002）认为，企业在开发和利用资源时导致了环境污染，之后再对环境污染进行补偿，所以说，企业的重要地位是显而易见的；并且在环保投资时，企业的决策者不同的偏好主要受到两方面的影响——自身环境意识的影响和企业经济状况的影响——这涉及决策者自身素质和企业自身状况。接着，杜晶、朱方伟（2010）指出决策的有限理性是现有理论对企业环境创新解释不足的重要原因，在分析总结了环境技术创新采纳的特点和比较了传统决策和行为决策理论的发展之后，作者以文献研究和调查研究相结合的方法提取出了主要的理性变量和行为变量，在环境技术创新行为决策领域开辟了新的视野。而孟庆峰、李真和盛昭瀚（2010）等提出将计算实验和综合集成方法引入到企业环境行为影响因素的研究中，利用实证研究、数理分析与计算实验相结合的综合集成方法来研究企业环境行为影响因素。

与此同时，实验经济学的分析方法也登上了舞台。聂晓文（2010）运用博弈论的分析方法，将生态补偿过程中的相关利益主体作为对象进行博弈行为的分析，并以此为着手点来研究建立生态补偿长效运行的机制中应注意的问题和解决途径。除此之外，刘燕娜、林伟明和石德金（2011）利用多元线性回归法和单因素方差分析法，对企业环境管理行为决策的影响因素进行实证研究，研究结果表明，企业环境管理行为决策的影响因素主要有企业的所有制形式、行业污染的程度、企业经营的规模等。除此之外，企业所处的自然环境、实施的绩效管理以及资产周转率等因素对企业环境管理行为的实施不具有明显的影响。环境创新和我国资源的可持续发展有着不可分割的联系，范群林、邵云飞和唐小我（2011）探讨了企业环境创新的动力，认为环境不仅影响产业的市场需求，还会对企业的竞争力带来一定的影响，企业的竞争力来自企业的创新行为，现代企业以发展的眼光在日益激烈的竞争中谋求长足的发展，离不开生态、经济和社会三者的可持续作用和三者所在系统的协调发展，因此，融合环境与技术的环境技术创新将会带来经济和环境作为有机整体的"双赢"。

二 针对政府方面的研究现状

在国外，随着环境管制逐渐被提上日程，波特和克拉斯（Porter and Claas，1995）、瓦格纳（Wagner，2005）等学者的研究认为，在其他条件不变的情况下，企业有成本的污染将会增加社会对创新活动经济的投入，并且通过实证研究证实，相对于通过改变投入品或是降低总产量等其他途径，大型企业回应政府的环境管制不是改变投入品或者是降低总产量的途径，而是更倾向于使用技术创新，因此，影响企业环境技术创新的一大不可置疑的因素——非环境管制莫属。到了 21 世纪，蒙特曼（Montero，2002）对环境政策工具进行了分析比较，目的是看哪种政策工具对企业环境研发激励比较大，通过一系列环境政策工具的对比发现，相比许可型的政策，标准型的政策对企业的激励效果更好一些。罗森达尔（Rosendahl，2004）从学习效应和技术外溢这两个方面研究，结果是基于自主创新的污染治理相比于学习效应的污染治理应征收比较低的税收，认为环境管制具有弹性会对企业环境技术创新的激励效果更好。

在国内，吕永龙、许健和胥树凡（2000）在对社会大规模调查结果统计分析的基础上提出了促进我国环境技术创新的政策建议，他们具体分析了企业环境技术创新的驱动因素和限制因素，并且归纳总结了发达国家在这方面的优惠政策，认为在企业环境技术创新领域中有着较大的影响。紧接着，吕永龙和梁丹（2003）认为，利用政策上的收费（如排污收费、排污权交易）等经济政策手段对企业可以有所改变，同时也对企业技术创新具有持续的激励作用；但是，命令控制型的政策法规只是具有一次性的刺激效果，建议将命令控制型与环境经济政策相结合的环境政策法规使用到企业中。戴世明、吕锡武（2005）也主张在企业中推广排污权交易，因为价格是一个比较直接的经济杠杆，进而也论述了一系列排污权交易的可行性。另外，在国际贸易中，在环境污染日益严重、资源日益耗竭的背景下，环境壁垒也就浮出水面了。王玉婧（2008）认为，实施环境技术创新是突破"瓶颈"和实现可持续发展的关键所在，针对中国出口企业所面临的越来越严峻的环境标准，她认为我们应该站在可持续发展的高度，进行理性的分析，进而提出了环境技术创新思路，即实施环境技术创新的关键是从政府制度的制定和企业内部的生产模式这两个方面入手。而孙亚梅、吕永龙、王铁宇等（2008）认为，企业规模对环境有一定的影响力，提出在构建环境技术创新体系时，尤其需要加强对大中型企业环境技术创新的支持力度，发挥其规模效应。近几年来，无论是在学术上还是在实践上，人们对环境管制、企业环境战略与环境技术创新等问题都给予了很大的关注，但是，环境管制局限于宏观制度层面，企业环境战略与环境技术创新关联着企业自身内部、政策法规和公众，因此，两者是可以结合为一个有机的整体的。据此，李云雁（2011）研究了企业自身内部应对环境管制与技术创新战略时的决策行为，尝试在经济与环保"两手抓"的情况下建立环境管制—企业环境战略—环境技术创新行为的友好互动；同时，他还指出，环境技术创新实现机制不仅取决于企业内部的微观机制，环境的外部性和社会性也不能置之不理。

综合上述文献，国内外学者对企业环境技术创新实现机制的研究可主要分为两大类：首先是企业自身方面的，即企业层面的决策分析，它包括两方面：政策工具分析和企业决策行为性分析，政策工具分析侧重于从环境政策工具、国际贸易壁垒等客观角度来分析企业对实施环境技术创新的决策机理；而基于行为性的分析研究则处于新兴研究阶段，涉足的学者比较有限。其次是国家政策方面的，即由政府主导的，对环境技术创新政策体系的构建和完善，还有政策工具的完善和使用等。国内外学者普遍认为，政府所做的措施对企业成功实施环境技术创新是很重要的动力，单凭企业自身的力量是有限的。

第三节　碳减排的企业决策机制研究

一　对等企业间的投资博弈分析

20世纪70年代，由史密斯（Smith，1973）和普赖斯（Price，1974）提出了演化博弈理论的基本概念——演化稳定策略（Evolutionary Stable Strategies，ESS），泰勒和金克（Taylor and Jonker，1978）提出了

复制动态，此后演化博弈理论在经济学、生态学以及社会学等领域得到了广泛的应用，特别地，演化博弈在环境问题和企业技术创新领域的应用也取得了一系列成果（冯运科，2012）。下面将运用演化博弈理论，从对称角度，对企业之间的环境技术创新行为进行博弈分析，旨在揭示规模相同的企业之间在进行环境技术创新时的各自选择（王丽萍，2013a）。

针对环境技术创新，有的企业会积极采取措施努力实现创新，有的企业则不愿主动创新，而是等待时机采取模仿或跟随创新企业。为此，我们不妨假设有两个企业，企业 1 和企业 2，他们的企业规模相当，市场占有率基本一致。如果双方都选择积极主动地实施环境技术创新，则各得到 a 单位的收益；如果双方都选择跟随或模仿他人的环境技术创新，则各得到 d 单位的收益，显然存在 a 大于 d；当其中一方选择积极主动实施环境技术创新而另一方选择跟随或模仿环境技术创新时，前者得到 b 单位的收益，而后者得到 c 单位的收益。双方的支付收益如表 3－2 所示。

表 3－2 　　　　　　　　　　对称企业双方的收益矩阵

		企业 2	
		主动创新	跟随或模仿
企业 1	主动创新	a，a	b，c
	跟随或模仿	c，b	d，d

现在我们来分析区域内的企业群体随机地进行该博弈，假设有比例为 x 的企业采取主动环境技术创新的策略，比例为 1－x 的企业采取跟随或模仿策略。究竟有多大比例的企业采取主动环境技术创新策略不仅取决于该类型企业的期望收益，更重要的是与该类型企业的期望收益超出全部企业平均收益的幅度有关，显然，这部分超额收益越大越能激励更多的企业采取主动创新策略。由此可见，"主动创新"类型博弈方比例 x 是随时间的变化而变化的，其动态变化速度可以用下列动态微分方程表示：

$$\frac{\mathrm{d}x}{\mathrm{d}t} = x(u_1 - \bar{u}) \qquad (3-1)$$

其中，u_1 为企业群体中采取主动环境技术创新策略的企业的期望收益，$\bar{u}$ 为该企业群体中所有企业的平均期望收益。

从模仿者角度来看，博弈方学习模仿的速度取决于两个因素：一是模仿对象的数量大小，可以用相应类型博弈方的比例来表示；二是模仿对象的激励程度，可以用模仿对象策略得益超过平均得益的幅度来表示，因为这关系到模仿成功的大小。

根据表 3-2 显示的收益矩阵，可以得到两种策略的企业的期望收益和所有企业的平均收益分别为：

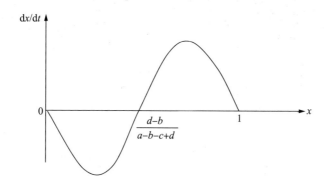

图 3-2　"主动创新"博弈的复制动态相位图

$$u_1 = xa + (1-x)b \tag{3-2}$$
$$u_2 = xc + (1-x)d \tag{3-3}$$
$$\bar{u} = xu_1 + (1-x)u_2 \tag{3-4}$$

其中，u_2 为企业群体中不实施环境技术创新策略的企业的期望收益。

将式（3-2）、式（3-3）和式（3-4）代入式（3-1）中，可以得到：

$$\frac{dx}{dt} = x(u_1 - \bar{u}) = x[u_1 - xu_1 - (1-x)u_2] = x(1-x)(u_1 - u_2)$$
$$= x(1-x)[x(a-c) + (1-x)(b-d)] \tag{3-5}$$

令 $\dfrac{dx}{dt} = 0$，得式（3-5）的可能稳定状态为：

$x_1^* = 0$，$x_2^* = 1$，$x_3^* = \dfrac{d-b}{a-b-c+d}$（当且仅当 $0 \leqslant \dfrac{d-b}{a-b-c+d} \leqslant 1$ 时

成立）。

下面来分析不同状态下的企业主动创新的比例大小以及动态调整情况。

状态1：$x_1^* = 0$，这说明初始时刻不存在"主动创新"策略类型博弈方，且采用这种策略类型博弈方变化速度为0。从模仿者角度来看，只有出现模仿的对象才能进行模仿，当 $x = 0$ 时就说明没有模仿的榜样，因此，所有的博弈方都不会有意识地改变他们的策略。

状态2：$x_2^* = 1$，这说明初始时刻所有博弈方均为"主动创新"策略类型，既然都是主动创新者也就不存在模仿行动。因此，对于有限理性的博弈方而言，因为没有模仿者，所有的博弈方都不会有意识地改变他们的策略。

状态3：$x_3^* = \dfrac{d-b}{a-b-c+d}$，这说明既有"主动创新"策略博弈方，也有不主动创新而采取模仿策略的博弈方，这种情况往往与现实比较相符。如果初始时刻采取"主动创新"策略类型博弈方的收益超过所有群体的平均收益，那么采取"主动创新"策略的企业数量会越来越多，也就是上述变化速度为正。反之，如果初始时刻采取"主动创新"策略类型博弈方的收益不如所有群体的平均收益，那么采取"主动创新"策略的企业数量会越来越少，也就是上述变化速度为负。

状态4：$x_4^* \in (0, x_3^*)$，此区间内的 $\dfrac{dx}{dt} < 0$，即采取主动环境技术创新策略的企业数量呈减少趋势，且 $x = 0$ 点成为动态变化的最终稳定点，即采取主动环境技术创新策略的企业最终会消失。导致这一情况发生的原因可能有以下两点：其一，企业实施环境技术创新的收益低于其实施环境技术创新的成本，如果是这样，企业就不可能继续采取环境技术创新策略；当环境技术创新需要大量的前期投入或需要长期的科学研究时，一般中小型企业往往难以维持，结果就会出现这一情况。其二，企业实施环境技术创新的收益大于其实施环境技术创新的成本，但实施环境技术创新的企业收益低于不实施环境技术创新的企业收益，如果是这样，说明企业环境技术创新的成果会很容易被那些跟随模仿者获取，却又不必为此付费。虽然从自身的成本收益角度考虑，企业仍然可以继续采取环境技术创新策略，但从企业种群角度考

虑，越来越多的企业会放弃主动实施环境技术创新。另外，由于企业之间并不十分清楚彼此的环境技术创新成本，这会导致企业误以为"环境技术创新将会是企业背负的一个包袱"而不敢为之，进而不愿为之。久而久之，企业群体中采取主动环境技术创新策略的企业数量会最终消失。

状态5：$x_5^* \in (x_3^*, 1)$，此区间内的 $\dfrac{dx}{dt} > 0$，即采取主动环境技术创新策略的企业数量递增，且 $x = 1$ 点成为动态变化的最终稳定点，即企业群体中的所有企业都将采取主动环境技术创新策略。导致这一情况发生的原因可能有以下两点：

其一，实施环境技术创新的企业收益大于不实施环境技术创新的企业收益，且大于其实施成本。如果是这样，无论是从经济利益角度还是从企业群体竞争角度考虑，企业都会继续实施环境技术创新。要想实现这一情况，往往需要政府部门提供相对完善的制度环境，使创新者的知识产权得到应有的法律保障。

其二，企业实施环境技术创新的收益大于其实施环境技术创新的成本，但低于企业群体的平均收益。这一情况发生在政府为环境技术创新提供相应的补贴或财政支持的情况下，比如，一些大型的公益性的环境技术创新项目，由政府为其提供资金、技术和人才支持，然后将创新成果为社会所用，最终使所有企业都受益。

即使上述学习过程已经停止，即所有博弈方都通过学习找到了最好的策略，也不能排除博弈方还会"犯错误"，即博弈方仍然可能会偏离上述复制动态收敛到的纳什均衡策略。因此，有必要分析上述复制动态收敛到的稳定状态是否具有一定的"容错性"。为此，我们不妨假设，博弈群体中 e 比例的博弈方在收敛到"主动创新"策略后犯了错误，选择了"跟随或模仿"策略。此时选择"主动创新"策略的博弈方比例为 $1 - e$。按照前面的分析，采取"主动创新"与"跟随或模仿"策略博弈方的期望收益和群体平均收益分别为：

$$u_c = (1 - e) \times 1 + e \times 0 = 1 - e \qquad\qquad (3 - 6)$$

$$u_n = (1 - e) \times 0 + e \times 0 = 0 \qquad\qquad (3 - 7)$$

$$\overline{u}_{cn} = (1 - e) \times u_c + e \times u_n = (1 - e)^2 \qquad\qquad (3 - 8)$$

因为，$u_c = (1-e) > 0$，且接近于 1，因此，犯错误博弈方的期望收益远远低于没有犯错误的博弈方收益，也远远低于群体的平均收益。因此，犯错误方会逐步改正错误，最终仍然会趋于 $x^* = 1$，即所有博弈方都采取"主动创新"策略。由此分析得知，$x^* = 1$ 不仅是复制动态收敛的一个稳定状态，而且具有对少数错误偏离的稳健性，因此，$x^* = 1$ 是上述复制动态下的一个进化稳定策略。同理，我们可以分析上述复制动态的另一个稳定策略 $x^* = 0$，即所有博弈方都采取"跟随或模仿"策略，结果显示，有少量博弈方偏离这个稳定状态，复制动态会使结果越来越远离它，最终不再收敛于它，由此得出，该策略不具有对少量犯错行为的抗干扰性，不是上述复制状态下的进化稳定策略。

综上分析可见，一定区域范围内的企业在碳减排方面的选择上会相互影响、相互促进，特别是规模相当的企业之间，如果政府能够为创新成果提供相对完善的制度保障和必要的社会支撑体系，则会有越来越多的企业采取主动环境技术创新策略，即使个别企业会偶尔偏离这一选择，最终也会重新回到主动创新的队伍中来。因此，各地政府应建立健全知识产权保护制度、积极完善财政补贴、技术融资等社会服务体系，努力为企业环境技术创新提供更好的社会环境。

二 不对等企业间的投资博弈分析

在一个企业集群中，不同企业在市场规模、技术水平、人力资源、固定资产等方面的实力往往是不相等的。因此，企业之间的环境技术创新博弈相当一部分是非对称的博弈状态（王丽萍，2013b）。据此，我们不妨将企业划分为两类：其一是实力雄厚的大企业，其二是实力薄弱的小企业。在进行环境技术创新时，双方的策略均为两种：一种是主动实施环境技术创新，另一种是不主动实施环境技术创新，包括保持原有的技术水平不实施环境技术创新或跟随创新企业实施模仿创新两种情况。相对而言，由于大企业的市场份额较大，因此，大企业的环境技术创新动力更强，抵偿或消化环境技术创新成本的能力也相对更强。另外，从环境技术创新能力来看，大企业取得环境技术创新成果的能力比小企业强，使大企业的创新贡献率要高于小企业。在此基础上，我们不妨假设博弈双方的收益矩阵如表 3-3 所示。

表 3 - 3　　　　　　　大企业与小企业环境技术创新的收益矩阵

		小企业	
		创新	不创新
大企业	创新	R_1，R_2	0，0
	不创新	R_5，R_6	R_3，R_4

　　为了能够简便地描述问题，不妨假设上述矩阵中的收益值均表示企业环境技术创新带来的收益，其中，R_1、R_2、R_3、R_4、R_5 均大于 0，根据小企业本身环境技术创新能力相对强弱，R_6 可能大于 0 也可能小于 0。当博弈双方同时采取主动环境技术创新策略时，大企业的收益为 R_1，小企业的收益为 R_2，且 $R_1 > R_2$。当只有一个企业实施环境技术创新时，如果大企业实施环境技术创新，则大企业的创新收益为 R_3，小企业采取跟随策略的收益为 R_4；如果小企业实施环境技术创新，则小企业的环境技术创新收益为 R_6，大企业采取跟随策略的收益为 R_5。考虑到小企业的创新规模、资金、人才等实力相对较小，在与大企业进行博弈时，有 $R_4 > R_2$。如果双方都选择不主动实施环境技术创新，则双方均未获得创新收益，其收益均为 0。

　　在有限理性的情况下，假设在大企业集群中主动实施环境技术创新的企业比例为 x，在小企业集群中主动实施环境技术创新的企业比例为 y，则大企业的复制动态方程为：

$$F(x) = \frac{\mathrm{d}x}{\mathrm{d}t} = x(u_{11} - \overline{u}_1) = x[u_{11} - xu_{11} - (1-x)u_{12}]$$
$$= x(1-x)(u_{11} - u_{12}) = x(1-x)[(R_1 - R_3 - R_5)y + R_3]$$

$$(3-9)$$

　　其中，u_{11} 为大企业群中采取主动环境技术创新策略的企业的期望收益，u_{12} 为大企业群中不主动采取环境技术创新策略的企业的期望收益，$\overline{u}_1$ 为该企业群中所有企业的平均期望收益。

　　小企业的复制动态方程为：

$$G(y) = \frac{\mathrm{d}y}{\mathrm{d}t} = y(u_{21} - \overline{u}_2) = y[u_{21} - yu_{21} - (1-y)u_{22}]$$
$$= y(1-y)(u_{21} - u_{22}) = y(1-y)[(R_2 - R_4 - R_6)x + R_6]$$

$$(3-10)$$

其中，u_{21}为小企业群中采取主动环境技术创新策略的企业的期望收益，u_{22}为小企业群中不主动采取环境技术创新策略的企业的期望收益，$\bar{u}_2$为该企业群中所有企业的平均期望收益。

上述复制动态方程反映了博弈方学习的速度和方向，如果取值为0，则表示学习速度停止，即此时博弈方已经达到了一种相对稳定的均衡状态。故我们可以令 F(x)=0，得到大企业集群博弈的3个均衡点，同理，我们可以令 G(y)=0，从而得到小企业集群博弈的3个均衡点。这些均衡点是否是演化稳定策略，还要看它们是否具有一定的抗干扰性。根据判断系统稳定性的方法（李雅普诺夫方法），当 F'(x)<0 时，x 处于稳定状态，同理，当 G'(y)<0 时，y 处于稳定状态。下面分别来讨论大企业集群和小企业集群的演化稳定策略。

首先，讨论大企业。当 $R_5>R_1$ 时，如果 $y=R_3/(R_3+R_5-R_1)$，由于 $R_5>R_1$，且 $R_3>0$，所以，$R_3/(R_3+R_5-R_1)$位于(0,1)之间，则 F(x)始终为0，这意味着所有的 x 取值都是稳定状态。如果 $y\neq R_3/(R_3+R_5-R_1)$，$x_1^*=0$ 和 $x_2^*=1$ 是上述复制动态方程的两个均衡点，$F'(x_1^*)>0$，$F'(x_2^*)<0$，所以 $x_2^*=1$ 是演化稳定策略。当 $R_5<R_1$ 时，对于任意的 $0\leqslant y\leqslant 1$，$(R_1-R_3-R_5)y+R_3$ 始终大于0，则 $x_1^*=0$ 和 $x_2^*=1$ 都是稳定策略，但 $F'(x_1^*)>0$，$F'(x_2^*)<0$，故 $x_2^*=1$ 是演化稳定状态。

对于小企业来说，当 $R_6>0$ 时，如果 $x=R_6/(R_4+R_6-R_2)$，因为 $R_4>R_2$，且 $R_6>0$，故 $R_6/(R_4+R_6-R_2)$位于(0,1)之间，则 G(y)始终为0，这意味着所有 y 的任意取值都是稳定状态。如果 $x\neq R_6/(R_4+R_6-R_2)$，则 $y_1^*=0$ 和 $y_2^*=1$ 是两个均衡点，且当 $x>R_6/(R_4+R_6-R_2)$时，$y_1^*=0$ 是演化稳定策略，当 $x<R_6/(R_4+R_6-R_2)$时，$y_2^*=1$ 是演化稳定策略。特别地，当 $R_6<0$ 时，对于任意的 $0\leqslant x\leqslant 1$，$(R_2-R_4-R_6)y+R_6$ 始终小于0，则有 $y_1^*=0$ 和 $y_2^*=1$ 为稳定状态，并且 $G'(y_1^*)<0$、$G'(y_2^*)>0$，得到 $y_1^*=0$ 是演化稳定策略。

令 $x\neq R_6/(R_4+R_6-R_2)$、$y\neq R_3/(R_3+R_5-R_1)$，用以两个比例为坐标的平面图来表示大企业和小企业两个集群类型比例变化复制动态关系，得到图3-3至图3-6。

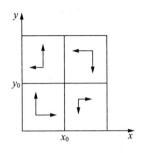

图 3 - 3　$R_5 > R_1$，$R_6 > 0$

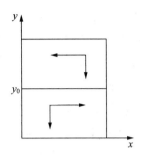

图 3 - 4　$R_5 > R_1$，$R_6 < 0$

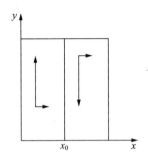

图 3 - 5　$R_5 < R_1$，$R_6 > 0$

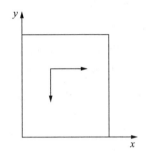

图 3 - 6　$R_5 < R_1$，$R_6 < 0$

当 $R_5 > R_1$ 且 $R_6 > 0$ 时，从图 3 - 3 中我们可以清楚地看到，博弈的演化稳定策略为：$x_1^* = 0$、$y_2^* = 1$ 和 $x_2^* = 1$、$y_1^* = 0$ 两点，即长期的演化结果为：在两个企业集群中，只有一方选择实施环境技术创新，而另一方采取跟随策略。这种情况发生在小企业有一定的环境技术创新能力，而大企业的环境技术创新能力不是特别强的情况下，意味着在小企业选择实施环境技术创新时，大企业实施环境技术创新的收益大于不创新的收益。而在大企业选择实施环境技术创新时，小企业不实施环境技术创新时的收益反而更大。这种情况的发生与环境技术的外溢特性有关，从而使模仿创新比自主创新的收益更大，博弈的结果为双方只有一方选择实施环境技术创新。在实践中，究竟哪一方会选择主动实施环境技术创新，以获得相对的优势，要看博弈双方的初始情况。

当 $R_5 > R_1$，$R_6 < 0$ 时，从图 3 - 4 中我们可以清楚地看到，博弈的演化稳定策略为：$x_1^* = 0$、$y_2^* = 1$，即长期的演化结果为：大企业选择主动实施环境技术创新，小企业选择不主动实施环境技术创新。这种情况发生在小企业的环境技术创新能力普遍较弱的情况下，这时候如果选

择单独实施环境技术创新，则会因为巨大的创新成本不能够被有效消化掉，或者是因为实施环境技术创新没有成功而导致收益下降。而跟随大企业的创新采取模仿改进，则能获得更多的收益。所以无论大企业是否选择主动实施环境技术创新，小企业均选择不实施环境技术才能保持其原有的收益水平或获取更高的收益。相反，大企业选择主动实施环境技术创新则能获得一定创新收益，所以，经过长期的学习和调整之后，大企业一般倾向于主动实施环境技术创新策略，小企业选择不实施环境技术创新策略。

当 $R_5 < R_1$，$R_6 > 0$ 时，从图 3－5 中我们可以清楚地看到，博弈的演化稳定策略为：$x_2^* = 1$、$y_1^* = 0$，即长期的演化结果为：大企业选择主动实施环境技术创新，小企业选择不实施环境技术创新。这种情况普遍发生在大企业实施环境技术创新的能力较强的情况下，这个时候，无论小企业是否做出环境技术创新策略，大企业的选择均是主动实施环境技术创新。此时，即使小企业单独实施环境技术创新策略也能使其收益获得普遍提升，但是，若是小企业能够跟随大企业采取模仿创新策略，则能得到更多的收益。所以，经过长期的学习之后，大企业一般倾向于实施主动环境技术创新策略，小企业选择不实施环境技术创新策略。

当 $R_5 < R_1$，$R_6 < 0$ 时，从图 3－6 中我们可以清楚地看到，博弈的演化稳定策略为：$x_2^* = 1$、$y_1^* = 0$，即长期的演化结果为：大企业选择主动实施环境技术创新，小企业选择不实施环境技术创新。这种情况普遍发生在大企业实施环境技术创新的能力较强的情况下，同时小企业实施环境技术创新的能力较弱的情况下，这个时候对于大企业而言，无论小企业是否选择实施环境技术创新，大企业均选择实施环境技术创新策略。对于所有的小企业而言，无论大企业选择实施哪种策略，小企业均选择不实施环境技术创新而是选择模仿技术改进策略，以取得相对更多的经济收益。因此，经过长期的调整和学习之后，大企业均倾向于选择实施环境技术创新策略，而小企业趋向于选择不实施环境技术创新策略。

结合前面分析和实际情况，后三种情况是最贴近实践的，即大企业因实施和转化环境技术创新的能力都比较强，其创新战略通常为主动实施碳减排方面的技术创新，而小企业无论其环境技术创新的能力高低，经过一段较长时间的博弈后，在选择环境技术创新策略时，更多的是跟随大企业的策略选择因技术外溢造成的模仿创新。因此，为了更好地激发和鼓励大企业环境技术创新的积极性，政府部门应该在环境技术创新的知识产权保障、科技成果转化机制、创新补贴、税收减免等方面为其提供相对完善的综合服务体系，特别地，对于那些前瞻性、基础性的环境技术创新项目，政府部门还可以通过技术招标、专项财政、技术联盟等方式吸引大企业积极参与和完成。此外，由于小企业在国民经济和社会发展中的地位和作用日益突出，并逐渐成为科技发展中的最活跃力量，而且小企业在组织结构调整、企业管理变革、贴近市场和用户等方面都具有大企业无法比拟的优势和灵活性，因此，政府部门应针对小企业的特点为其制订环境技术创新发展规划，并在项目审批、税收政策、服务程序、资产管理等方面提供便利，以进一步提升其创新的积极性和创新效率，最终实现大企业和小企业在环境技术创新方面的有机结合和交叉互补。

三　企业与政府间的投资博弈分析

在碳减排过程中，往往需要政府提供强大的财政政策支持。但反过来，政府提供资金资助也是有条件的，由此来看，在环境技术创新过程中，企业与政府之间也存在一种博弈。下面对此进行演化博弈动态分析，以期能更加清晰地揭示两者之间的动态关系。

针对环境技术创新，企业可以选择两种策略：一种是创新，另一种是不创新。同样，政府也有两种策略可以选择：其一是资助企业实施环境技术创新，其二是不资助企业实施环境技术创新（王丽萍，2013）。在这一博弈过程中，企业与政府各自的成本和收益如表 3 – 4 所示。

表 3 – 4　　　　　　　　企业与政府的收益矩阵

		政府	
		资助	不资助
企业	创新	$\omega R_1 - C_1$，$(1-\omega)R_1 - C_2$	$\omega R_2 - C_1$，$(1-\omega)R_2$
	不创新	0，$-C_2$	0，0

为了使问题的分析更加具有针对性，不妨假设收益矩阵中的收益值仅为实施环境技术创新的收益，其中，R_1 是政府资助情况下的企业收

益，R_2 是在政府不资助情况下的企业收益，故应有 $R_1 > R_2 > 0$。ω 是在总的环境技术创新收益中，企业最终得到的环境技术创新收益比例，$(1 - \omega)$ 为政府得到的环境技术创新收益比例，相当于税率，因此，$0 < \omega < 1$。C_1 表示企业实施环境技术创新的研发经费支出，即企业创新成本，C_2 表示政府对企业实施环境技术创新的资助成本。

假设在有限理性的条件下，企业采取创新策略的概率为 x，政府对企业环境技术创新采取资助策略的概率为 y，那么企业创新的概率是时间的函数，可以用如下的动态复制方程表示为：

$$F(x) = \frac{dx}{dt} = x(u_{11} - \bar{u}_1) = x[u_{11} - xu_{11} - (1-x)u_{12}]$$

$$= x(1-x)(u_{11} - u_{12}) = x(1-x)[w(R_1 - R_2)y + \omega R_2 - C_1]$$

$$(3-11)$$

其中，u_{11} 为企业采取创新策略的期望收益，u_{12} 为企业采取不创新策略的期望收益，$\bar{u}_1$ 为企业平均期望收益。

政府是否会对企业环境技术创新采取资助策略，一方面会考虑其从创新中获得收益的多少，另一方面还会考虑其因资助创新得到的收益超出其平均收益的多少，这一份额的变化往往成为政府采取资助策略的关键，因此，政府资助概率的动态变化可以用如下的复制动态方程表示：

$$G(y) = \frac{dy}{dt} = y(u_{21} - \bar{u}_2) = y[u_{21} - yu_{21} - (1-y)u_{22}]$$

$$= y(1-y)(u_{21} - u_{22}) = y(1-y)[(1-\omega)(R_1 - R_2)x - C_2]$$

$$(3-12)$$

其中，u_{21} 为政府采取资助策略的期望收益，u_{22} 为政府采取不资助策略的期望收益，$\bar{u}_2$ 为政府平均期望收益。

对于企业来说，当 $(\omega R_2 - C_1) < 0$ 时，有 $\omega < (C_1/R_2)$，其中，C_1/R_2 表示企业实施环境技术创新的成本收益比，因此如果政府不资助，企业从环境技术创新中获得的收益比例 ω 小于企业创新的成本收益比 C_1/R_2，使企业净收益为负。这时，如果 $y = (C_1 - \omega R_2)/\omega(R_1 - R_2)$，则 $F(x)$ 始终为 0，说明 x 的取值都是稳定状态。如果 $y \neq (C_1 - \omega R_2)/\omega(R_1 - R_2)$，则 $x_1 = 0$ 和 $x_2 = 1$ 都是稳定策略。当 $y > [(C_1 - \omega R_2)/\omega(R_1 - R_2)]$ 时，$x_2 = 1$ 是演化稳定策略。当 $y < [(C_1 - \omega R_2)/\omega$

$(R_1 - R_2)$]时，$x_1 = 0$ 是演化稳定策略。当$(\omega R_2 - C_1) > 0$ 时，有 $\omega > (C_1/R_2)$，显然 $y > [(C_1 - \omega R_2)/\omega(R_1 - R_2)]$成立，这说明在政府不资助的条件下，企业实施环境技术创新，从总的环境技术创新收益中获得的收益比例 ω 大于其创新的成本收益比 C_1/R_2，使企业实施环境技术创新的收益大于不实施环境技术创新时的收益，因此演化博弈的结果是企业趋向于实施环境技术创新。

对于政府来说，当 $C_2 < [(1 - \omega)(R_1 - R_2)]$时，有$(1 - \omega) > [C_2/(R_1 - R_2)]$，由于$(1 - \omega)$相当于税率，$C_2/(R_1 - R_2)$相当于政府资助成本 C_2 与企业由此所产生的创新收益增加额$(R_1 - R_2)$的比例，这意味着在企业实施环境技术创新的条件下，企业由于创新收益增加而导致其所缴纳的税$(1 - \omega)$大于政府的资助成本 C_2，这使政府能够获得比不资助企业环境技术创新时更多的净收益。这时，如果 $x = C_2/[(1 - \omega)(R_1 - R_2)]$时，则 $G(y)$ 始终为 0，这意味着所有 y 的取值都是稳定状态。如果 $x \neq C_2/[(1 - \omega)(R_1 - R_2)]$时，则 $y_1 = 0$ 和 $y_2 = 1$ 是两个稳定策略。当 $x > C_2/[(1 - \omega)(R_1 - R_2)]$时，$y_2 = 1$ 是演化稳定策略，当 $x < C_2/[(1 - \omega)(R_1 - R_2)]$时，则 $y_1 = 0$ 是演化稳定策略。$C_2 > (1 - \omega)(R_1 - R_2)$，即$(1 - \omega)R_1 - C_2 < (1 - \omega)R_2$ 时，有$(1 - \omega) < C_2/(R_1 - R_2)$，这时 $x < C_2/[(1 - \omega)(R_1 - R_2)]$成立，意味着在企业创新的情况下，政府资助企业环境技术创新产生的收益增加额导致企业所缴纳的税$(1 - \omega)$小于政府的资助成本 C_2，使政府资助的净收益小于不资助时的净收益。因此，经过长期的博弈调整，政府趋向于选择不资助策略。但是当政府对企业资助后获得更多收益的情况下，只要 $x > C_2/[(1 - \omega)(R_1 - R_2)]$，则 $y_2 = 1$ 仍是演化稳定策略，政府倾向选择资助企业实施环境技术创新。这说明，如果政府资助企业实施环境技术创新，而企业的环境技术创新产出效率较低，结果使政府资助的净收益小于不资助的净收益时，政府会选择不资助企业实施环境技术创新策略。因此，企业应该通过提高环境技术创新水平来获得政府的资助。

我们令 $x_0 = C_2/[(1 - \omega)(R_1 - R_2)]$、$y_0 = (C_1 - \omega R_2)/\omega(R_1 - R_2)$，用坐标平面图表示企业和政府在环境技术创新过程中的比例变化复制动态关系，得到图 3 - 7—图 3 - 10。

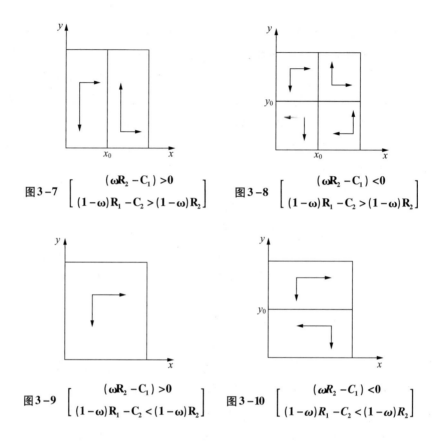

图3-7 $\left[\begin{array}{l}(\omega R_2 - C_1) > 0 \\ (1-\omega)R_1 - C_2 > (1-\omega)R_2\end{array}\right]$ 　　图3-8 $\left[\begin{array}{l}(\omega R_2 - C_1) < 0 \\ (1-\omega)R_1 - C_2 > (1-\omega)R_2\end{array}\right]$

图3-9 $\left[\begin{array}{l}(\omega R_2 - C_1) > 0 \\ (1-\omega)R_1 - C_2 < (1-\omega)R_2\end{array}\right]$ 　　图3-10 $\left[\begin{array}{l}(\omega R_2 - C_1) < 0 \\ (1-\omega)R_1 - C_2 < (1-\omega)R_2\end{array}\right]$

　　当$(\omega R_2 - C_1) > 0$，$(1-\omega)R_1 - C_2 > (1-\omega)R_2$ 时，从图3-7可以看到博弈的演化稳定策略为 $x_1^* = 0$ 和 $y_2^* = 1$，其他点都不是复制动态中的稳定状态。这种情况主要是企业的环境技术创新能力较强且政府征收的税率合适，即使没有政府资助，企业实施环境技术创新也能带来净收益。如果得到政府环境技术创新的资助，企业的环境技术创新能力可以得到迅速提高，而且税率没有影响企业实施环境技术创新的动力并且使政府得到了较多的税收收入。因此，经过长期的博弈，政府与企业博弈的结果是企业选择创新策略而政府选择资助策略，即（创新，资助）。当环境技术创新的成本 C_1 一定时，企业创新能力越强，收益就越大，C_1/R_2 就越小，ω 可以越小，（$1-\omega$）就可以越大，由此可见，即使政府税率提高，也不影响企业实施环境技术创新的积极性，还能增加政府的收益。

　　当$(\omega R_2 - C_1) < 0$，$(1-\omega)R_1 - C_2 > (1-\omega)R_2$ 时，从图3-8可以

看到博弈的演化稳定策略为 $x_1^* = 0$、$y_2^* = 1$ 和 $x_2^* = 1$、$y_2^* = 1$ 两点。这种情况对应的现实是：其一，企业由于缺乏创新资源导致其环境技术创新能力较弱，加上政府的高税率 $(1 - \omega) > [C_2/(R_1 - R_2)]$ 和无资助，使企业实施环境技术创新反而降低现有的收益水平，不如选择不创新策略。其二，企业在得到政府的创新资助以后，企业的环境技术创新能力显著提高，最终不仅增加了企业自己的收益而且也增加了政府的税收收入。长此以往，政府和企业博弈的结果是：企业不实施环境技术创新、政府也不资助其创新，即（不创新，不资助），或者企业实施环境技术创新、政府资助企业创新，即（创新，资助），在这两个均衡策略中，（创新，资助）是一个帕累托上策均衡。

当 $(\omega R_2 - C_1) > 0$，$(1 - \omega) R_1 - C_2 < (1 - \omega) R_2$ 时，从图 3 - 9 可以看到博弈的演化稳定策略为 $x_2^* = 1$，$y_1^* = 0$。这种情况对应的现实是：企业实力比较强，环境技术创新的能力也较强，使政府是否资助对企业实施环境技术创新的影响并不明显，因此，即使企业得不到政府资助，企业也能得到一定的创新收益，对于政府而言，由于较低的税率使政府资助企业实施环境技术创新获得的收益小于不资助企业时获得的收益。由此推出，经过长期的演化发展必然是企业趋向于实施环境技术创新而政府选择不资助企业实施创新，即（创新，不资助）。这时，政府可以考虑提高税率，这样既不影响企业的环境技术创新水平和收益，又能增加政府收益，使政府有能力也有动力给企业实施一定的资助。

当 $(\omega R_2 - C_1) < 0$，$(1 - \omega) R_1 - C_2 < (1 - \omega) R_2$ 时，从图 3 - 10 可以看到博弈的演化稳定策略为 $x_1^* = 0$，$y_1^* = 0$。这种情况对应的现实是：企业实施环境技术创新的能力较弱，政府对企业实施一定的创新资助后，企业的创新能力并没有显著提高。企业不但没有得到政府的创新资助，反而还要缴纳一定的税款，结果出现企业自己实施环境技术创新后的收益反而与不实施创新时相比降低了，创新对企业而言得不偿失；对于政府而言，同样存在实施资助后的收益明显低于不资助企业创新时的收益。由此推出，在长期的演化调整过程中，政府选择不资助企业环境技术创新，企业选择不实施环境技术创新，即（不创新，不资助）成为企业和政府的均衡策略。

综合以上分析得出：当企业从环境技术创新中获得的收益比例大于其创新的成本收益比时，也就是 $\omega > (C_1/R_2)$ 时，企业趋向于选择实施环境技术创新策略。如果企业从环境技术创新中获得的收益比例小于其创新的成本收益比时，也就是 $\omega < (C_1/R_2)$ 时，如果政府的资助概率足够大，也就是 $y > [(C_1 - \omega R_2)/\omega(R_1 - R_2)]$，企业仍趋向于选择实施环境技术创新策略。这就意味着，企业的策略选择不仅和环境技术创新的成本收益比有关，而且也与政府的资助力度有关。另外，由于 $(1 - \omega)$ 相当于税率，且 $(1 - \omega) = 1 - C_1/R_2$，所以，在创新成本一定的情况下，即 C_1 固定，如果创新收益越大，即 R_2 越大，政府从创新中获得收益比例也就越大，即 $(1 - \omega)$ 越大。反之，在创新收益一定的情况下，即 R_2 固定，如果创新成本越小，即 C_1 越小，$(1 - \omega)$ 也会越大，这说明，如果企业的环境技术创新能力比较强，在同样成本的条件下，企业可以产出更多的创新收益，政府也可以提高税率增加自己的收益，即使这样也不会影响企业实施环境技术创新。

第四节　碳减排的投资机制实验研究

20 世纪 70 年代以来，国内一些学者也开始利用行为经济学和实验经济学的方法来探讨经济学的相关问题。一些经济学家将实验的方法引入到了公共物品的研究中，通过实验对现实场景的仿真模拟，研究者可以根据不同影响因素的设定研究各种因素的实验效果，得出与现实决策整体相同的决策，从而将公共物品的研究从长久以来的逻辑推演发展到了实证检验，是公共物品研究史上的转折点。在这些实验之中，公共物品投资实验既是一项最典型的实验，也是一项最为基础的实验（张琛，2006；龚欣、刘文忻、张元鹏，2010）。总体来看，这方面的实验研究尚在起步阶段，笔者在中国知识资源总库（CNKI）里搜索"公共物品投资"，文献搜索时间段为 1992 年 3 月到 2014 年 5 月，搜索结果显示一共有 46 条文献，可见相关研究文献并不丰裕。为此，本书进行了公共物品投资的实验研究，试图通过对实验的设计和实验数据的分析，研究惩罚、私人边际回报率以及企业间信息交流这些因素对我国企业实施环境技术创新过程中的影响作用，并探讨如何制定政府的一些干预措施来促进我国企业实施环境技术创新。

本实验是在经典的公共物品投资实验的基础上变形而来的，类似于等索恩曼等（Sonnemans et al.）的自愿捐献机制。在实验过程中，被试者被随机分为若干相同数量成员的小组，各小组中的成员均被发配等量的初始禀赋（本书中即资金代币），各被试者基于自愿将其初始禀赋中的一部分投资给公共物品项目（本书中即环境技术创新），投资完成后所有小组成员投资出来的公共项目总量乘以一个捐献效率参数K（K > 1，并且在被试者投资之前告知）作为总收益，总收益平均分配给各个成员。这种公共产品私人提供实验在国际学术界也是最多使用的设计方案。

一　实验对象及其初始禀赋

参照以往的实验研究成果，本次实验的招募对象均是大学本科生的二、三年级，总人数为40人，其中，女生人数共17人，男生人数共23人。他们均是自愿参加本次公共物品投资实验，并且在此之前均未参加过此类型或类似此类型的实验，在此之前对本次实验目的一无所知。每4人形成一组投资群体，即小组成员数 n = 4，共分10组。

每位参加者在实验开始之前都将会拥有10单位的代币。10代币等价于10元人民币，实验结束时可将手中所剩余的代币（可能比10代币多，也可能比10代币少）按比例兑换成人民币。实验结束后，公共账户收益高的前三个小组按照收益高低会有10代币、8代币和5代币的不同奖励。

二　实验机制及实验说明

以公共物品的自愿供给机制为基础，每一位参加者一共有两种投资选择，他们可以在自愿的条件下，将自己的初始资金作为私人投资，即每单位投资可以让自己收益 R_1，其中的代币归个人拥有；第二种投资和私人投资相对，是公共投资，即每单位投资可以让每位参加成员都有相同的收益 R_2，公共账户的代币增值 k 倍，然后均分给该组的成员。这里的 k 指的是捐献效率系数，也就是私人所自愿进行的公共物品投资，也可以说是公共事业投资，它能对社会带来更多的正能量。

$$R_2 = \frac{k}{n} \sum_{j=1}^{n} x_j (1 < k < n) \tag{3-13}$$

为了便于分辨和计算，我们可以设置两个概念：私人账户和公共账户，这在很多实验中的应用是普遍存在的。

$$S_i = R_2 + (10 - X_i) = \frac{k}{n} \sum_{j=1}^{n} x_j + (10 - X_i) \tag{3-14}$$

式中，S_i 是第 i 个人的私人账户收益；R_2 是该组成员投资公共物品的总额为每位成员所带来的收益；K 是捐献效率系数；K/n 是私人边际回报率；X_i 是第 i 个人对公共物品的投资额；n 是该组成员的人数，本实验为 $n=4$。

本项公共物品投资实验，总共要经历 3 个阶段、3 种不同的任务条件，每阶段包含 5 期次，即每位参加者要进行 $3 \times 3 \times 5$ 共 45 期次的公共物品投资决策。

3 个阶段是指本项实验通过对 k（或者是公共物品投资的私人边际回报率）、参加者之间交流或沟通的不同设置，进而将实验分为 3 个阶段。

第一阶段：k = 1，被试者之间是否允许沟通：否。

第二阶段：k = 2，被试者之间是否允许沟通：否。

第三阶段：k = 3，被试者之间是否允许沟通：是。

3 种不同的任务条件是指无惩罚设置时的投资、设置惩罚时的投资和撤销惩罚时的投资，如表 3 - 5 所示。

表 3 - 5　　　　　　　　　　实验阶段与实验任务的设计

	无惩罚措施	设置惩罚措施	撤销惩罚措施	信息沟通
k = 2				无交流
k = 3				无交流
k = 3				允许交流

具体的实验任务是：被试者准备就绪，实验助手分给每位被试者 10 代币，这是每人参与公共物品投资时所能投资的最大限额。由助手对被试者进行随机分组，每 4 个人为一组，成员之间不知道对方的身份，并且整个实验的过程中小组的成员不再变换。在实验的第一和第二阶段，小组成员之间不能沟通、不能相互交流，在实验的第三阶段，同组的成员之间允许交流和讨论。

三　实验过程

被试者进入实验场地后，由主试助手对每位被试者进行随机发放号码卡，从 1 号、2 号、3 号……40 号，每个人记住自己的号码，但不知道其他人的号码，这样可以有效控制在整个实验的过程中，每位被试者都不能将某个号码和某个成员对应起来，即每一个小组中的成员是随机的投资陌生人。然后按照 4 人一组共 10 组的规则，1 号、11 号、21 号、31 号为第一组；2 号、12 号、22 号、32 号为第二组；以此类推，一共 10 组。

在实验正式开始之前，被试者被告知，他们课程平时成绩与本次实验中获得的最终收益相挂钩。这是实验中专门设计的针对以在校本科生为被试者的激励机制。充分考虑到被试者的学生身份，这一激励措施为被试者能够态度认真地对待实验增加了一层保障，这样就可以较好地模拟现实中企业决策者对公共物品投资的决策行为。

然后由主试给参试者发放并宣读指导语和实验规则，在此时（实验正式开始之前），参试者可以向主试举手提出对实验规则理解不到位的任何疑问，主试均给予详尽解答，以确保被试理解规则。为了确保实验的顺利性和可靠性，这里设计了理解检验的 4 个问题：

当 k 分别为 2 和 3 时，4 人各投资公共账户 0 个代币（不投资），您从公共账户和私人账户得到的代币分别是多少？（正确答案依次是 0、10；0、10）

当 k 分别为 2 和 3 时，4 人各投资公共账户 10 个代币（被试所拥有的全部代币），您从公共账户和私人账户得到的代币是多少？（正确答案依次是 20、0；30、0）

当 k 分别为 2 和 3 时，您不投资公共账户，其他 3 人各投 10 个代币，您从公共账户和私人账户得到的代币是多少？（正确答案依次是 15、10；22.5、0）

当 k 分别为 2 和 3 时，您投资公共账户 10 个代币，其他 3 人不投资，您从公共账户和私人账户得到的代币是多少？（正确答案依次是 5、0；7.5、0）

只有回答正确的被试者才能进入到正式实验阶段，回答错误需要返回上一项，重新进行实验规则的理解，如图 3 - 11 所示。

第一阶段：通过实验规则的理解检验后，进入正式实验的第一阶段，每位被试者均得到 10 个代币作为个人所拥有的资产，被试可以按不同比例将这 10 个代币投资私人账户和四个人共有的公共账户，此阶段实验共 15 局。在本阶段，公共物品投资的私人边际回报率为 50%（k = 2，n = 4），实验分为（1—5 局）、（6—10 局）、（11—15 局）三个有序部分。

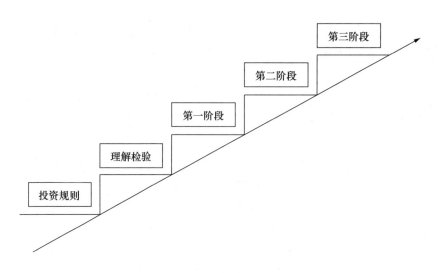

图 3 - 11　公共物品投资实验的步骤

　　本实验的收益分配规则如下：私人禀赋的所有代币流向有两个：一是作为私人投资的资金，将直接流入私人账户，二是投入公共物品的资金。作为私人投资的资金，其投入与收益成单倍正比，每位成员拥有一个私人账户；而公共账户每个小组拥有一个，被试者从公共账户得到的收益也将纳入私人账户，每位被试者从公共账户得到的收益即小组内所有成员对公共物品投资的总和，再乘以私人边际回报率，然后平均分配给小组内的成员。相反，在收益的另一面——损失的情景下，投入私人账户的若有损失则归个人所有；而投入公共物品的损失量由四个人平均分摊。

　　在此阶段的1—5局实验中，主试者要明确告知小组成员之间和小组之间均不能进行信息交流，询问被试者"你愿意投资到公共账户多少个代币？"每位被试者将自己对该轮对公共物品的投资额写到专门准备的卡片上，写好之后正面朝下放在自己的面前，确保小组内其他成员不知道自己对公共物品的投资情况。主试者助手根据小组内4名成员对公共物品的投资额，计算出该局私人账户和公共账户所得的代币，并向被试进行私人账户和公共账户信息反馈。

　　前（1—5局）实验结束之后，开始（6—10局）实验。在第一阶段的条件背景下，（6—10局）实验中增加了一个有代价惩罚环节，即如果你的公共物品投资额低于小组内平均水平的50%，就会有第三方对此行为做出惩罚，惩罚与你投资相同的代币。助手询问被试者"你愿意投资到公共账户多少个代币？"每位被试者将自己的投资额写到专门准备的卡片上，也就是说，在第 6 次公共物品投资时，所有被试者都不知道其他人的投资情况，从第 7 次投资开始才能反馈小组内其他三人的投资信息。每局结束之后，助手要给予被试小组内其他三位成员的投资情况和每次投资的具体收益情况。

（6—10 局）实验结束之后，开始（11—15 局）实验。同样是在第一阶段的条件背景下，（11—15 局）实验中取消惩罚环节，实验过程同（1—5 局）。

第二阶段：

第二阶段实验中，将公共物品投资的私人边际回报率由 50%（k = 2，n = 4）改变为 75%（k = 3，n = 4），其他同第一阶段。

第三阶段：

第三阶段实验中，将小组内成员由不允许沟通改变为允许沟通，其他同第二阶段。

实验过程中要求被试要时刻考虑到这两个问题：（1）自己的总收益要尽可能高，或者损失要尽可能小；（2）自己所在小组的公共账户收益要尽可能高，或者损失要尽可能小。这时就要考虑公共物品投资与私人投资间的资金分配的比例问题。个人的最终收益是私人账户收益，私人账户收益是对私人投资的收益与公共账户收益之和，如果投入公共账户的资金比别人的多，虽然从私人投资中收益少，但是从公共账户中收益多，与此同时，组内其余成员将会分享你投入较多的那部分资金；如果投入公共账户的资金少，那么虽然从私人投资中收益的多，但是从公共账户中收益少，并且还要在惩罚的环节考虑惩罚底线的问题。所以，怎样投资才会让自己收益最大是需要被试者经过认真的思考与计算才能实现的。理论上来说，对某个小组成员而言，某成员在某局最大私人账户收益应该是：当小组内其他三位成员将 10 个代币全部投资于公共物品，而自己不对公共物品进行投资时，此时他的私人账户收益为 $10 + 30 \times 2/4 = 25$（k = 2）、$10 + 30 \times 3/4 = 32.5$（k = 3）；最小私人账户收益为：自己投资公共物品 10 个代币而他人都不对公共物品进行投资，此时的收益：$0 + 10 \times 2/4 = 5$（k = 2）、$0 + 10 \times 3/4 = 7.5$（k = 3）。所以，个人的私人账户收益区间为 [5，25]（k = 2）、[7.5，

32.5〕（k = 3）。

四 实验结果

通过对实验数据进行统计和分析，利用 Microsoft Excel 对实验得出的数据进行整理，利用 SPSS 16.0 软件对数据进行描述性统计分析和制图。需要说明的是，在本实验中，实验数据按照四舍五入的规则，小数点后保留两位数字。

对三个不同阶段下的全部被试在各局次对公共物品投资的平均值进行基本的描述性统计分析，可以让实验过程系统性地描述被试整个过程的决策变化情况。

（一）个体对公共物品投资的行为特征

个体公共物品自愿投资存在的事实和个体投资行为的相对稳定性。在实验的三个阶段中，每个阶段有 15 次投资。因为实验目的的需求，每个阶段实验规则的设置不尽相同（k = 2，无交流；k = 3，无交流；k = 3，有交流），因此，每个阶段都要宣读相应阶段的实验规则，每个阶段中都次序地有三个小部分：无惩罚、设置惩罚、取消惩罚措施。在不允许交流的第一和第二阶段中，小组之间都是不允许交流的，每次投资结束时，被试得知该小组的公共物品投资额，也就是说，在每一局投资开始前能够得到有关上一局投资获益的信息。而在第三阶段，小组内的成员是允许交流的。表 3 - 6 是整个实验三个阶段的投资平均数和标准差。

表 3 - 6　　　　　　实验三个阶段的投资平均数和标准差

	第一阶段 M ± SD	第二阶段 M ± SD	第三阶段 M ± SD
无惩罚	2.35 ± 0.74	4.55 ± 1.01	9.74 ± 1.43
设置惩罚	2.68 ± 0.67	4.61 ± 0.67	9.81 ± 1.13
取消惩罚	2.36 ± 0.61	4.25 ± 0.88	9.86 ± 0.80

由表 3 - 6 可以很明显地看出，公共物品投资自愿供给是存在的。无论是从整体的三个阶段来看，还是从"横向"单个阶段的三个小部分来看，又或者是从"纵向"每个小部分的不同阶段来看，被试者的投资额基本都为正数，实验中一个代币都不投资（也就是说"搭便车"

的现象）的被试者非常少。这些结果就验证了公共物品投资的实践存在性，这也可能和被试者的内在素养、社会偏好或者社会背景有关。特别是我们在实验中设计了小组成员间有无信息交流这一环节，更加能在比较的基础上看出公共物品投资自愿供给的存在性。另外，此次实验的被试群体是由一个比较稳定的群体组成的——在校大学生，在校大学生在实验期间的公共物品投资行为是比较稳定的，不会产生较大的差异，期间偶尔出现的跳跃较大的公共投资额往往是由上一局次小组的公共账户收益的变化或者实验规则的变化所导致的，总体上还是比较稳定的。另一个因素是公共物品投资一直相对较少的被试者，在实验期间偶尔出现较高的投资额往往带有尝试性，这类被试者一旦发现自己的资产没有增加或者减少就会马上做出调整，减少其投资额。

（二）个体公共物品投资的整体走势特征

公共物品投资在到达一个合作高峰之后呈现下降趋势。整体来说，在第一阶段的三个部分中，被试者分别将其 10 个代币（初始禀赋）的23.5%、26.8%、23.6%用于公共物品投资；同样，在第二阶段被试者将45.5%、46.1%、42.5%用于公共物品投资；第三阶段分别是97.4%、98.1%、98.6%。虽然投资额不尽相同，但不管是在哪个阶段，抑或是哪个部分，随着实验的有限重复进行，在小组成员之间合作达到一个顶峰之后，公共物品的投资额会由上升趋势转为下降的趋势。

在三个阶段实验中，各期公共物品投资额如图 3-12 所示。

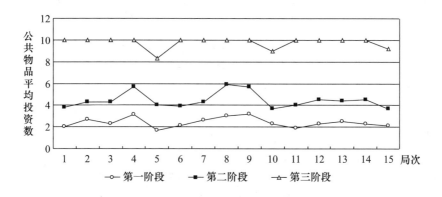

图 3-12　整体实验折线

以上被试者的实验数据可以用互惠理论解释。互惠理论是一种突破"经济人"与"理性人"假说的人类行为理论。人类社会之所以能保持稳定的合作秩序，离不开互惠者的存在，互惠理论对社会科学的影响越发重要，已经形成了一种跨越经济学而延伸到社会学、生物学、人类学等学科的综合社会科学理论。互惠理论认为，对于他人为我们所做的一切，我们应该以同样或者类似的方式加以回报。在本实验中，互惠理论解释了个体希望使用与他人投资行为相匹配的方式来进行自己的公共物品投资，即他人在增加投资额时，自己不会减少（增加或者不变），别人减少时自己不会增加（减少或者不变），可以说是一种具有条件性质的合作（这是有别于强互惠理论和纯粹利他理论的）。由此看来，互惠理论是可以部分解释公共物品投资的显著存在性的，并且，随着实验的重复进行，合作程度不断提高，公共物品的投资额也出现了上升趋势。

站在全局的角度来看，公共物品自愿投资这一现象是显著存在的，但是随着实验的有限次重复进行，特别是每阶段中的每部分的最后一局（第5局、第10局、第15局），被试者公共物品的投资额有下降的趋势。在实验的第一阶段中，单个被试者投资于公共物品的平均额是2.47个代币，占其全部资源的24.7%，完全"搭便车"的行为出现7次，占1.2%；在实验的第二阶段这四个值分别是4.47个、44.7%，5个、0.83%；在实验的第三阶段，这四个值分别是9.80个、98.0%，5个、0.83%。即使被试者私人账户收益的最优策略是"搭便车"，但是，事实证明，公共物品投资依然是存在的事实。从另一方面来说，在整个实验的过程中，被试者私人账户收益的最优策略始终是免费乘车，尤其是在实验的第三阶段中可以很明确地看出。在第三阶段中，每部分最后一局的公共物品投资额平均是9.01个代币，而第三阶段的整体平均投资额是9.80个代币，这是因为到了最后一期投资实验，之后再没有后继合作，被试者的"搭便车"心理就得以体现。这种现象在第一、第二阶段中也存在，但是，在允许交流的第三阶段更加突出地表现了出来，因此也得出一个结果，在有限的多局次重复公共品投资实验中，被试者对公共物品的投资额会在经历了一个相对高的合作顶峰期之后的末期有一个下降的趋势。同样，这也不难解释在本实验中存在有限次重复博弈中的"末期效应"。

由图3-13到图3-15可以看出，被试者在三个阶段的实验中，无惩罚措施、设置惩罚措施和取消惩罚措施三个五局次部分中的最后一局次（也就是每阶段中的第5局、第10局和第15局）的行为有一定的规律性，这一现象在博弈论中被称为"末期效应"。可以看出，平均投资额比前面的时期有了很大幅度的降低。无论投资前提中公共物品投资的私人边际回报率是大是小，还是小组内是否允许交流，抑或惩罚的设置情况，最后一期（每阶段的第5局、第10局、第15局）的平均投资率都有一个明显幅度的向下跳跃。因此可推断出，最后一期（每阶段的第5局、第10局、第15局）是发生"搭便车"行为的高峰期。出现这种情况的原因很可能是，由于被试者已经意识到在最后一期（在该部分的实验规则下再无后续合作），如果自己"搭便车"的话不会引起小组内其他成员的不满，以至于影响后续局次的公共收益或者影响自己的私人账户收益的第三方的惩罚，这样一来，"搭便车"的成本就相对较低，于是就有一部分人在末期站到了"搭便车"的行列中，这一事实也就是"有限次重复博弈"理论的内容。

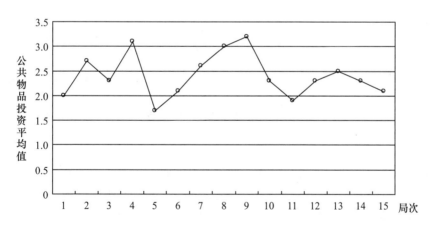

图3-13　第一阶段全局走势

在本次实验中，尽管统计出来的数据支持了公共物品投资的"现实存在性"，但毕竟还存在"高峰之后呈现下降趋势"和"末期效应"的情况。除此之外，随着被试者投资行为的重复进行，投资经验已经有了一定的积累，再加上各小组中"搭便车"行为的曝光，种种原因导致

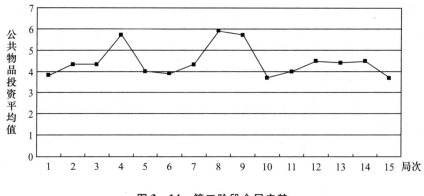

图 3 – 14　第二阶段全局走势

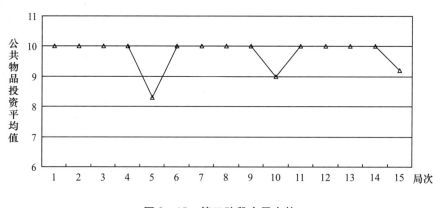

图 3 – 15　第三阶段全局走势

被试者对他人的预期行为发生了两极分化型的调整：有着良好合作开端的小组至少会保持着原来的良好合作，但到最后还是会出现"末期效应"；而有着合作不愉快开端的小组呈现出大体上"破罐子破摔"的苗头，就算有小组成员想改变不愉快的合作状态，但也如同大海里的一叶扁舟，力量太薄弱，改变不了现状。因此，为了加强成员间的合作意愿，并且尽量体现个人利益的关联度，可以设计出与成员未来收益相挂钩的奖励机制，这样可以提供更多的合作机会，以提高大家的合作意愿。

第五节　碳减排的投资决策影响因素分析

上述实验结果的产生必然有其内在的原因，下面从个体投资的影响因素对实验结果开展分析与讨论。

一　私人边际回报率对公共物品投资的影响

当其他条件不变时，公共物品的投资与私人边际回报率（Marginal Private Benefit，MPB）呈现正相关关系。实验设计中，第一阶段和第二阶段中均是不允许有交流活动的，然而，在这两个阶段中，私人边际收益的设定却不尽相同，因此，在这种情况下，我们就可以通过对比第一和第二阶段中的捐献水平来探究私人边际回报率对公共物品投资的影响，对比数据见表3-7。

表3-7　　　　　　　　　　　边际私人回报率的正效应

		无惩罚措施 M ± SD	设置惩罚措施 M ± SD	取消惩罚措施 M ± SD
一定条件下（无交流）	MPB = 0.5	2.35 ± 0.74	2.68 ± 0.67	2.36 ± 0.61
	MPB = 0.75	4.55 ± 1.01	4.61 ± 0.67	4.25 ± 0.88

由表3-7中的数据可以很直观地看出，当边际私人回报率从第一阶段的0.5增加至第二阶段的0.75时，无论是第一、第二阶段中无惩罚措施、设置惩罚措施和取消惩罚措施这三个小部分的捐献水平，还是阶段整体的捐献水平，都已显示出了比较明显的增长趋势，这基本上验证了边际私人回报率的正向作用。

二　信息交流对公共物品投资的影响

当其他条件不变时，公共物品投资与信息交流呈现正相关关系。在实验规则的设计中，第三阶段与第二阶段不同的特点是，实验前允许小组成员进行信息的相互交流，因而直接比照第二、第三阶段的差异便可以了解信息交流对捐献行为的影响。通过比较实验中的第三阶段和第二阶段的公共物品投资情况（见表3-8信息沟通的正向关系）可知，第三阶段从整体上看已经达到了相对较高的合作水平，基本上接近了满额，而第二阶段的各期捐献水平则要低很多，很显著地体现出了交流的正效应。沟通和交流之所以能起到这么显著的效果，很大程度上是因为有关公共物品投资的不确定性被信息交流这一环节消除掉了。在此环节中，被试者的"搭便车"行为很显著地被克服了，除小组成员之间的信息沟通这一因素之外，还要考虑到被试者都是一个学校的同学，他们中的一些人都是熟悉认识的，也有很多是"同学的同学"，此次实验使他们从陌生到熟悉，这次试验合作之后他们还有很多在一起合作与学习的机会，正是大家都预料到了这一点，所以，大多数被试者都不愿意违约，这也是博弈论里"声誉效应"的一个现象。如果声誉能够发挥作用的话，在其他条件不变的情况下，公共品投资水平在熟悉场所中的应该比陌生场所中的高，因此，"声誉效应"也可算作本实验中"交流正效应"的一个证据。

表 3 – 8　　　　　　　　　　信息沟通的正向关系

		无惩罚措施 M ± SD	设置惩罚措施 M ± SD	取消惩罚措施 M ± SD
一定条件下 （MPB = 0.75）	无交流	4.55 ± 1.01	4.61 ± 0.67	4.25 ± 0.88
	交流	9.74 ± 1.43	9.81 ± 1.13	9.86 ± 0.80

三　设置第三方惩罚对公共物品投资的影响

从教育学来说，奖励和惩罚都是激励的手段。奖励用的方式恰当可以达到激励学生的效果，但是，如果把握不好度而滥用奖励就会产生盲目自信的负面影响。同样，适当的惩罚也会起到激励学生的作用，这一点不管是对人还是对某一个组织来说都是一样的道理。有相当多的企业决策者忽略了惩罚带来的激励功能，在实践中，更多的企业决策者将激励等同于奖励，而作为激励核心手段之一的惩罚却被忽视了其积极意义。图 3 – 16、图 3 – 17 和图 3 – 18 这三个折线图可以直观地看出惩罚措施的不同设置对公共物品投资水平的影响。

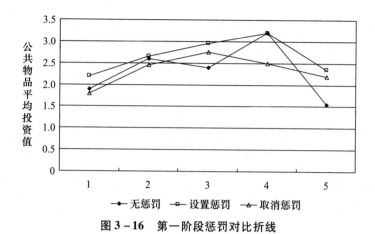

图 3-16　第一阶段惩罚对比折线

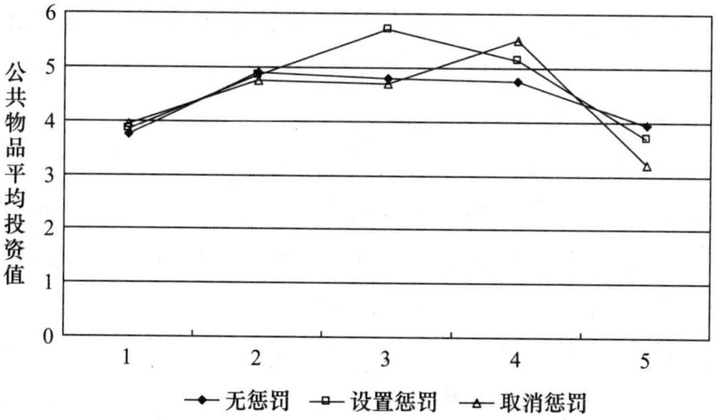

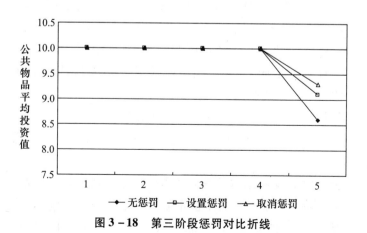

图 3-17　第二阶段惩罚对比折线

图 3-18　第三阶段惩罚对比折线

为了进一步了解惩罚的设置对公共物品投资的影响作用，本实验对各阶段中惩罚的不同设置引起的投资额变化进行了比较和分析，具体数据见表 3 - 9。

表 3 - 9 　　　　　　　各阶段中不同惩罚设置下的平均投资额

	无惩罚	设置惩罚	取消惩罚
第一阶段	2.35	2.68	2.36
第二阶段	4.56	4.61	4.25
第三阶段	9.74	9.81	9.86

由表 3 - 9 分析可知，在各阶段中，设置惩罚前后的投资差异显著。在设置惩罚的情况下，总的平均投资额要比设置之前平均多出 0.17 个代币，比取消惩罚之后平均多出 0.26 个代币。可以得出，从全局的走势上看，设置惩罚比无惩罚的总平均投资额高，取消惩罚之后的总平均投资额是最低的。可见，与无惩罚相比，公共物品投资额在有惩罚的情况下会保持在相对较高的水平上，而当个体适应了有惩罚约束的环境之后，取消惩罚的设置会让整个投资水平降到最低。惩罚从无到有、再到取消，整个过程影响着小组成员间的合作行为。

通过各阶段中无惩罚、设置惩罚和取消惩罚三个部分，人们的投资心理发生了一系列微妙的变化，利用第三方惩罚的介入来保障小组内相对较高的投资水平，被试投资的外在动机增强，内在动机相对降低。换一个角度来说，当惩罚实施时，能提高投资水平，一旦取消惩罚，外在动机也就随之不再那么强烈，这样一来，投资水平只有已经降低的内在动机作为支撑，结果就是下降到更低的水平。因此，设置惩罚一旦实施，就不便撤销，否则将适得其反。所以，设置惩罚是提高投资水平的一种长久性和策略性的机制。

通过以上公共物品投资实验，可以得出以下结论：

（1）存在个体公共物品自愿投资的事实，且个体投资行为相对稳定。

（2）公共物品投资在到达一个合作高峰之后呈现下降趋势。

（3）公共物品投资存在有限次重复博弈中"末期效应"。

（4）其他条件不变时，边际私人收益越高，激励作用越强，公共物品的投资额与之呈现正相关关系。

（5）其他条件不变时，信息的有效交流沟通有利于提升公共物品投资额，两者呈正向作用。

（6）其他条件不变时，设置惩罚可以有效地提高公共物品投资额，一旦取消惩罚，公共物品投资额便会下降到更低水平。

第四章　碳减排的公众参与机制研究

第一节　公众参与机制的理论基础

一　公众的消费态度

态度作为概念最早出现在 18 世纪的西方文学，但直到 19 世纪 60 年代才被引入心理学。两位哲学家亚历山大·贝恩（Alexander Bain）和赫伯特·斯宾塞（Herbert Spencer）用态度来指行为发生前的心理过程。之后，关于态度的概念，许多学者有多角度的定义，见表 4 – 1。

表 4 – 1　　　　　　　　　　态度的代表性定义汇总

学者	观点
克雷奇（Krech）	指个人对自己所处的环境中某些现象反映出的动机、情感、知觉的持久组织
瑟斯通（Thurstone）	是人们对待物质与精神的一种支持或反对的情感
墨菲（Murphy）	是人们对"固定存在"的事物所持有的支持或反对的情感
奥尔波特（Allport）	指通过个人的经历和经验的总结组织，对个人对各种事物的观点有所影响
霍金斯（Hawkins）	是人们对所处环境的认知、看法或行动倾向
罗基奇（Rokeach）	是主体对目标的多个相互影响的观念的组织
赖斯曼（Wrightsman）	是对某种目标或关系的一种相对固定的正面或负面的情绪
弗里德曼（Freedman）	是指在一个固定不变的系统里所包括的认知因素、情感因素和行为因素

资料来源：江元美，2011 年。

在态度构成方面，目前主要的观点有两类：一类观点认为，态度是由一个单因素即情感因素构成；另一类观点认为，态度不单是一个因素就能构成的，主要包括除情感因素以外，还有认知和意向两个重要因素（周培国，2008）。持第一种观点的学者则将认知和意向从态度中隔离出来，并且把认知当作信念，把意向当作行为的整合，这样，就成为只有情感这个因素来构成态度，而认知和意向对于态度来说只起到一个支持作用（Lutz，1991）。持第二种观点的学者认为（马丹，2008），态度的形成是对目标对象的认知、情感、意向到行为的复杂过程。认知要素即对目标对象所掌握的信息和知识，对于消费者而言，最重要的是产品的相关特质。情感要素即对态度对象情绪和情感的体验。消费者对熟悉的商品，态度一般是爱憎分明的而持中立态度的很少。情感因素依赖于消费者的评价，如果商品的利益和消费者的价值观相一致，则消费者态度成正相关。意向要素即对目标对象欲做出某种行为的动机（李如忠、刘咏、孙世群，2003）。目标相关性、价值中心性和积极的态度是决定购买意向的主要因素（胡荣，2007）。

二　公众的消费行为

消费者行为是一个多种因素相互作用的过程，消费者对环境友好型产品认同的内部影响因素主要包括个人统计因素和心理因素，概括起来，有以下六个方面，其中，（1）、（2）和（3）是个人统计因素，（4）、（5）和（6）是心理因素。

（1）收入是选择购买的重要因素（万旭荣，2008）。由于环境友好型产品的定价要考虑很多因素，除产品本身的原料、人工、损耗等费用外，还要考虑环保的成本。所以，很多购买者并不是不关心自身及家人的健康或安全问题，但迫于生活压力，在现实消费中还是有一部分消费群体会购买价格便宜的传统商品，尽管他可能明知道这些商品并不十分环保。

（2）文化程度对居民消费行为有一定影响（王贺峰，2000）。从一般情况来看，受教育程度较高的消费者对人与生态环境之间的关系有着更深的认识，更容易接受环保理念。国外的研究也证实，受过高等教育且更具有时代感的年轻人，关注生态环境的状况比其他人群更多。国内的一些研究也表明，环境友好型产品更容易被受过高等教育的人所接受，对产品价格也具有最高的满意度。

（3）居民的个人特征对其购买环境友好型产品的主客观态度有影响（白金，2011）。通常情况下，人的性格对其消费行为也有很大的影响，按照性格可以将人分为两种类型：一种是内在控制，另一种是外在控制。内在控制型的人相信通过自己的努力可以掌握更大的掌控权，而外在控制型的人则相信命运，且两种性格并无明显优劣之分。在生态环境上，内在控制型的消费群体会更注重绿色环保的生活方式，因此更易购买环境友好型产品，而外在控制型的消费群体总是认为自己买不买环境友好型产品对整个生态环境的改善影响不大。

（4）居民对环境友好型产品消费的动力来源是其对生活质量的追求（张根林，2009）。据马斯洛需求层次理论可知，人们对生活质量有更高标准的要求是建立在其基本生理需求满足之上的，只有当居民在满足基本需求之后，才有可能追求高层次需求，即对其生活质量有更高的标准，在生活质量方面为了追求更高的享受，从而才会关心我们大家共同生存的地球环境，并购买对环境有益的一些产品，保持人类社会与生态环境和谐地、持续性地发展。

（5）关于环境问题的认知对其购买环境友好型产品的行为有很大影响。人们对环境友好型产品消费意识的认知主要从三个方面出发：一是环境问题的日益严重已经威胁到人类的健康生活，迫使人类对其关注；二是环保知识如果能通过政府或其他社会团体得到大力宣传，并增加环保知识普及的宽度与深度，可促使居民对这种环境友好型产品的消费有更深的记忆与意识；三是如果居民在平时消费过程中对这种环境友好型产品消费的相关知识与经验进行积累，就可以从中得到因保护环境而给自身与社会带来的好处。例如，消费者购买了他所需要的环境友好型产品（如节能家电、环保家具等），并在使用过程中真切地感受到了其非常好的效果，这样一来该产品就对该消费者产生了积极的影响，提高了这位消费者对环境友好型产品的好感和信心，就可以扩大消费者的购买范围，并影响到更多的消费者。

（6）居民对环境友好型产品的态度与其真实行为之间的关系是复杂的（黎建新，2006）。态度是人们在一些好的和坏的情绪上的感受和行动倾向的思想长期持有的评价。德国学者巴德加（Balderjahn，1988）认为，消费者对环境污染的关注度将直接影响到他对环境问题的态度，将间接影响到他对环保生活方式的态度，即如果某些居民会客观地、真实地购买其所需的环境友好型产品，那么前提肯定是他们对这种环保生活方式表示肯定，简单地说，就是对环境污染问题的认知与主观态度的结合会影响其对环保这种生活模式的主观态度，而对环保这种生活模式的主观态度进而会影响到其对环境友好型产品的主观与客观行为态度。

通常情况下，我们也看到一些人在产生某种态度之后却没有发生相应的一些行为活动。从心理学角度来讲，态度与行为不一致和他本人的态度产生过程有着很大的关系。一般有两种情况：一是居民的环保态度很容易改变，因为他们本身对宣传中多数具有普遍性的观点很容易接受；二是在获得新的环保知识后对环境保护产生了新的态度。总体看来，在这两种方法之中，对居民关于环境友好型产品的消费行为更具有引导性的是通过宣传新的环保知识这一项，所以这就为后期研究提供了参考，在推广环保知识的过程中，我们应加大环保知识宣传的力度和深度，并且开拓新的环保知识宣传给大众，促使更加环保的消费行为产生。

三　公众的消费态度与消费行为的关系

有些学者认为，态度和行为不相关，之所以出现这种认识是因为没有区分态度的种类和行为的标准。一般态度并不等同于特定态度，如个人对工作态度积极，但不等于他对工作任何环节和规范都满意；与单一行为相联系的不仅仅是一种态度，也可能有其他的态度对行为产生影响。美国社会心理学家认为，预测态度和预测行为的标准越匹配，则准确度越高（Ajzen，1991；Paulson et al.，2005）。

有些学者认为，态度与行为会保持一致（马先明、姜丽红，2006）。厄普迈耶（Upmeyer）（1990）认为，人们的客观行为是一个很复杂的过程结果，它是在产生态度之后又经过认知、判断、决策等很多活动之后产生的结果。同时他们的观点也包括：人们的主观态度与客观行为之间有着非常密切的联系，一定的态度肯定会有相对应特定的行为。目前态度与行为一致性理论已广泛应用于消费和政治领域的研究中，且研究结果普遍良好。例如，在消费领域，学者佩里等（Perry et al.，1976）的研究表明，消费者对某种商品的主观态度与其是否购买的客观行为之间有很大的关系。态度友好的购买者一般具有非常明确的消费态度；态度相对冷漠的消费者则处于犹豫不决的状态中，不确定在未来是否选择购买；而态度非常不好的消费者基本上没有一点要购买的倾向。总结归纳为：意图影响态度，态度影响行为。在政治领域，经典的案例是 1936 年美国总统大选期间，社会学家盖洛普（Gallup）通过抽样调查法建模，以百分之一的误差非常成功地预测出罗斯福能够被选上，这次成功的案例使越来越多的人对于主观态度能够预测客观行为这一结论越来越相信并越来越坚定（Zelezny, Chua, Aldrich, 2000）。

有些学者认为，态度与行为不一致。这方面有一个非常著名的实验，一位科学家请了很多人去做一个很无聊的实验，就像拧螺丝一样那么无聊。这位科学家将所有人分成两组，第一组和第二组干的活一样，但是第一组却给每人发 80 美元，而第二组却每人只给 1 美元。在他们完成工作之后，科学家交代他们要告诉下一个人这个工作很有趣，工作结束之后就可以走了。走之后，科学家又给他们每人一份问卷主要是问这项工作是否无聊，但是调查结果却很令人吃惊，那些得到 80 美元的工作者的问卷显示，他们认为，这项工作特别无聊，而那些得到 1 美元的工作者的问卷显示他们认为这项工作挺有趣的，这就说明态度也会发生转变，态度与行为也会有不一致（李新秀等，2010）。

态度与行为不一致的原因也有学者进行了研究，结果表明，态度影响行为的发生，但态度又受多种因素的影响。由于以往研究态度和行为关系的理论存在着一定的局限性，所以学者开始研究态度和行为在何种情形下相关，如果不相关又是何种因素影响的。本书正是出于探究这些"因素"而开展的。

四　消费态度及消费行为的国内外研究综述

（一）环境态度测量研究

马洛尼（Maloney）和沃德（Ward）在 1973 年编制了生态态度和知识量表。内含四个分量表，口头测量是指人们口头上承诺面对环境问题时会采取行动，而是否真有具体行动不得而知；实际测量是指人们在面对环境问题时确实采取了具体的行动；情感测量是指人们面对环境问题时的道德感和价值感的综合；知识测量是指人们关于环境问题认知。马洛尼等学者在 1975 年又对生态态度量表进行了修订，原来 4 个分量各包含 10 个项目。量表将实际行为作为一个环境态度的成分，之后研究焦点放在对环境对象的评估和了解上，而实际行为被排除在外。

邓拉普（Dunlap）在 1978 年编制了新环境范式量表，该表用来测量个体对生态的世界观。量表内含 12 个项目涉及三个方面：脆弱的自然平衡、实际对增加的限制性和人类中心主义。邓拉普等学者在 2000 年对新环境范式量表进行了修订，并更名为"新生态范式量表"，新量表又扩充了不得豁免和生态环境破坏两方面内容且包含 15 个项目。新量表测量生态世界观既不相同又相互联系的五个方面，可以看成是有效测量生态世界观的一维工具。

舒尔茨（Schultz）在 2000 年编制了由生态、利己和利他三方面组成的环境态度量表。量表内含 12 个项目，并要求回答个体关心的环境问题及环境问题所产生的严重后果。结果表明这 12 个项目在评价环境问题时的重要价值涉及三个方面的环境态度：其一，利己环境态度，涉及我的身心健康、我的生活质量与方式、我的规划；其二，利他环境态度，即除我之外其他所有人；其三，生态环境态度，涉及各类动植物。

我国对环境意识的调查研究基本上从 20 世纪 90 年代初开始，至今有近三十年的时间，全国多个单位和民间组织已经进行了 60 余次的环境意识调查（洪大用，2006）。在这调查当中，使用的调查方法有问卷调查法和定量检索法。

（二）环境态度影响因素研究

（1）范利埃（Van Liere）和邓拉普在 1980 年通过研究证实了以往的普遍研究结果：年龄较小的人比年龄较大的人更关心环境问题。他们认为，首要原因可能是因为新的生态价值观与以往传统的价值观相反，而青少年还没有被社会上那些个人主义、功利主义等传统的个人主义观所同化，从而更容易受生态主义、环境主义等这些新观念的影响；也有可能是因为年轻人比老年人对环境方面的问题及信息更关注，而导致年龄与环境态度显著相关。但是，有一些学者却认为，随着经济的快速发展，网络、电视等媒体的介入，使环境问题进入了大众的视野，从而使老年人的环境意识也会有所加强。

（2）性别与环境态度之间是否存在相关性，至今还没有一个被大多数人同意的定论（赵爽和杨波，2007）。但是，有更多的研究表明，相对于男性而言，女性对待环境问题要更加积极。Kreiser、Marino 和 Weaver 在 2002 年根据社会化基础理论和结构理论对这一结果进行了解释。他们认为，首先由于男性与女性之间经济和工作环境的差别，导致男女对待环境这一问题有不同的态度，同时女性相对于男性来说更容易有同情心，导致女性相对于男性来说更关心环境问题。但是也有学者研究发现，男性相对于女性来说更加关心环境问题。

（3）受教育水平的高低与环境意识之间的关系具有相对统一的定论，普遍认为受教育程度越高，则环保意识越强（刘瑞利，2010）。这是由于教育的内容当中有相关的环境问题，从而使受教育更多的人环保意识更强。

（4）在收入是否与环境意识之间存在相关关系的问题上，也没有统一的定论（罗艳菊等，2012）。一些学者认为，环境意识是社会在发展到一定程度后的产物。换言之，只有当大众的收入及生活水平提高了以后，大众才会有环保意识。但邓拉普和范利埃通过研究表明收入的高低与环境意识之间没有明显的相关性。

（5）在地域与环境意识之间是否有相关性这一问题上，一些学者例如，弗兰森和耶林（Fransson and Gärling，1999）通过研究表明，城市居民相对于农村居民来说更容易具有环境保护意识。这是因为，城市大众相对于农村大众来说周围的生活垃圾更多，更容易感受到环境污染的严重性，从而产生更多的环保意识。

（6）在价值观与环保意识之间是否有显著相关性上，弗兰森和耶林在1999年通过环境态度量表对二者之间的关系进行了研究，结论为，自我意识的提升与环境意识之间呈显著负相关。舒尔茨等在2005年通过对几个国家的文化进行的研究考察得出了同样的结论。

（7）在道德与环保意识之间的相关性问题上，卡皮艾克（Karpiak）和巴瑞尔（Baril）在2008年对环境态度与道德之间的关系进行了研究，研究结果表明，后习俗道德水平与生态环境中心态度之间呈显著性相关，但是与人类中心环境态度没有关系。

第二节　公众参与机制的实验研究

一　环境友好型产品概述

环境友好型产品，是指在整个生命周期对环境友好的产品，也称为无公害或低公害产品。它包括环保建材、节能设备、生态纺织服饰、可降解塑料制品、环保新能源汽车、有机食品等。具体来说，就是从产品的设计理念、原材料采购到制造、运输、仓储、使用和废弃等全过程，都要尽可能地节约资源降低消耗，尽量使产品对环境和人类的负面效果降到最低，最终通过权威部门的认证并取得"环境友好型产品"证书，这样的产品才能称为"环境友好型产品"。

环境友好型产品消费的主要特点是：人类不应该只为了过上舒适安逸的生活，而肆无忌惮地消耗大量能源和资源。因此，为保证人类与自然的和谐发展，理应节能减排，应保持合理的、必要的、低成本的、长久的生活。环境友好型产品消费的特点主要有四个方面（任勇，2005）：

（1）环境友好型产品消费是尊重自然规律的消费。环境友好型产品作为环境友好型消费的对象，其在整个周期内是无污染、低公害、尊重自然规律的环保产品。环境友好型消费提倡在改变人们传统消费观念的同时，也要求降低粗放型生产对自然资源的过度消耗与浪费，并加快转变传统生产模式的步伐，重视社会经济和环境保护的持续协调发展。

（2）环境友好型产品消费是"公平消费"。"公平消费"是指消费行为主体在消费行为发生时，不仅满足了自身需求，也顾及环境或他人的正当利益，提倡大家共同履行保护环境的责任，绝不允许个人的消费享受建立在破坏自然环境和他人正当利益的基础上。人类消费的准则，是保持当前人们生存和发展的基础上，要确保后代可以享受到同等水平的生态环境和自然资源。此举，功在当代，利在千秋。

（3）环境友好型产品消费是"可持续消费"。"可持续消费"是指在消费前、消费中及消费后对环境不会造成破坏或破坏程度在环境容量承受范围之内，达到人与自然、社会经济与生态环境协调发展的目标，环境友好型消费主张限制不合理的消费欲望，要求人们尊重自然、保护自然、合理利用自然，绝不能顾此失彼、因噎废食，最终实现人类社会可持续发展。

（4）环境友好型产品消费是"合理消费"。环境友好型产品消费倡导在当前社会平均生产力的条件范围内，消费者在注重产品和服务环保功效的同时，也应适度购买使用该产品和服务，尽量在满足自身的基本需求后拒绝奢侈浪费，提倡低成本绿色生活态度。环境友好型产品消费继承了中华民族提倡勤俭节约的传统美德，能够提高消费者的消费意识与道德层次，改变奢侈浪费及享乐主义等一系列错误认识，提高生活品质，促进人的全面协调发展。

二 实地拍卖实验

为了提高实验结果的针对性和有效性，本书首先在大量翻阅国内外相关文献资料的基础上对环境友好型产品的消费态度及消费行为进行了整理总结，结合前文确定的影响因素自变量及影响结果因变量，经过充分准备后最终开始实施。最后，在实验结束后，针对被试对象开展问卷调查，根据被调查者的态度反应来评估初次问卷的题量、内容以及含义清晰度等问题，之后再对问卷进行相应的分析研究。

（一）实验物品及实验对象的选取

本书的研究目的是从消费者角度研究社会公众对企业节能减排的参与程度。作为最求利润最大化的企业，无论从事怎样的创新，其最终目的都是要追求经济利益，环境技术创新也不例外。但是，从市场运行来看，企业创新只是为市场繁荣提供了可能，最终还需要得到消费者的认可，环境技术创新才能真正为企业带来利润。因此，探究影响环境友好型产品消费态度及消费行为的影响因素对于揭示企业环境技术创新的市场动因具有重要的研究价值，同时还能为促进我国环境友好型产品的市场消费提供理论指导。

首先，为了做好实地拍卖实验，前期对居民对环境友好型产品的认知情况、基本态度和购买意愿等进行了定性调查，以便从总体上把握环境友好型产品的消费市场特征。基于以上研究目的，实验物品必须限定为环境友好型产品的范围。同时考虑到实地拍卖的可操作性以及居民消费的特点，大型的、昂贵的物品往往不利于实验工作的顺利开展，经过多轮的实验演练，最终本次实验选取的实验物品是塑料食品盒。为了更好地对比研究环境友好型产品与普通产品的消费态度及行为区别，本次实验的拍卖对象为普通塑料食品盒和特百惠塑料保鲜盒，规格如表4-2所示。

表4-2　　　　　　　　　　拍卖物品的详细规格

品牌	Tupperware/特百惠	材质	塑料
品名A	保鲜盒	规格	0.7L冷冻之家保鲜盒（10元）
品名B	保鲜盒	规格	1.3L果蔬冷藏保鲜盒（15元）
品名C	保鲜盒	规格	2.6L方形实用保鲜盒（30元）
品名D	保鲜盒	规格	4.3L长方形干货存储防潮盒（45元）
颜色	以上物品均有黄、橙、蓝、绿、红、紫六种颜色可供挑选		

其次，在小范围的预实验之后，选取河南省焦作市东西南北四个小区进行实验实施，小区名称分别为：焦作南部的百大嘉苑小区、焦作北部的赛纳溪谷小区、焦作西部的金山小区、焦作东部的陶苑小区。

百大嘉苑小区：位于焦作市南部高新区韩愈路中段、河南理工大学（新校区）向西 500 米附近。百大嘉苑项目是由中华老字号焦作市百货大楼有限责任公司旗下世友房地产公司开发。世友地产秉承中华老字号优良传统，将项目打造成焦作市超一流小区。百大嘉苑项目规划总用地面积 110 亩，总建筑面积 22 万平方米。以"把大自然搬回家"为核心理念，打造焦作首家下沉式中心景观带，亭台水榭，曲径通幽，将中式景观与欧式园林巧妙地融为一体，整体绿化率达到 54%。项目配套有标准双语幼儿园、3000 平方米地下生活超市、金牌物业服务、高比例停车位，周边的河南理工大学、同仁医院、北大附中、龙源湖、沁泉湖竞相环绕。

赛纳溪谷小区：位于焦作市北部的太行路与健康路交叉口东 50 米附近，处于焦北组团核心区域，焦作市城市发展主轴北环路与太行路之间。北邻矿务局中央医院，南靠解放路商业中心。赛纳溪谷总占地面积近 200 亩，规划总建筑面积约 25 万平方米。容积率为 1.58%，绿化率为 43%。项目以新古典主义建筑风格为主基调，致力于成为焦作首席地中海风情小镇以及全城罕有的坡地叠水园林，风景优美，适宜居住。赛纳溪谷楼盘是由焦作锦隆建开置业有限公司开发的普通住宅、公寓、商铺楼，项目由 45 栋楼组成，其中 4 栋 10 层，4 栋 11 层，37 栋 6 层，住户 1500 户。

金山小区：位于焦作西部的月季公园北门附近。

陶苑小区：位于焦作东部的山阳路与建设路交叉口南 50 米路东。这两个小区都是焦作市的成熟小区。

（二）实验机制及实验过程

实地拍卖实验不同于前面的实验室实验，考虑到具体的拍卖对象多是家居生活用品，因此，实验对象主要从焦作市成熟的居民小区中招募，通过居民报名来完成。招募过程中对具体的实验物品作出说明，以保证参与实验的对象都是对实验物品感兴趣的群体。实地拍卖实验分 5 次进行，每次 20 人，分别在不同的居民区进行。

拍卖机制的选择是本项目实施的一个技术关键。根据交易规则的不同，拍卖机制可分为五种：（1）英式拍卖，也称为升价拍卖，交易规则是出价最高者获胜并支付最高叫价，竞标者的拍卖行为是公开信息。（2）荷式拍卖，也称降价拍卖，交易规则是价格逐渐降低，直至有人愿意接受该价格。（3）第一级价格密封拍卖，每个竞标者独立向卖方提供密封的标书，且只能提交一次，出价最高者以其标价获得竞标物，每个竞标者的竞标行为都是独立的、非公开的。（4）第二级价格密封拍卖，也称维克里拍卖，与第一级价格密封拍卖类似，但出价最高者以第二高价获得竞标物。（5）美国新频谱许可证拍卖，也就是著名的米尔格罗姆—威尔逊—麦克菲（Milgrom – Wilson – McAfee）规则，这是一个多物品、多轮密封报价的拍卖机制。下一轮每个竞标物的起拍价是在上一轮其最高报价的基础上加成一个增量后确定的，直到在规定的时间内所有竞标物不再出现新的最高报价为止，拍卖过程宣告结束。考虑到本项目是同时对多个物品进行实验性拍卖，因此，英式拍卖和荷式拍卖不太适合，美国的频谱许可证拍卖机制不仅有助于提高市场效率，而且还能将卖方利益最大化，但该拍卖方式所需时间相对较长，且所有竞标物都在最后出清。由于本次实验并不要求参加者必须同时购买两类商品，他们可以选择其中一个出价，由此来看，这类拍卖机制也不太适合本次实验。特别地，拍卖机制的选择必须能有效服务实验目的，本实验旨在揭示消费者对环境友好型产品的支付意愿，因此，实验数据应该能够反映出实验对象的心理价格。第二级价格密封拍卖机制因其能很好地诱发出价者吐露自己的真实支付意愿而被广为使用。此外，拍卖机制的选择还需综合考虑实验时间、参加者的耐心以及实验场地环境等因素，基于以上考虑，本项目采用第二级价格密封拍卖。项目组在前期的准备工作中，已经采用第二级价格密封拍卖进行了小范围模拟实验，结果显示该实验机制可以达到实验目的。

基本的拍卖流程可以概括为以下十个步骤：

第一步：完成各项实验准备工作，如发放报价表，说明竞标物及拍卖规则。

第二步：实验主持人宣布拍卖开始，并且公布起始报价。

第三步：参加者根据自己的兴趣爱好、标的物的价值等多因素综合分析考虑，给出第一轮自己真正愿意支付的报价（见表4–3）。

表 4 - 3　　　　　　　　　　第二级价格密封拍卖报价单

参加者编号	第　　　　　　轮报价	
	X（环境友好型商品）	Y（普通商品）
支付意愿		

说明：本次拍卖商品的数量均为 1 单位，即 1 单位的 X 商品和 1 单位的 Y 商品。标的物在第三轮密封报价后由出价最高者获得，支付价格是第三轮的第二高价格。如果最后一轮报价中有多个出价最高者，他们都将获得所拍卖商品。拍卖价格增幅以产品初始报价的 5% 为一个单位。

第四步：实验助理整理报价单，并宣布第一轮各竞标物的最高报价。

第五步：参加者根据最高报价给出第二轮自己真正愿意支付的报价。

第六步：实验助理整理报价单，并宣布第二轮各竞标物的最高报价。

第七步：参加者根据第二轮最高报价给出第三轮自己真正愿意支付的报价。

第八步：实验助理整理报价单，并宣布第三轮各竞标物的最高报价及参加者编号。

第九步：竞标获胜者支付第三轮报价中的第二高价，获得竞标物。

第十步：拍卖实验宣布结束。实验助理向每位参加者支付报酬。

本次实验还可以通过调整以下参数对实验机制进行变形，进一步检测消费者对环境友好型商品的消费行为及其影响因素。

第一，将拍卖次数增加或不公布拍卖次数，观察实验对象的行为决策有何变化，借此考察消费者受其他消费群体行为决策的影响。

第二，拍卖一开始设定一个竞标物的参考价格或不设定参考价格，观察实验对象的行为决策有何变化，借此考察消费者的主观支付意愿是否受暗示或诱导的影响。

此外，本项目在实验结束或开始之前的半小时，对实验参加者做一个简短的问卷调查，调查的内容主要围绕消费者的基本人口统计信息、对环境友好型产品的认知、态度、价值、购买意向和优先考虑的因素，以及调查消费者对环境保护工作的重视程度、看法和见解等。

（三）实验结果

为了降低实施难度，每次在每个小区拍卖的四种商品（A、B、C、D）数量分别为 10 个，即如果 10 个 A 商品全部卖完，则不再继续作为拍卖物品，以此类推。

本次实验的物品拍卖情况如表 4 - 4 所示。

表 4 - 4　　　　　　　　　物品拍卖情况统计

品名	拍卖数量（个）				合计（个）
	南小区	北小区	东小区	西小区	
品名 A	10	8	9	10	37
品名 B	9	6	9	7	31
品名 C	8	6	8	6	28
品名 D	10	5	3	4	22
合计（个）	37	25	29	27	118

这次在 4 个社区共发放问卷 220 份，平均每个社区 50 份左右，通过对无效问卷进行剔除后，最终有效问卷为 200 份，有效问卷回收率为 90.9%。下面对样本具体分布情况进行分析，见表 4 - 5。

表 4 - 5　　　　　　　　　问卷样本的基本信息

人口统计特征		人数（人）	比重（%）
性别	男	90	45.00
	女	110	55.00
年龄	20 岁及以下	20	10.00
	21—30 岁	38	19.00
	31—40 岁	66	33.00
	41—50 岁	44	22.00
	51 岁及以上	32	16.00
文化程度	高中以下	27	13.50
	高中/中专/技校	31	15.50
	大专	69	34.50

续表

人口统计特征		人数	比重（%）
文化程度	本科	64	32.00
	硕士及以上	9	4.50
职业	学生	35	17.50
	一般职工	86	43.00
	企业管理人员	42	21.00
	政府工作人员	18	9.00
	教师、科研人员	19	9.50
收入	1000 元/月以下	38	19.00
	1000—2000 元/月	50	25.00
	2001—3000 元/月	58	29.00
	3001—5000 元/月	54	27.00
	5000 元/月以上	0	0.00

　　从表 4 - 5 可以看出：（1）男女比例为 45∶55，说明女性更易接受访问。（2）以上所有受访者都是消费者，但是 20 岁以下的基本没有收入，消费观也不太成熟，所以在样本中只占 10%。（3）而年龄大的受访者大爷大妈们的文化程度普遍不高，在问卷发放中，有人会没有耐心完成问卷，有人说看不清表示委婉拒绝。在年龄分布上，74% 集中在 21—50 岁这三个年龄段。（4）大部分的受访者是一般职工，收入也主要集中在每月 1000—2000 元和 2001—3000 元两个层级，占总样本的 54%。

　　综上所述，由于问卷涉及的题量较多且不是大众热门话题，因此，在采访过程中，时代感强烈的年轻受访者更愿意停下来勾选问卷。年龄比例的不均衡，使对受访者态度的分析结果会有一定影响，受访者中的收入分布呈金字塔形，中低收入比例高。

三　实验有效性分析

（一）问卷信度分析

　　信度顾名思义就是可信度。在统计分析中，信度主要是指通过一定的测量方法对现有数据结果进行测验，看其所得到的结果是否具有一致性或稳定性，以此来确定被测量数据的真实度。简单来讲，就是验证量表在对相关变量进行度量时是否具有稳定性与一致性。克隆巴赫系数 α

是由克隆巴赫在 1951 年提出的，它的问世克服了传统折半法的缺点，是国际上运用度最广的信度分析方法。在通常的研究中对于克隆巴赫系数 α 来说，一般认为，结果为 0.60—0.65 就认为是不可信区间；0.65—0.70 被认为是最小可接受区间；0.70—0.80 就认为是信度相当好；0.80—0.90 就是信度非常好，对于克隆巴赫系数 α 值来说，越接近 1 越好，因为这样就表明量表的可信度就越高。

本书利用 SPSS 20.0 软件中的可靠性分析，对问卷及结果进行了信度分析，并从输出的信度指标克隆巴赫系数 α 值看出，该数值为 0.811（介于 0.80—0.90 区间），因此得出本研究具有非常高的可信度，如表 4-6 与表 4-7 所示。

表 4-6 调查样本的处理汇总

		N	比例（%）
调查样本	有效	200	100.0
	已排除	0	0.0
	总计	200	100.0

如表 4-7 所示，各分量表和总量表的克隆巴赫系数 α 值都超过 0.7，因此量表达到了可靠的信度要求。

表 4-7 问卷可靠性统计量

指标	克隆巴赫系数 α	项数
数值	0.811	15

（二）问卷效度分析

效度即有效性，它是指测量工具或手段能够准确测出所需测量的事物的程度。效度是指通过一定的测量工具所测量到的结果与本身想要考察内容的一致程度，效度越高，则测量结果与本身要考察的内容越一致；反之则效度越低。效度是科学的测量工具所必须具备的最重要的条件。

本书主要采用探索性因子分析法来测量问卷的效度，其中 KMO 检验和 Bartlett 球形检验是两个常用的测量有效性的统计指标。KMO

（Kaiser – Meyer – Olkin）统计量主要是探查变量之间的偏相关性，取值范围在0—1之间。一般认为，KMO 值越接近 1，越适合做因子分析，0.7 以上效果尚可，0.6 时效果较差，若小于 0.5 则表明不适宜进行因子分析。Bartlett 球形检验用于检验因子之间是否是相互独立的，本研究的效度结果见表 4 – 8。

表 4 – 8   **KMO 和 Bartlett 球形检验**

取样足够多的 Kaiser – Meyer – Olkin 度量		0.717
Bartlett 的球形检验	近似卡方	1343.600
	df	105
	Sig.	0.000

问卷的 KMO 度量、Bartlett 球形检验结果如表 4 – 8 所示，其中 KMO 值为 0.717 大于 0.7；而 Bartlett 球形检验值为 0.000 小于 0.01，因此，问卷适合做因子分析，并且说明该问卷量表设计质量较高。

第三节 公众参与机制的现状分析

一 公众对环境的关心现状

在公众关心环境这一类问题中，首先在"您关心当下焦作市的生态环境现状吗?"问题中有 56.7% 的居民表示非常关心，31% 的人表示关心，3.7% 的人表示不确定，7.8% 的人表示偶尔关心，0.2% 的人表示非常不关心；在是否愿意出去走走了解本市环境现状上，16.6% 的人表示非常愿意，37.7% 的人表示愿意，32.6% 的人表示不确定，10.2% 的人表示不愿意，2.9% 的人表示非常不愿意，见图 4 – 1。

从图 4 – 1 可以看出：将近 60% 的人对本地的环境状况都非常关心，但是却只有不到 20% 的人真真正正愿意出去走走了解自己周围的环境现状，并且还有一部分人对焦作的环境一点都不在乎，这说明大部分的人还是对自身周围的环境不够重视，没有意识到环境对人类的重要性，所以，我们还应该加强人们的环保意识，大力宣传污染环境的危害，使人们认识到问题的严重性而引起重视。

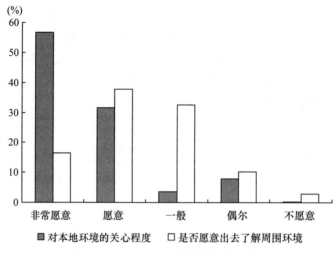

图 4-1 居民对本地环境的关心程度

二 公众对环保知识的了解现状

在环保知识了解程度的问题中，首先对于"您了解环保相关知识吗?"一题中，非常肯定的回答只有 6 人，肯定的人数有 53 人，不确定的有 70 人，不了解的有 69 人，非常不了解的有 2 人。在"是否了解政府制定的环保政策"中，非常了解的只有 7 人，一般了解的有 32 人，不确定的有 62 人，不太了解的有 76 人，非常不了解的有 23 人，具体比例分布见图 4-2。

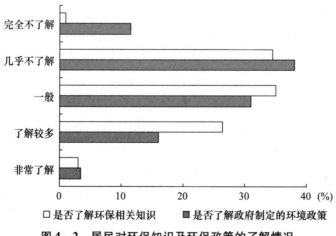

图 4-2 居民对环保知识及环保政策的了解情况

从图 4 - 2 可以看出，不管是常规的环保知识还是政府制定的环保政策法规，大部分的人只是了解一点，有 20% 左右的人对此了解甚少，所以应加大力度普及环保知识和政府相关环保政策。

三　公众对环境友好型产品的了解现状

在对环境友好型产品了解方面，仅有 10.4% 的人表示非常了解，26% 的人表示了解一点，不了解的人群占 47.5%，16.1% 的人表示非常不了解。在问及"您知道环境友好型产品的认证标准吗?"时，仅有 7.6% 的人表示自己了解，可见环境友好型产品还不为大众所熟悉，下一步应从各方面加大对环境友好型产品的宣传，提高居民对环境友好型产品的了解度，进而才能提高购买量。在问及"是否觉得自己购买环境友好型产品会对城市环境改善起到一定作用"时，认同分布见图 4 - 3。

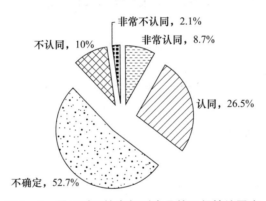

图 4 - 3　居民对环境友好型产品的环保性认同度

从图 4 - 3 看出，超过一半的人都不确定，认同的才占 30% 左右，也有一部分人不认同环保产品的环保特性。这组数据说明，人们对环境友好型产品的具体内涵还不了解，以至于不确定其是否真的环保，因此，在宣传环境友好型产品的时候，应对其环保原理及其他特质进行宣传与普及。

四　公众对环境友好型产品的主观态度现状

公众对环境友好型产品主观态度现状的了解情况见图 4 - 4。

从图 4 - 4 中可以看出，尽管有较多的人偏爱购买环境友好型产品，但很多人还是认为市面销售的环境友好型产品的价格偏高。但是也可看出，在同等档次中虽然愿意购买环境友好型产品但是真正愿意支付额外成本的却并不多，同时也可看出，有较大一部分人认为购买环境友好型

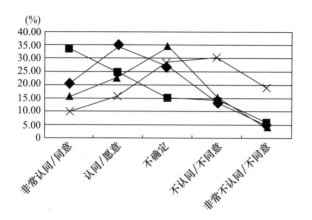

◆— 是否偏爱购买对环境有益的产品　　■— 是否认为环境友好型产品价格相对较高
▲— 是否愿意为环境友好型产品支付额外成本　×— 是否认为购买环境友好型产品方便

图 4-4　居民对环境友好型产品的主观态度现状

产品不方便。对此，相关部门应从价格促销及便捷购买等方面入手，提高居民购买环境友好型产品的总量。

五　公众对环境友好型产品客观行为态度现状

为了对公众具体的环境友好型产品消费行为了解，特别以是否购买环境友好型产品来度量其行为态度，结果见图 4-5。

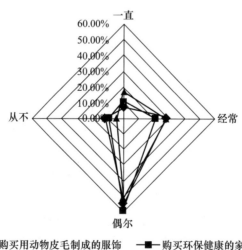

◆— 购买用动物皮毛制成的服饰　　■— 购买环保健康的家居装饰
▲— 购买节能环保的家用电器

图 4-5　居民对环境友好型产品消费行为态度分析

由图4-5可知，虽然购买环境友好型产品的比例超过购买动物皮毛服饰，但是购买环境友好型产品的比例都没有超过20%，经常购买的比例也没有超过30%，可见，环保产品的购买比例还是相对较低的，应找出具体影响因素，采用相应对策来提高居民购买行为量。

六 公众对环境友好型产品特质与信息渠道偏好分析

（一）居民对环境友好型产品特质偏好分析

具体分析见表4-9及图4-6。

表4-9　　　　居民对环境友好型产品特质偏好的频率分布

特质	频数（个）	相对分布频数	累计百分比（%）
价格	135	0.675	67.50
品牌	88	0.44	44.00
外观	93	0.465	46.50
质量	141	0.705	70.50
功能	55	0.275	27.50

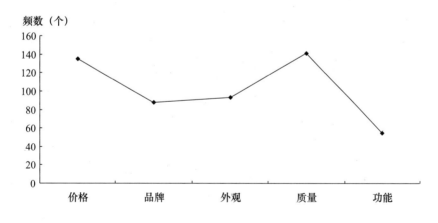

图4-6　居民对环境友好型产品特质偏好

从居民对环境友好型产品特质偏好的频率分布表及频数分布图可知：质量与价格是居民选购环境友好型产品比较注重的产品特质，累积率分别为70.5%、67.5%，都已超过50%，品牌和外观其次重要，其中功能特质所占累积率最低。

（二）居民获取环境友好型产品信息渠道偏好分析

居民获取环境友好型产品信息渠道偏好分析见表4-10。

表4-10　　居民获取环境友好型产品信息渠道偏好的频率分布

特质	频数（个）	相对分布频数	百分比（%）
电视	160	0.8	80.00
网络	115	0.575	57.50
邮件	0	0	0.00
报纸杂志	45	0.225	22.50
广播	11	0.55	5.50
海报	32	0.16	16.00
口口相传	82	0.41	41.00

首先由居民获取环境友好型产品信息渠道偏好频率分布表可看出电视及网络是主要的信息获取渠道，两者合计占获取信息量的56.2%；其次是亲朋好友的口口相传，通过朋友或熟人间的介绍宣传，居民得到的环保产品信息占19%；最后，通过邮件和广播让消费者获取环保友好型产品的渠道并不理想，两者合计占7.8%，具体分布见图4-7。

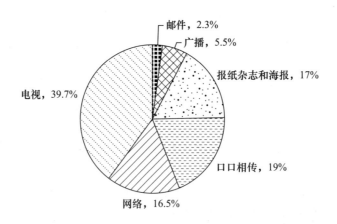

图4-7　居民获取环境友好型产品信息渠道偏好

第四节 公众参与机制的人口统计特征分析

本书分别以性别、年龄、文化程度、职业、月收入为自变量,以环保知识的了解度、居民对环境友好型产品的主观态度与客观行为态度为因变量,采用SPSS 20.0软件中的单因素ANOVA进行方差分析,考察人口统计变量与公众参与碳减排的关系是否显著,如果P值小于0.05,则表示该项人口因素对公众参与碳减排的作用显著。

方差分析是用于两个及两个以上样本均数差别的显著性检验。在一项实验当中,如果让一个因素水平变化,其他因素水平保持不变,这样的实验叫作单因素试验,处理单因素实验的统计推断问题为单因素方差分析。单因素方差分析是指自变量只有一个的方差分析,检验因素对试验结果有无显著性影响的方法。

一 性别因素分析

(一)性别对于居民对环境友好型产品了解度的单因素方差分析

为了考察性别因素对于居民对环境友好型产品的了解度是否有显著影响,将性别与居民对环境友好型产品的了解度做单因素方差分析,结果见表4-11。

表4-11 性别对于居民对环境友好型产品了解度的单因素方差分析

		平方和	自由度	均方	F	显著性
您了解环境友好型产品吗?	组间	0.691	1	0.691	1.082	0.299
	组内	126.464	198	0.639		
	总数	127.155	199			
您知道环境友好型产品的认证标准吗?	组间	0.789	1	0.789	1.077	0.301
	组内	145.086	198	0.733		
	总数	145.875	199			
您认为自己购买环境友好型产品对环境能起到有益的作用吗?	组间	1.121	1	1.121	2.013	0.158
	组内	110.274	198	0.557		
	总数	111.395	199			

由表 4-11 可以看出，受访者性别对于居民对环境友好型产品的了解度、认证标准的了解度以及对环境友好型产品的环保意义了解度的显著性水平均大于 0.05，说明性别不是影响居民对环境友好型产品了解度的显著因素，即居民对环境友好型产品的了解度与性别无关，故原假设不成立。

（二）性别对于居民对环境友好型产品主观态度的单因素方差分析

为了解性别对于居民对环境友好型产品的主观态度是否显著相关，将性别与居民对环境友好型产品的主观态度做单因素方差分析，结果见表 4-12。

表 4-12　性别对于居民对环境友好型产品主观态度的单因素方差分析

		平方和	自由度	均方	F	显著性
您愿为环境友好型产品支付额外成本吗？	组间	0.000	1	0.000	0.000	0.993
	组内	135.795	198	0.686		
	总数	135.795	199			
您更偏爱购买对环境有益的产品吗？	组间	0.656	1	0.656	1.236	0.268
	组内	105.164	198	0.531		
	总数	105.820	199			
您认为环境友好型产品的价格相对更高吗？	组间	0.000	1	0.000	0.000	0.987
	组内	140.780	198	0.711		
	总数	140.780	199			
您认为购买环境友好型产品方便吗？	组间	0.340	1	0.340	0.409	0.523
	组内	164.440	198	0.831		
	总数	164.780	199			

从表 4-12 受访者性别对于居民对环境友好型产品主观态度的单因素方差分析结果来看，其显著性水平都明显大于 0.05，说明性别对于居民对环境友好型产品主观态度没有显著影响。

（三）性别对于居民对环境友好型产品客观行为态度的单因素方差分析

同理，性别对于居民对环境友好型产品客观行为态度的单因素方差分析见表 4-13。

表 4 - 13　性别对于居民对环境友好型产品客观行为态度的单因素方差分析

		平方和	自由度	均方	F	显著性
购买用动物皮毛制成的服饰	组间	0.255	1	0.255	0.196	0.658
	组内	256.740	198	1.297		
	总数	256.995	199			
购买环保健康的家居装饰	组间	1.804	1	1.804	2.570	0.111
	组内	138.991	198	0.702		
	总数	140.795	199			
购买节能环保的家用电器	组间	1.325	1	1.325	2.363	0.126
	组内	111.055	198	0.561		
	总数	112.380	199			

从表 4 - 13 受访者性别对于居民对环境友好型产品客观行为态度的单因素方差分析结果来看，其显著性水平都明显大于 0.05，说明性别对于居民对环境友好型产品客观行为态度没有显著影响。

二　年龄因素分析

（一）年龄对于居民对环境友好型产品主观态度的单因素方差分析

年龄对于居民对环境友好型产品主观态度的单因素方差分析结果如表 4 - 14 所示。

从表 4 - 14 分析结果可以看出，年龄与是否偏爱购买环境友好型产品、是否认为环境友好型产品价格更高、是否购买方便的单因素方差分析的结果显著水平都明显小于 0.05。但是可以看出，在年龄与是否愿意为环境友好型产品支付额外成本上，其呈不相关状态。这是由于大多数人首先对环境友好型产品的不了解而选择了不确定，同时也由于不确定而乱选才使其呈不相关状态，所以可以肯定的是，年龄对于居民对环境友好型产品的主观态度是显著相关的，但同时我们应加大对环境友好型产品知识的普及度。通过简单的交叉分析得出 31—40 岁的受访者更偏爱购买环境友好型产品，其中 20 岁以下及 51 岁及以上最不偏爱。

表 4 - 14　年龄对于居民对环境友好型产品主观态度的单因素方差分析

		平方和	自由度	均方	F	显著性
您更偏爱购买对环境有益的产品吗？	组间	15.376	4	3.844	8.288	0.000
	组内	90.444	195	0.464		
	总数	105.820	199			
您认为环境友好型产品价格相对更高吗？	组间	9.394	4	2.348	3.485	0.009
	组内	131.386	195	0.674		
	总数	140.780	199			
您愿为环境友好型产品支付额外成本吗？	组间	3.571	4	0.893	1.316	0.265
	组内	132.224	195	0.678		
	总数	135.795	199			
您认为购买环境友好型产品方便吗？	组间	9.156	4	2.289	2.868	0.024
	组内	155.624	195	0.798		
	总数	164.780	199			

（二）年龄对于居民对环境友好型产品客观行为态度的单因素方差分析

年龄对于居民对环境友好型产品客观行为态度的单因素方差分析，见表 4 - 15。

表 4 - 15　年龄对于居民对环境友好型产品客观行为态度的单因素方差分析

		平方和	自由度	均方	F	显著性
购买环保健康的家居装饰	组间	33.279	4	8.320	15.090	0.000
	组内	107.516	195	0.551		
	总数	140.795	199			
购买节能环保的家用电器	组间	20.934	4	5.233	11.160	0.000
	组内	91.446	195	0.469		
	总数	112.380	199			

由年龄对于居民对环境友好型产品客观行为态度的单因素方差分析结果来看，每项显著水平都小于 0.05，可见年龄对居民的行为态度有显著影响，原假设成立。通过简单交叉分析得出 31—40 岁购买环境友

好型产品的行为更多。

三　职业因素分析

（一）职业对于居民对环境友好型产品主观态度的单因素方差分析

职业对于居民对环境友好型产品主观态度的单因方差分析，见表4－16。

表4－16　职业对于居民对环境友好型产品主观态度的单因素方差分析

		平方和	自由度	均方	F	显著性
您更偏爱购买对环境有益的产品吗？	组间	15.433	4	3.858	8.324	0.000
	组内	90.387	195	0.464		
	总数	105.820	199			
您愿为环境友好型产品支付额外成本吗？	组间	8.293	4	2.073	3.171	0.015
	组内	127.502	195	0.654		
	总数	135.795	199			

由受访者职业不同对环境友好型产品态度的单因素方差分析结果来看，其显著性水平是明显小于0.05，说明职业不同对于居民对环境友好型产品的主观态度具有显著影响。

（二）职业对于居民对环境友好型产品客观行为态度的单因素方差分析

职业对于居民对环境友好型产品客观行为态度的单因素方差分析，见表4－17。

表4－17　职业对于居民对环境友好型产品客观行为态度的单因素方差分析

		平方和	自由度	均方	F	显著性
购买环保健康的家居装饰	组间	38.836	4	9.709	18.569	0.000
	组内	101.959	195	0.523		
	总数	140.795	199			
购买节能环保的家用电器	组间	35.657	4	8.914	22.656	0.000
	组内	76.723	195	0.393		
	总数	112.380	199			

　　由受访者职业不同对环境友好型产品态度的单因素方差分析结果来看，其显著性水平是明显小于0.05，说明职业不同对于居民对环境友好型产品的客观行为态度具有显著影响，通过简单交叉分析可知，政府工作人员及企事业管理人员更偏爱购买环境友好型产品，且购买更多。

四　收入因素分析

　　本书根据月收入把受访者分成5个部分，之后将受访者的月收入对于居民对环境友好型产品的态度做单因素方差分析，结果见表4－18。

表4－18　月收入对于居民对环境友好型产品态度的单因素方差分析

		平方和	自由度	均方	F	显著性
您更偏爱购买对环境有益的产品吗？	组间	7.539	3	2.513	5.011	0.002
	组内	98.281	196	0.501		
	总数	105.820	199			
购买节能环保的家用电器	组间	32.728	3	10.909	26.844	0.000
	组内	79.652	196	0.406		
	总数	112.380	199			
购买环保健康的家居装饰	组间	36.895	3	12.298	23.200	0.000
	组内	103.900	196	0.530		
	总数	140.795	199			

　　根据月收入对于居民对环境友好型产品态度的单因素方差分析结果可知，其显著性系数都明显小于0.05，这说明月收入不同的消费者对环境友好型产品的态度在临界值为0.05的水平上有差异。通过交叉分析可知月收入在3001—5000元的受访者们更偏爱购买使用环境友好型产品。

五　文化程度分析

　　（一）文化程度对于居民对环境友好型产品主观态度的单因素方差分析

　　文化程度对于居民对环境友好型产品主观态度的单因素方差分析，见表4－19。

表 4-19　　　文化程度对于居民对环境友好型产品主观态度
的单因素方差分析

		平方和	自由度	均方	F	显著性
您更偏爱购买对环境有益的产品吗？	组间	5.389	4	1.347	2.616	0.036
	组内	100.431	195	0.515		
	总数	105.820	199			
您愿为环境友好型产品支付额外成本吗？	组间	12.005	4	3.001	4.728	0.001
	组内	123.790	195	0.635		
	总数	135.795	199			

由文化程度对于居民对环境友好型产品主观态度的单因素方差分析结果来看，每项显著水平都小于 0.05，可见文化程度对居民的主观态度有显著影响，原假设成立。通过交叉分析得出，大专及本科更愿意购买环境友好型产品且更愿意为其支付额外成本。

（二）文化程度对于居民对环境友好型产品客观行为态度的单因素方差分析

由表 4-20 可知，受访者文化程度对于居民对环境友好型产品客观行为态度的单因素方差分析结果来看，其显著性水平明显小于 0.05，说明文化程度是影响居民客观行为态度的显著因素，通过简单的交叉分析可知大专及本科购买环境友好型产品行为更多。

表 4-20　　　文化程度对于居民对环境友好型产品客观行为态度
的单因素方差分析

		平方和	自由度	均方	F	显著性
购买环保健康的家居装饰	组间	29.097	4	7.274	12.699	0.000
	组内	111.698	195	0.573		
	总数	140.795	199			
购买节能环保的家用电器	组间	6.311	4	1.578	2.901	0.023
	组内	106.069	195	0.544		
	总数	112.380	199			

第五节　自变量与公众对环境友好型产品态度的相关分析

相关分析是统计分析方法中最重要的内容之一，是多元统计分析方法的基础，是研究一些随机变量之间相关性的统计分析法。它主要是通过研究变量之间是否有特定的相关性，并可以具体地分析出其具体的相互关系，其中包括相关方向及相关程度。在通常研究当中，一般采用相关系数分析法来揭示变量之间的关系。

本书使用 SPSS 20.0 统计软件中的双变量相关分析，在相关系数上选用 Pearson 简单相关系数，在显著性水平方面采用双侧检验。本书分别验证环境关心程度、环境知识、环境友好型产品了解度、获取环境信息渠道及环境友好型产品特征对环境友好型产品态度的影响。

一　公众对环境关心度与其对环境友好型产品态度的相关分析

（一）环境关心度对于公众对环境友好型产品主观态度的相关性分析

环境关心度对于公众对环境友好型产品主观态度的相关性分析，见表 4-21。

表 4-21　环境关心度对于居民对环境友好型产品主观态度的相关性

		您关心当下焦作市的生态环境现状吗？	您更偏爱购买对环境有益的产品吗？
您关心当下焦作市的生态环境现状吗？	Pearson 相关性	1	0.347**
	显著性（双侧）		0.000
	样本	200	200
您更偏爱购买对环境有益的产品吗？	Pearson 相关性	0.347**	1
	显著性（双侧）	0.000	
	样本	200	200

注：** 表示在 0.01 的水平（双侧）上显著相关。

由表 4-21 可以看出，居民对环境的关心度与是否偏爱购买环境友好型产品在显著水平上呈显著相关。

（二）环境关心度对于居民对环境友好型产品客观行为态度的相关性分析

环境关心度对于居民对环境友好型产品客观行为态度的相关性分析，见表 4 - 22 和表 4 - 23。

表 4 - 22　环境关心度对于居民对环境友好型产品客观行为态度的相关性

		购买环保健康的家居装饰	您关心当下焦作市的生态环境现状吗？
购买环保健康的家居装饰	Pearson 相关性	1	0. 337 **
	显著性（双侧）		0. 000
	样本	200	200
您关心当下焦作市的生态环境现状吗？	Pearson 相关性	0. 337 **	1
	显著性（双侧）	0. 000	
	样本	200	200

注：** 表示在 0.01 的水平（双侧）上显著相关。

表 4 - 23　环境关心度对于居民对环境友好型产品客观行为态度的相关性

		购买节能环保的家用电器	您关心当下焦作市生态环境现状吗？
购买节能环保的家用电器	Pearson 相关性	1	0. 185 **
	显著性（双侧）		0. 009
	样本	200	200
您关心当下焦作市的生态环境现状吗？	Pearson 相关性	0. 185 **	1
	显著性（双侧）	0. 009	
	样本	200	200

注：** 表示在 0.01 的水平（双侧）上显著相关。

从环境关心度对于居民对环境友好型产品客观行为态度的相关性分析表中得出：居民是否关心焦作当下环境与购买节能环保家用电器、购买健康环保家居装饰之间存在显著相关性。

二　公众对环境知识了解度与其对环境友好型产品态度的相关分析

（一）环境知识了解度与公众对环境友好型产品主观态度相关分析

环境知识了解度与公众对环境友好型产品主观态度相关分析，见表

4 - 24、表 4 - 25 和表 4 - 26。

表 4 - 24 环保政策了解度对于居民对环境友好型
产品主观态度相关性

		您了解政府制定的环保政策吗？	您更偏爱购买对环境有益的产品吗？
您了解政府制定的环保政策吗？	Pearson 相关性	1	0.444 **
	显著性（双侧）		0.000
	样本	200	200
您更偏爱购买对环境有益的产品吗？	Pearson 相关性	0.444 **	1
	显著性（双侧）	0.000	
	样本	200	200

注：** 表示在 0.01 的水平（双侧）上显著相关。

表 4 - 25 环保知识了解度对于居民对环境友好型
产品主观态度相关性

		您更偏爱购买对环境有益的产品吗？	您了解环境保护知识的程度
您更偏爱购买对环境有益的产品吗？	Pearson 相关性	1	0.504 **
	显著性（双侧）		0.000
	样本	200	200
您了解环境保护知识的程度	Pearson 相关性	0.504 **	1
	显著性（双侧）	0.000	
	样本	200	200

注：** 表示在 0.01 的水平（双侧）上显著相关。

表 4 - 26 环保知识了解度对于居民对环境友好型
产品主观态度相关性

		您了解环境保护知识的程度	您愿为环境友好型产品支付额外成本吗？
您了解环境保护知识的程度	Pearson 相关性	1	- 0.096
	显著性（双侧）		0.177
	样本	200	200

续表

		您了解环境保护知识的程度	您愿为环境友好型产品支付额外成本吗?
您愿为环境友好型产品支付额外成本吗?	Pearson 相关性	−0.096	1
	显著性（双侧）	0.177	
	样本	200	200

　　由表 4-24 至表 4-26 可以看出，在环保政策了解度、环保知识了解度与是否更偏爱购买环保产品的相关分析中，环保知识了解度与是否偏爱购买环保产品在显著水平上呈显著相关关系。从相关系数来看，说明环保知识的了解度与是否更偏爱购买环保产品之间存在相对较强的关系，并且环保知识与居民对环境友好型产品态度的相关性相对于环保政策与居民对环境友好型产品态度的相关性要相对强一点。但是，从表 4-25 和表 4-26 来看，在环保政策和环保知识与居民对环境友好型产品态度的相关系数与显著性来看，它们之间都不存在相关性，这说明，虽然有一部分居民认识到了应该购买环境友好型产品但由于各种原因却举棋不定，所以是否愿意为其支付更多的额外成本与环保知识的了解度之间没有相关性，所以，我们应积极探索在什么样情况下居民才愿意为环境友好型产品支付更多的额外成本。

　　（二）环境知识了解度对于居民对环境友好型产品客观行为态度相关分析

　　由表 4-27 可得以看出，环保政策及环保知识的了解度对于居民对环境友好型产品客观行为态度呈显著相关。

表 4-27　　　　环保政策了解度与居民对环境友好型
产品客观行为态度相关性

		您了解政府制定的环保政策吗?	您购买环保健康的家居装饰吗?
您了解政府制定的环保政策吗?	Pearson 相关性	1	0.489**
	显著性（双侧）		0.000
	样本	200	200

续表

		您了解政府制定的 环保政策吗?	您购买环保健康的 家居装饰吗?
您购买环保健康的 家居装饰吗?	Pearson 相关性	0.489**	1
	显著性（双侧）	0.000	
	样本	200	200

注：** 表示在 0.01 的水平（双侧）上显著相关。

三 公众对环保产品了解度与其对环境友好型产品态度的相关分析

（一）环境产品了解度对于公众对环境友好型产品主观态度相关性分析

环保产品了解度对于公众对环境友好型产品主观态度相关性分析，见表 4 - 28 和表 4 - 29。

表 4 - 28 环保产品了解度对于居民对环境友好型产品主观态度相关性

		您了解环境友好型 产品吗?	您更偏爱购买对环境 有益的产品吗?
您了解环境友好型 产品吗?	Pearson 相关性	1	0.318**
	显著性（双侧）		0.000
	样本	200	200
您更偏爱购买对环境 有益的产品吗?	Pearson 相关性	0.318**	1
	显著性（双侧）	0.000	
	样本	200	200

注：** 表示在 0.01 的水平（双侧）上显著相关。

表 4 - 29 环保产品了解度对于居民对环境友好型产品主观态度相关性

		您愿为环境友好型产品 支付额外成本吗?	您了解环境友好型 产品吗?
您愿为环境友好型产品 支付额外成本吗?	Pearson 相关性	1	0.037
	显著性（双侧）		0.601
	样本	200	200

续表

		您愿为环境友好型产品支付额外成本吗?	您了解环境友好型产品吗?
您了解环境友好型产品吗?	Pearson 相关性	0.037	1
	显著性（双侧）	0.601	
	样本	200	200

从环保产品了解度与是否更偏爱购买环境友好型产品相关性分析表中可知，二者之间在显著水平上呈显著相关，但在环境友好型产品了解度与是否愿意为环境友好型产品支付额外成本关系上，两者显著水平明显大于0.05，所以，环境友好型产品了解度对于居民对环境友好型产品的主观态度上由于一些客观因素导致其不愿意支付额外成本，即环境友好型产品的了解度对于居民对环境友好型产品的主观态度之间有一定相关性，但是会受外界因素影响。

（二）环境产品了解度对于居民对环境友好型产品客观行为态度相关性分析

环境产品了解度对于居民对环境友好型产品客观行为态度相关性分析见表4-30。

表4-30　　环保产品了解度对于居民对环境友好型产品客观行为态度相关性

		您了解环境友好型产品吗?	您购买健康环保的家居装饰吗?
您了解环境友好型产品吗?	Pearson 相关性	1	0.345**
	显著性（双侧）		0.000
	样本	200	200
您购买健康环保的家居装饰吗?	Pearson 相关性	0.345**	1
	显著性（双侧）	0.000	
	样本	200	200

注：**表示在0.01的水平（双侧）上显著相关。

由表4-30可以看出，环境友好型产品了解度对于居民对环境友好型产品的客观行为态度之间在显著水平上呈显著相关。

四 公众对环境友好型产品主观态度与客观行为态度的相关分析

为研究公众对环境友好型产品主观态度与客观行为态度的相关分析，见表4-31及表4-32。

表4-31 居民对环境友好型产品主观态度与客观行为态度相关性

		您更偏爱购买对环境有益的产品吗？	您购买健康环保的家居装饰吗？
您更偏爱购买对环境有益的产品吗？	Pearson 相关性	1	0.370**
	显著性（双侧）		0.000
	样本	200	200
您购买健康环保的家居装饰吗？	Pearson 相关性	0.370**	1
	显著性（双侧）	0.000	
	样本	200	200

注：** 表示在0.01的水平（双侧）上显著相关。

表4-32 居民对环境友好型产品主观态度与客观行为态度相关性

		您更偏爱购买对环境有益的产品吗？	您购买节能环保的家用电器吗？
您更偏爱购买对环境有益的产品吗？	Pearson 相关性	1	0.445**
	显著性（双侧）		0.000
	样本	200	200
您购买节能环保的家用电器吗？	Pearson 相关性	0.445**	1
	显著性（双侧）	0.000	
	样本	200	200

注：** 表示在0.01的水平（双侧）上显著相关。

从是否偏爱购买环境友好型产品与购买节能环保家用电器、购买健康环保家居装饰之间在显著水平上呈显著相关性，说明居民对环境友好型产品的主观态度与客观行为态度上具有相关性。

（一）自变量与居民对环境友好型产品态度的回归分析

回归分析是指根据事物之间相互关系的具体形式，通过研究选择出一个合适的能近似地表达各变量、各事物之间平均关系的数学模型。回归分析与相关分析拥有着共同的研究对象，并且在具体应用时通常情况下都是相互补充的，所以说，相关分析与回归分析之间的关系是非常密切的。相关分析若想表明变量之间数量相关的具体关系，必须得依靠回归分析，但同时回归分析若想表明变量之间的相关程度还得靠相关分析。因为相关分析能够研究出变量之间相关方向和相关程度，但是相关分析不能分析出变量之间相互关系的具体形式，也不能从一个变量的变化来推测出另一个变量的变化。进行回归分析时，需要确定因变量与自变量，被预测或被解释的变量称为因变量，用来解释或预测因变量的变量称为自变量。本书采用 SPSS20.0 进行多元回归分析，首先以环保知识的了解度、环境的关心度、环境友好型产品的了解度为自变量，以居民的主观态度、客观行为态度为因变量进行回归分析。其次，以居民的主观态度为自变量，居民对环境友好型产品的客观行为态度为因变量分别检验各变量对环境友好型产品态度的影响程度。

（二）自变量与居民对环境友好型产品主观态度的回归分析

通过相关性分析得出，居民对环保知识的了解度、对焦作环境的关心度以及对环境友好型产品的了解度，与居民对购买环境友好型产品的主观偏好态度呈显著相关关系，为了确定其具体的相关关系，特对其进行回归分析，结果见表 4 - 33。

表 4 - 33   自变量与居民对环境友好型产品主观态度方差分析

模型		平方和	自由度	均方	F	Sig.
	回归	29.838	3	9.946	25.656	0.000[b]
	残差	75.982	196	0.388		
	总计	105.820	199			

注：a. 因变量：您更偏爱购买对环境有益的产品吗？b. 自变量：您了解环境友好型产品吗？您关心当下焦作市的生态环境现状吗？您了解环境保护知识的程度。

从表 4 - 33 中可以看出：方差分析表检验到的回归效果，F 值为 25.656，显著性概率达到 0.000，表明总体回归效果显著。其系数表见表 4 - 34。

表 4 - 34   自变量与居民对环境友好型产品主观态度回归系数

模型	非标准化系数		标准化系数	t	Sig.
	B	标准误差	试用版		
常量	1.952	0.202		9.670	0.000
您了解环境保护知识的程度	0.333	0.061	0.401	5.494	0.000
您关心当下焦作市的生态环境现状吗?	0.089	0.065	0.098	1.372	0.172
您了解环境友好型产品吗?	0.132	0.060	0.144	2.200	0.029

根据上面的系数表可以得出，回归方程为：

环境友好型产品主观态度 = 1.952 + 0.333 环保知识了解度 + 0.089 环境关心度 + 0.132 环境友好型产品了解度。

由此看出，环保知识了解度、环境关心度及环境友好型产品了解度，正向影响居民对环境友好型产品的主观态度。

（三）自变量与居民对环境友好型产品客观行为态度的回归分析

通过相关性分析得出居民对环保知识的了解度、对环境的关心度以及对环境友好型产品的了解度与居民对购买环境友好型产品的客观行为态度呈显著相关关系，为了确定其具体的相关关系，特对其进行回归分析，见表 4 - 35。

表 4 - 35   自变量与居民对环境友好型产品客观行为态度的方差分析

模型	平方和	自由度	均方	F	Sig.
回归	15.989	3	5.330	10.837	0.000[b]
残差	96.391	196	0.492		
总计	112.380	199			

注：a. 因变量：您更偏爱购买对环境有益的产品吗？ b. 自变量：您了解环境友好型产品吗？您关心当下焦作市的生态环境现状吗？您了解环境保护知识的程度。

从表 4 - 35 中可以看出：方差分析表检验到 F 值为 10.837，显著性概率达到 0.000，表明总体回归效果显著，其系数表见表 4 - 36。

表 4 - 36　自变量与居民对环境友好型产品客观行为态度的回归系数

模型	非标准化系数		标准化系数	t	Sig.
	B	标准误差	试用版		
常量	2.813	0.227		12.373	0.000
您了解环境保护知识的程度	0.212	0.068	0.248	3.109	0.002
您关心当下焦作市的生态环境现状吗?	-0.005	0.073	-0.006	-0.073	0.942
您了解环境友好型产品吗?	0.199	0.067	0.212	2.957	0.003

注: a. 因变量: 购买节能环保的家用电器。

根据上面的系数表, 可以得出回归方程为:

环境友好型产品客观行为态度 = 2.813 + 0.212 环保知识了解度 - 0.005 环境关心度 + 0.199 环境产品了解度。

由此看出, 环保知识了解度、环境友好型产品了解度正向影响居民对环境友好型产品的主观态度, 对环境的关心度与居民对环境友好型产品态度的影响为负向影响。但是, 从专业角度讲, 环保的关心度应该不会负向影响居民对环境友好型产品的客观行为态度, 可能是由于居民关于自己对环境的关心度也不了解导致其呈负向。

（四）居民对环境友好型产品主观态度与客观行为态度的回归分析

由相关分析得到, 居民对环境友好型产品的主观态度与客观行为态度之间呈显著相关, 为对其具体关系进行分析, 具体回归分析结果见表 4 - 37。

表 4 - 37　居民对环境友好型产品主观态度与客观行为态度的方差分析

模型	平方和	自由度	均方	F	Sig.
回归	19.247	1	19.247	31.353	0.000[b]
残差	121.548	198	0.614		
总计	140.795	199			

注: a. 因变量: 购买健康环保的家居装饰。b. 自变量: 您更偏爱购买对环境有益的产品吗?

从表 4 - 37 中可以看出, 方差分析表检验到的回归 F 值为 31.353,

显著性概率达到 0.000，表明总体回归效果显著，其系数表见表 4 - 38。

表 4 - 38　居民对环境友好型产品主观态度与客观行为态度的回归系数

模型	非标准化系数		标准化系数	t	Sig.
	B	标准误差	试用版		
常量	2.393	0.275		8.705	0.000
偏爱对环境有益的产品	0.426	0.076	0.370	5.599	0.000

根据上面的系数表可以得出回归方程为：

环境产品客观行为态度 = 2.393 + 0.426 居民对环境友好型产品主观态度。

即居民对环境友好型产品的主观态度正向影响居民对环境友好型产品的客观行为态度。

第六节　研究结论与对策建议

一　研究结论

（1）居民对环境知识了解度低。从分析可知，首先环保知识及环保政策的普及广度比较低，大部分居民对环保知识及政策还不够了解，且普及深度不够。由上文可知，居民虽然认为自己很关心焦作市的环境状况，但是却不愿意为之付出行动去真正了解一下实际状况，说明居民对环境污染所造成的危害在认识上还不够深刻，以至于不够关心身边的环境现状。

（2）环境友好型产品不为大众所熟知。从调查结果来看，大部分人对环境友好型产品还不够了解，特别是对其环保意义还不够清楚。虽然有相当一部分人认为自己可能更偏爱购买环境友好型产品，但是却不愿为其付出额外的成本，这反映出环境友好型产品在大众的印象中价格相对较高，其次说明大众对环境友好型产品的特性、质量以及环保原理等不甚了解而不愿支付额外成本，最后导致客观购买行为比较少。

（3）居民对环境友好型产品特质及信息渠道偏好。前文分析可知，在环境友好型产品特质中居民最关注的是价格和质量，在获取环境友好型产品信息的渠道中，居民最偏爱的是电视和网络。

（4）人口统计特征与居民对环境友好型产品态度的相关性。性别对于居民对环境友好型产品的了解度没有显著关系、对环境友好型产品主客观态度没有显著关系；年龄对于居民对环境友好型产品的了解度与居民对环境友好型产品的主客观态度显著相关，且 31—40 岁的居民更偏爱购买环境友好型产品，并且付诸行动；文化程度对于居民对环境友好型产品的主客观态度显著影响，基本上是文化程度越高，更愿意购买环境友好型产品，更愿意支付额外成本；职业对于居民对环境友好型产品的主客观态度也呈显著影响，且政府工作人员及企事业单位管理人员更偏爱购买环境友好型产品；月收入对于居民对环境友好型产品的主客观态度呈显著影响，且工资相对较高的人更偏爱购买环境友好型产品。综合起来分析，不难发现，收入是影响居民购买环保产品的决定性因素，这是因为，结合焦作地区的人均城镇居民收入与消费情况的统计数据可知，本地的公务员是人均收入较高且稳定的居民群体，而当前市场上销售的环保产品价格普遍高于同类环保产品，这就可以解释为何调查中多数愿意并付出实际行动购买环境友好型产品的居民是政府部门及企业高层管理者。当然，这一调查结果与焦作的经济条件、开放水平、地理环境等都有关系。

（5）环保知识及政策的了解度与主观偏爱态度之间呈显著正向相关。环保知识与政策的了解度主观偏爱购买，但是，环保知识与政策的了解度却与支付额外成本之间没有显著关系。同时，环保知识及政策的了解度对客观行为态度的影响呈正向显著关系。

（6）环境的关心度对于居民对环境友好型产品的主观态度之间显著正相关，同时居民对环境的关心度与居民对环境友好型产品的客观行为态度之间存在显著负相关。

（7）居民对环境友好型产品的了解度与居民对环境友好型产品主观偏爱态度之间呈显著正相关；同时居民对环境友好型产品的了解度与居民对环境友好型产品客观行为态度之间也呈显著正相关。

（8）居民对环境友好型产品的主观态度与客观行为态度呈显著正向相关性。这与通常意义上研究的态度与行为之间的研究结论比较吻合。

二 提升公众对环境友好型产品态度的对策

(一) 企业方面的对策建议

1. 环境友好型产品的产品策略

首先要做好产品组合的深度与关联度, 由调查结论可知, 性别、年龄、文化程度、职业、月收入都与居民的主观与客观态度相关, 所以要根据不同消费群体的特征确立不同的目标市场。根据不同的目标市场生产不同的产品, 其中主要销售对象是年龄在 31—40 岁、月收入较高的政府及企事业单位工作人员, 根据他们的偏好研发主打的环境友好型产品, 并逐步渗透到其他市场。其次, 做好产品的质量与品牌的塑造, 品牌是企业的无形资产, 企业要想长期生存下去必须要有自己的品牌, 企业可以通过参加公益活动树立良好的企业形象, 从而赢得一个良好的品牌声誉。

2. 环境友好型产品的价格策略

由调查结论可知, 价格是居民关注的核心问题, 所以, 企业首先要通过改进技术, 提高生产率达到降低生产成本并降低价格的目的; 同时可以采用直销的方式减少中间商的参与, 减少获利主体降低成本; 或者也可以通过第三方物流降低物流成本等。

3. 环境友好型产品的渠道策略

营销渠道策略对于整个营销系统来说是一个非常重要的部分, 它是企业控制成本和提高企业竞争力的重要手段。对于环境友好型产品来说, 价格作为居民最关注的地方, 企业最好选择既宽又短的分销渠道, 既扩大覆盖面又能减少中间商。

4. 环境友好型产品的促销策略

由调查结论得知, 电视及网络是居民了解环境友好型产品的主要信息渠道。因此, 企业在制定环境友好型产品的促销策略时, 首先要充分利用电视及网络做好广告宣传工作, 使公众能接收到相关信息, 在宣传时要将产品的环保性及原理进行诠释, 使之在消费者心中留下环保的印象, 同时可以通过一定促销手段来刺激居民消费, 可以先让消费者真正感受到其环保性与实用性, 进而激发居民的长期购买需求。

(二) 政府方面的对策建议

由调查结果发现, 居民对环保知识及环境友好型产品的了解度比较低, 同时环保知识及政策的了解度与主观偏爱态度之间呈显著正向相关，环保知识及政策的了解度对客观行为态度的影响也呈正向显著关系；环境的关心度与居民对环境友好型产品的主观态度之间呈显著正相关；居民对环境友好型产品的了解度与居民对环境友好型产品主观偏爱态度之间呈显著正相关，同时居民对环境友好型产品的了解度与居民对环境友好型产品客观行为态度之间也呈显著正相关。居民对环境友好型产品的主观态度对客观行为态度呈显著正向相关性。所以，我们应从普及环保知识、环境友好型产品相关知识、提高居民的环保意识及关心度等方面出发，逐步改变并提升居民对环境友好型产品的态度。具体可从以下几方面考虑：

1. 政府要在环境友好型消费方面起带头作用

要想做好公众对环境友好型产品的消费工作，政府也必须起到带头示范作用。政府及相关部门要重视起来，有关领导也要保持较高的环保知识，对政府相关的采购人员进行定期的环境友好型产品培训，使政府在环境友好型消费方面起带头作用。

2. 深入普及环保及环境友好型产品的相关知识

首先，应积极通过各种方式宣传环境污染的危害性及保护环境的重要性，唤起公众对环境问题的关注，并开展大规模的环保知识及环境友好型消费意义的宣传教育活动，提高消费者环境友好型消费的意识。

其次，为了使消费者能准确地识别环境友好型产品，相关部门应对环境友好型产品的相关知识包括具体的识别标志、环保原理等进行详解，使消费者更放心地购买，也可以通过举办一些公益活动，借以各种方式增强消费者对环境友好型产品的鉴别能力。

3. 不断扩展居民的环境权益来提高其环保关心度

环境权益是指社会中各行为主体所享有的对于环境的使用权利和由此产生的相关利益。通过环境权益来提高环境关心度就是把保护环境的过程与从环境中得到的利益相结合，使人们从中获得能感受到的真实利益，从而提高消费者的环保意识，大体上可以从环境监督权、环境知情权、环境索赔权及环境议政权等方面出发来扩展环境权益。

4. 通过财政政策鼓励环境友好型产品的研发与流通

首先，政府可以通过对项目拨款的方式对具有潜力的企业给予政策及资金支持，鼓励其研发生产环境友好型产品，达到提高技术降低研发成本的目的。

其次，也可以对环境友好型产品实行税费减免，从居民对环境友好型产品特质偏好分析来看，居民相当注重价格特质，实行税费减免，既能鼓励企业进行环境友好型产品的研发与生产销售，也能降低成本促进消费。

（三）消费者方面的对策建议

1. 增加自身对环保知识的了解度

通过分析可知，居民对环保知识的了解度使得对环境友好型产品的消费态度都有很大的影响，所以从消费者角度出发，若想改变对环境友好型产品的态度，首先要做的是增强自身对环境污染现状、危害性及注重环保对自身与他人重大意义的了解，以此提升自身对环境的关心度进而了解环保的方式，从而改变自身对环境友好型产品的主观态度与客观行为态度。

2. 增加自身对环境友好型产品的了解度

从调查结果来看，目前居民对环境友好型产品的了解度还很低，并且对环境友好型产品的态度也有很大的影响，所以在对环保相关知识了解的同时，要加强自身对环境友好型产品的认知程度。居民应该积极参与环境友好型产品的相关宣传活动，从网络、电视或其他常用媒介中获取环境友好型产品的相关信息，包括其价格、品牌、质量以及环保原理甚至环保意义，以此增加自身对环境友好型产品的了解度，改变对环境友好型产品所持有的传统观点与态度。

3. 培养自身环境友好型生活方式

在对环保知识及环境友好型产品了解之后，消费者应逐步从传统的消费理念中走出来，因为对知识的了解也是为主观态度及客观行为服务的，消费者应根据自身对环保知识及环境友好型产品的认知一步步培养起环境友好型消费理念，改变传统的只关心价格高低或只认奢侈品等不环保、不可持续的消费观念，要把节约、文明等可持续性的消费观念放在心中，要更多地关心产品本身的环保意义，为我国建设环境友好型社会及健康和谐的经济模式做出我们自己微薄的贡献。

第五章　碳减排的碳标识制度研究

第一节　碳标签理论

一　碳足迹的基本概念

碳足迹、低碳技术、低碳发展、低碳生活方式、低碳社会、低碳城市、低碳世界等一系列的新概念、新政策应运而生，在全球气候变暖的背景下，以低能耗、低污染为基础的"低碳经济"成为全球的热点，低碳经济是各国奋斗的目标，为了实现经济发展与生态环境的和谐发展，一些国家和企业开始探求产品从生产到消费的碳足迹，并以标签的形式贴在产品上，告知消费者，一方面鼓励消费者选择对生态环境有益、二氧化碳排放量较少的产品；另一方面激励企业尽量减少生产经营环节排放的二氧化碳，努力发展低碳经济。碳标签制度是在低碳经济的背景下产生的，自然其发展是为了发展低碳经济，并且已经在一些国家得到了实施，取得了成效。世界各国实施碳标签必然对我国经济产生一定的影响力，尤其是对外贸易，发达国家的碳标签制度给我国的出口产品带来了巨大的压力，同时也是挑战，因此，在新的创新驱动环境下开展碳标签制度研究势在必行。

碳足迹，它表示一个人或者团体的"碳耗用量"。每个人、团体、企业的行为都会消耗自然资源，即人在活动或者消费中所排放的二氧化碳，如一个人在超市购物这个过程就留下一个碳足迹。简言之，碳足迹是指人的行为和意识对自然界产生的影响。"碳足迹"的概念缘起于"生态足迹"（Rees，1992），主要是指在人类生产和消费活动中所排放的与气候变化相关的气体总量，分析产品生命周期或与活动直接和间接相关的碳排放过程，主要分为产品碳足迹和公司碳足迹。不同的学者、科学家和机构对"碳足迹"有着不同的理解和认识，概括起来主要有以下几种定义（王微等，2010）。

表 5 – 1   **碳足迹的定义**

世界能源研究所（WRI）、世界可持续发展商业咨询公司（WBCSD，2004）	将碳足迹定义为三个层面：第一层面来自机构自身的直接的碳排放；第二层面将边界扩大到为该机构提供能源的部门的直接碳排放；第三层面包括供应链全生命周期的直接和间接碳排放
英国碳信托公司（2007）	碳足迹是衡量某一种产品在其全生命周期中（原料开采、加工、废弃产品的处理）所排放的二氧化碳以及其他温室气体转化为二氧化碳等价物
鲍德温（Baldwin，2006）	碳足迹是指某一产品或过程在全生命周期内所排放的二氧化碳和其他温室气体的总量，后者用每千瓦时所产生的二氧化碳等价物（gCO_2eq/kWh）来表示
威德曼和明克斯（Wiedman and Minx，2007）	碳足迹一方面为某一产品或者服务系统在其全生命周期所排放的二氧化碳总量，另一方面为某一活动过程中所直接和间接排放的二氧化碳总量，活动的主体包括个人、组织、政府及工业部门等
全球碳足迹网（Global Footprit Network，2007）	碳足迹是生态足迹的一部分，可看作化石能源的生态足迹
克鲁伯和埃莉斯（Grub and Ellis，2007）	碳足迹是指化石燃料燃烧时所释放的二氧化碳总量

资料来源：笔者根据相关文献整理。

现代社会生态耗竭速度的增长主要是因为碳足迹的增长。自 1961 年以来，碳足迹已经增长了 11 倍，其中超过 1/3 的增长发生在自 1998 年以后。但是，并不是每个人都拥有同样的生态足迹，不同国家之间的差距也很大，尤其是处于不同经济发展阶段的国家之间。碳足迹中的"碳"，就是石油、煤炭、木材等碳元素构成的自然资源。"碳"耗用的越多，导致地球暖化的元凶"二氧化碳"制造的也就越多，"碳足迹"就大；反之，"碳足迹"就越小。由此可见，碳足迹反映了一个人的能源意识和行为对自然界产生的影响。

二 碳标签的基本概念

碳标签是指为了缓解气候变化，减少温室气体排放，推广低碳排放技术，把商品在生产过程中所排放的温室气体排放量在产品标签上用量化的指数表示出来，以标签的形式告知消费者该产品的碳信息，即利用在商品上加注碳足迹标签的方式引导购买者和消费者选择更低碳排放的商品，从而达到减少温室气体的排放、缓解气候变化的目的（埃斯蒂和温斯顿，2009；温斯顿，2010）。目前，碳标签主要针对出口产品进行标识。

三　碳标签制度的研究思路

首先，分析低碳经济背景条件下碳标签制度的必然性。

其次，详细地阐述碳标签在世界各个国家的发展历程，把握碳标签与低碳经济发展的一般规律。

再次，通过分析国内外碳标签研究状况、实施状况，初步了解碳标签发展的现状，重点研究中国碳标签制度实施的现状与不足之处。

最后，针对当前存在的问题提出相应的对策。具体技术路线如图5-1所示。

四　碳标签制度的研究意义

自18世纪60年代英国爆发第一次工业革命以来，世界经济的发展模式发生了重大转变，随着科学技术突飞猛进的发展，经济发展方式和人类生活方式经历了一次次变革。然而，在快速发展的经济过程中也造成了大量的环境污染，过度注重经济效益，而忽视了生态效益。大量排放的二氧化碳等温室气体，使全球变暖并引发了一系列不良后果，不仅对一些动物的生存基地有了严重的威胁，而且威胁着人类的安全。为了改变现状，一些国家将产品或服务的碳足迹的信息更加明晰地体现出来，一种将产品生命周期中造成温室气体排放标识出来的方法——碳标签便应运而生。随着社会各界对环境保护和气候变化关注的日益加深，碳标签制度正在各国逐步展开，碳标签有利于各国应对气候变化、发展低碳经济。所以，碳标签的实施意义重大。

（一）人与自然和谐发展

人与自然相协调是经济发展的目标，然而在经济快速发展的很长一段时间，一直都忽视经济给环境带来的负面影响。随着人们环境意识的觉醒，人们开始注重生态效益，在此背景下，碳标签的实施有助于发展低碳经济。通过碳标签将产品整个生命周期过程中所产生的二氧化碳告知消费者，让消费者有选择性地消费，借助市场的杠杆作用，刺激企业

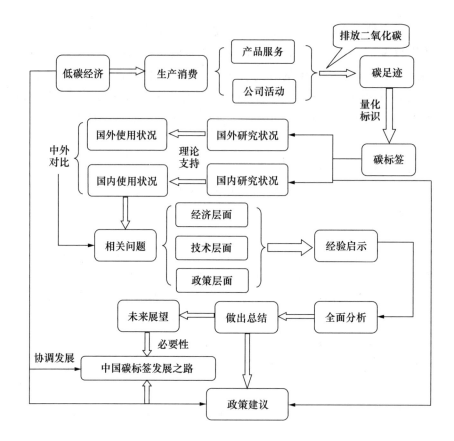

图 5-1 拟采用的技术路线

在生产产品的过程中不断改进生产技术，减少二氧化碳的排放量，进而可以缓解气候变化，净化空气，这不仅有利于人的身心健康，也使自然环境得到改善，最终实现人与自然的和谐发展。

（二）提高消费者的自觉减碳意识

随着人们对生态环境意识的觉醒，开始注重发展与环境的双重效益，而不是一味地关注经济发展速度。碳标签的实施使消费者拥有产品或服务的碳排放知情权，因此，可以引导人们的消费选择，指引人们形成一种正确的消费观念，有选择性地消费，放弃那些二氧化碳排放量较大的产品，从而形成一种良性循环，即在消费者、产品、企业之间形成低碳消费、低碳生产和低碳经营的良性循环。

（三）提高企业的国际竞争优势

绿色产品、低碳经济正在成为当今世界的主旋律，企业要想在竞争中立足，就必须遵循市场规律，按规律办事，否则，即使企业获得了短期的经济效益，也很难长久下去。从长久来看，企业实施碳标签，体现了一个企业履行其社会责任的良好一面，充分提高了其在消费者心目中的形象和声誉，这些无形资产进一步还能够提高企业的知名度、竞争力，使其在竞争中取得长久不衰的胜利。对于一个追求长远目标和长久利益的企业，碳标签的实施无疑是一个正确的抉择。

（四）再塑我国负责任大国形象

2009 年中国首次提出明确的碳减排目标：到 2020 年我国单位国内生产总值二氧化碳排放比 2005 年下降 40%—45%，到 2020 年我国非化石能源占一次能源消费的比重达到 15% 左右。这一目标意味着中国将进入低碳经济模式，意味着中国未来 10 年必须走上低碳经济的发展道路。事实上，2009 年中国的温室气体排放量成为世界排放大国之一，在未来的 30 年，我国将继续处于国际产业链低端的不利地位。因此，碳标签的实施有助于我国减碳目标的实现，再塑我国负责任大国形象。

国际社会在行动，中国作为世界上最大的发展中国家，要为其他发展中国家做出表率。中国不仅要在经济发展速度而且要在经济效益上追赶发达国家，绝不能忽略经济发展给环境带来的负面影响，应该充分重视可持续发展，改变以前"先发展，后治理"的发展理念，为低碳经济的发展做出努力。在此背景下，中国积极实施碳标签，走在科学技术的前沿，主动出击，避免自己在世界上处于被动地位，受到其他发达国家的牵制，与此同时，在碳标签技术方面不断发展，在技术方面有突出的创新，理论上有很大的进展，才能够在世界人民面前表现我国负责任大国的形象，提高我国的软实力。

（五）合理规避国际贸易壁垒

对于碳标签的知识在我国的普及是远远不够的，很多人甚至很多企业都不知道何为碳标签，但是其发展的前景是很明朗的。所以，在某一个行业实施碳标签技术有助于人们了解这个专业名词，进而载入我国法律，作为国家意识保护实施，这对于我国经济贸易特别是出口产品是非常有利的。目前很多国家都积极实施碳标签，这样就会增加出口产品的进出条件，尤其是在低碳经济这个大背景下，世界上各国都在积极发展绿色产品，努力发展探索新技术、创新新方法来实现这个目标，我国提高碳标签技术能够降低出口贸易中的壁垒，缓解国际贸易中的压力。

所以，在我国未来碳标签的发展过程中，既需要根据我国的国情，制定出符合我国具体环境的法律制度；又需要借鉴国外经验，不断地完善，不断地发展。因此，碳标签在我国发展影响意义深远，会对我国产生较大的不可忽视的影响力。

五　国内外碳标签的研究现状

（一）国外碳标签的研究现状

在低碳经济发展模式这个大背景下，为了减少二氧化碳的排放量，各个国家纷纷行动起来，努力创新。为了衡量产品从生产、包装、材料等各个环节及整个生命周期过程中的碳足迹，世界各国展开了碳足迹计算方法及碳标签的研究，依据的基本方法标准是 ISO 14044《环境管理 生命周期评价要求与指南》，并推出了相关的碳足迹评价规范和碳标签体系，持续不断地对碳标签技术研究，为的就是能够使这种技术加快投放到市场上。目前国外很多行业企业都开始尝试这种新的技术，这也激励着政界、学界和新闻媒体等社会各方对此的关注。

英国是最早发布碳足迹方法规范的国家。英国标准学会（British Standards Institution，BSI）于 2008 年 10 月发布了《PAS 2050：2008 商品和服务在生命周期内的温室气体排放评价规范》。PAS 2050 是第一个通过统一的方法评估组织产品生命周期内温室气体排放的标准，该规范属于公开可获得的文件，两年内进行复审，复审后作出修改。因此，该规范于 2011 年进行了复审，根据两年的实践进行了修改，形成第二版 PAS 2050（2011 版）。该规范主要包括两个文件《PAS 2050 商品和服务在生命周期内的温室气体排放评价规范》以及《PAS 2050 规范的使用指南》，它们对于产品碳足迹的定义、温室气体排放的相关数据以及如何评价产品的碳足迹作了详尽的分析介绍。

碳标签研究随着经济社会发展和技术的进步而不断向前。目前对这方面的研究主要有安德鲁·温斯顿的《低成本公司的未来》、丹尼尔·埃斯蒂和安德鲁·温斯顿合著的《从绿到金》、安德鲁·霍夫曼的《碳战略（顶级公司如何减少气候足迹）》、亚当·乔力的《低碳技术商业化指南：清洁技术与清洁利润》等。国外一些有影响力的学术专家都集中研究气候变化以来经济模式的变革问题，他们指出，应该走低碳经济模式，改变以往的只追求经济利益。从本质来说，企业是营利性组织，但是，随着消费者的消费观念的改变，以及世界经济格局的转变，迫使企业不得不转变角色，承担起对这个社会的责任。在国外涌现出大量相关文献，国外对于不同行业不同的领域的碳足迹都有研究，而且大部分都是近些年来的相关文献，它们围绕着低碳经济、碳减排、碳足迹等方面着手研究。

近年来，不断有学者对碳足迹、碳标签进行研究，而且大都是对某个行业的研究，如食品、房地产、农林业等，涉及面很广泛，国外对于碳标签的理论研究正在逐步走向成熟。有了理论的支持，碳标签制度在国外陆续实践开来，反过来，技术上的成熟、科学技术的发展又促进了学术上的研究，并为学术研究提供了充分的实证机会，加速了学术进展。但同时也存在一些不足之处，很多的外文文献关注的是个人或企业在活动中的碳足迹，关注企业应该在生产过程中减少的二氧化碳排放量，真正对于碳标签的研究还不是很充分，对于碳标签在未来发展的过程中遇到的障碍、原因及解决对策方面未做彻底的研究，而且多数文献是从侧面来透析碳足迹、碳标签，即使研究碳标签也是讨论其影响、意义，对于如何实施这种技术，怎么使这种技术得到推广，使其成为广为人知的技术，如何界定这种技术给国家、企业带来的经济意义，价值几何，如何证实，等等，还没有做深刻的剖析。因此，建议相关学者今后从事这方面的研究，可以使碳标签技术得到不断的更新，技术应用更加娴熟。

（二）国内碳标签的研究现状

目前中国没有公认的、完整的、可实行的碳标签体系。但是在国际社会追求绿色贸易、低碳经济的背景下，中国必须深入展开碳标签制度的研究，只有这样，才能使我国在国际上立足，提高我国在世界社会中的大国形象，才能赢得中国在国际贸易中更多的话语权。从国际贸易伙伴来看，现在我国主要的贸易国家中美国、日本、英国、法国等国家都纷纷制定和实施了相应的碳标签制度，并着力研究这种技术，所以，碳标签对我国的对外贸易影响是巨大的。作为全球化产业链上的供给方，中国的大部分企业尤其是外贸型企业在国际形势的要求下也势必要采取相应的措施，如何将企业的产品总碳值降低将成为企业必须思考的问题。但是我国碳标签制度的总体认知水平较低，我国企业应对碳标签制度的准备不够充足，碳标签理论还有待进一步发展，低碳管理机构和碳专业人才缺乏，加之政府和社会对碳标签制度的支持力度也较薄弱。因此，我国发展碳标签制度还面临较大的困难和阻力。

我国关于碳标签的相关研究文献主要有这样几个方面：其一，国际碳标签的引入和介绍，如陈泽勇（2010）的《碳标签在全球的发展》。其二，碳标签在国际贸易领域的应用及其对我国对外贸易的影响研究。这方面的成果相对丰富，如陈洁民（2010）的《碳标签：国际贸易壁垒的新热点》、尹忠明和胡剑波（2011）的《国际贸易中的新课题——碳标签与中国的对策》、王溪竹（2012）的《低碳经济对我国外贸影响日益凸显》、徐俊（2010）的《碳标签对我国对外贸易的影响及对策》，等等。其三，世界主要国家碳标签制度的实践应用研究，相关文献系统总结了发达国家的碳标签制度经验，为我国试点和推广碳标签制度提供启示，如胡莹菲等（2010）的《中国建立碳标签体系的经验借鉴与展望》、吴林海等（2011）的《企业碳标签食品生产的决策行为研究》、刘正权和陈璐（2010）的《低碳产品和服务评价技术标准及碳标签发展现状》、裴晓东（2011）的《国际碳标签制度浅析》、杨方方（2016）的《浅析碳排放试点期间碳核查现状及发展趋势》。总之，这些相关文献对碳标签技术做了科学合理的解释，分析了我国目前实施碳标签技术的现状，以及国外实施碳标签技术的相关情况，提出了我们面临的问题及相关建议。

通过梳理现有文献发现，我国对于碳标签的研究现在还不够成熟，仅仅停留在浅层次的概述性分析，如碳标签的含义、碳标签在我国发展的现状、碳标签技术对我国国际贸易的影响等。虽然也有对碳标签在我国发展存在问题的关注，但是，对问题的剖析还没做出详细的阐述，即没有从本质上来发现问题，因此，未能从根源上找到解决问题的方案。由于理论上的欠缺，使实际应用也并不理想，目前我国企业对碳标签这种技术的了解甚少，消费者对这种前沿技术的掌握更是微乎其微，这在很大程度上可以归结为我国对这方面的研究还不够彻底，如果理论上有了成熟的思想，再加上娴熟的技术，那么这种碳标签技术一定能够很快地推广起来，在市场上得以广泛应用，所以在碳标签技术学术研究上一定要加快进度、深度，才能达到实际的效果。

总体来看，国内外对于这种碳标签技术的研究大都是积极的，都认为其会给企业、国家带来积极的影响，实施碳标签技术势在必行。但是，国内也有相关学者认为这种碳标签技术的实施是不合理的。目前市场上以低碳阴谋为题出现了相关书籍，如勾红洋（2010）提出的《低碳阴谋》、柳下再会（2010）提出的《以碳之名，低碳幕后的全球博弈》、白海军（2010）提出的《碳客帝国》等，都对低碳阴谋有深刻的揭露。这些研究主要从"碳关税"和"碳减排"两个方面入手，挖掘出了隐藏在两者背后的巨大阴谋。美国和欧盟等发达国家借力环保问题企图扼杀中国等发展中国家的生存空间，让发展中国家为温室气体排放和金融危机买单，继续牵制和盘剥发展中国家，以维持两极世界的格局。《低碳阴谋》等成果深入地触及了隐藏在碳关税、碳排放等国际经济协定背后的阴谋，并对碳经济地图、碳贸易、低碳未来图景等一系列国际政治经济动向进行了详尽的解析。2009 年哥本哈根联合国气候大会，被视为"拯救人类的最后一次机会"，但这项事关"人类未来"的会议却演变成了一场吵架大会。针对碳排放问题，以中国为首的发展中国家与以欧美为代表的发达国家展开了激烈的斗争，且呈现出白热化的趋势。这些成果反映出我国一些学者对于气候变暖、温室气体、低碳经济等存在着质疑。

世界上赞成低碳经济的声音是占多数的，但是，在国内的研究也存在着争议，这也从侧面说明，低碳经济前途是光明的，道路是曲折的，碳足迹、碳标签这个发展道路存在很多的障碍和风险，学术上研究如此，在技术实际应用上更是如此。因此，我国在这个技术的研究还有很长的一段路要走，根据我国现在的研究成果跟国外还有很大的差距，如理论的系统性、行业的广泛性、探索的针对性，所以我国在学术研究上要更加注重不同行业的标准，如碳计算技术采取不同的方法等。由于我国目前在理论上研究的不成熟性，在行业里，碳标签技术的应用还只是一小部分，面临着种种质疑的眼光和学术文献的挑战。因此，我国碳标签技术要加快前进的步伐，迎接各种挑战，破除各种障碍，打破以往的思维禁锢，大胆创新，提出新的理论基础，从新的领域开始研究，得出新的结论，开创我国对碳足迹、碳标签技术研究的新局面。

（三）国内外文献述评

世界上关于碳足迹、碳标签的研究很多，从不同的角度、不同的领域描述了这种技术，各自的侧重点也不尽相同。有的重点研究气候变化带来的影响，鼓励企业积极较少碳排放，规定碳排放标准。有的侧重于研究某个行业的研究，在这个行业里，碳排放量如何计算，如何衡量其碳足迹。有的侧重环保类企业的发展战略，如何应对以及采取什么具体的措施。

从研究气候变化，鼓励低碳经济，减少碳排放这个角度上来看；代表人物是安德鲁·温斯顿，他为世界顶尖的企业如何从环保意识中获利提供建议。他的客户包括美国银行、拜尔集团、波音公司、惠普以及百事可乐等。他的《从绿到金》是全球最畅销的作品之一，他还为哈佛商业在线每周一次的策略专栏撰稿，他的文字也频繁出现在《纽约时报》《华尔街杂志》《商业周刊》等全美主要的媒体上。在他的《低碳崛起：低成本公司的未来》中，认为气候变化法规即将出台，并且将会永久地改变企业界，对碳排放的控制将会影响到社会的各个方面，从我们日常生活的能源获取、旅行方式到企业如何取得原材料、制造、配送以及销售产品。如果政府和市场为碳排放定价，那么所有东西的价格都会改变，有时候会很大。某些产品的制造和运输，如果还保持目前的方式的话，将会变得比现在昂贵得多。李慧敏等（2011）编著的《地球是烫的：低碳是人类的必然选择》不仅适合热爱生活、想把生活建设得更加健康、绿色、环保、经济的读者阅读，也适合各类商业人士，对于确保企业的发展面向未来、激发员工工作动力，都是大有裨益的。总体来说，中国正在通过各方面的不懈努力，大踏步地迈向低碳经济。但必须看到，与发达国家相比，中国发展低碳经济的基础还较为薄弱，比如，以重化工为特征的产业结构，我国在碳排放技术领域落后于发达国家，并因缺乏自主知识产权而容易受制于人，在碳交易市场，我国所占的份额还很小，没有碳交易定价权，相关的碳交易金融衍生品非常缺乏。根据世界银行的统计，2008 年全球碳市场交易额已达 1264 亿美元，而中国清洁发展机制的交易额只有约 54 亿美元，只占全球市场的4.27%。一吨二氧化碳碳减排额的 EUA 价格，在 2008 年 8 月中外价差达到 10 欧元，即使因为金融危机两者价差缩小，目前两者 2012 年到期的期货价格还有 3—5 欧元的价差，按我国 2008 年所占碳市场的份额粗略计算，我国只因价差，一年中便有约 33 亿欧元的碳资产流失了（杨志、郭兆晖，2010）。

　　从不同的行业来看，相关文献有：王环採（2011）的《旅游者碳足迹》，该书在对气候变化、碳排放、低碳经济、碳足迹等研究回顾的基础上，基于生命周期评价理论和旅游业的产业特性，提出旅游碳足迹包括旅游者碳足迹、旅游产业碳足迹和旅游经济碳足迹三个概念，并以湖南省张家界市为研究对象，研究计算来张家界的旅游者在吃、住、行、游、购、娱等环节的消费情况。另外，还有张庭溢、计国君（2015）的《碳标签政策下的企业碳减排决策研究》，尹政平、李丽（2012）的《建设低碳超市的国际经验借鉴及对策探讨》等，从不同的行业领域描述了碳标签技术。

　　从企业的发展战略来看，代表性成果有安德鲁·霍夫曼（2012）的《碳战略（顶级公司如何减少气候足迹）》。安德鲁·霍夫曼是密歇根大学企业可持续发展的霍尔希姆（Holcim）公司的教授，也是重要的气候变化非政府组织皮尤（Pew）中心的研究者。主要研究领域是与企业相关的环境和社会问题。他的《碳战略（顶级公司如何减少气候足迹）》一书收集了大型企业在形成与实施气候变化战略过程中成功的经验和实践，基于 31 个公司的调查研究、6 个深度案例分析、文献的梳理以及皮尤中心在与其商业环境领导委员会会员公司一起工作时获得的经验。它尤其关注如何促使其他公司也有兴趣制定出类似的战略。同时，该书对于那些评估公司战略有效性（特别是管理气候风险和获取与气候有关的竞争收益的公司战略）的投资者和分析者也是有价值的。最后，它为政策制定者提供了公司在温室气体管制、政府对技术进步的援助以及其他一些政策问题上的态度和观点。虽然本书主要关注的是美国，但是，它同样关注在全球背景下的气候变化和相关的市场转型。另一位代表性人物是亚当·乔力，他专注于成长、创新、技术和风险等方面的企业管理问题，其作品《低碳技术商业化指南：清洁技术与清洁利润》（2011）旨在为企业家、创新者、管理者和投资人提供一本如何通过推动清洁技术市场化来实现清洁利润的实用指南。书中汇集了风能、海洋能、太阳能和生物能源、低碳车辆、土壤和水资源利用、清洁技术融资和可持续投资方面的专业知识，涉及战略、技术、品牌、知识产权、设计和融资方面的实战经验，更为重要的是，该书分析了清洁能源市场定价的"瓶颈"问题，对于企业如何在清洁技术领域更好地发现机会、进行战略转型提供了新的视角和实用技术。总之，向低碳世界转型，以此发掘并创造全新的商业模式，是当今全球关注的热点，也是企业面临的重大挑战。在商业领域，清洁和绿色技术正扮演着越来越重要的角色，技术开发与市场化的过程中也蕴含着巨大的商业机会。正如亚当·乔力所言："脱碳"已不是纸上谈兵，结合创新与政策监管，经济运行的方式将被彻底改变。到 2020 年，我们的住宅、工作场所和交通工具将因为更加智能而焕然一新，到 2050 年，电力生产、水资源保护和废弃物管理的模式也将重新建立。"将碳排放量减少 80%"始终是一个异常艰巨的目标，尤其是需要变得更加活跃而有效。向低碳社会转型离不开一系列的变革，有的是开创性的突破，有的是与传统技术的结合。对于企业来说，最大的挑战在于如何实现构想的商业化，而实现这方面目前还面临着诸多困难，第一，这些构想的潜在市场往往过于狭窄，或是销售前景模糊；第二，与"含碳"的同类技术相比，它们的价格颇为昂贵；第三，由于缺乏确定的碳价格，它们的投资回报难以估量。尽管如此，清洁技术的发展潜力仍是惊人的，目前私人资本和公共基金的踊跃投资就是最好的证明。

从碳标签实施后的影响及对未来的发展展望来看，国内的一些代表性成果有：帅传敏等（2011）的《食物里程和碳标签对世界农产品贸易影响的初探》、武旭（2014）的《低碳城市建设的国际经验借鉴与路径选择》、刘亮（2014）的《我国建立碳标签制度的公共政策路径研究》等。由于碳标签的实施对出口产品的影响较大，所以大都研究的是碳标签实施后对国际贸易的影响，并对未来的碳标签技术做出展望。

第二节　发达国家的碳标签实践

一　全球碳排放概况

工业革命以来，世界经济得到了飞速发展，但是在经济效益得到提升的同时，自然环境却遭到巨大的破坏，尤其是温室气体的增加，使得大气温度不断地上升。据统计表明，地球大气中的二氧化碳浓度在工业革命前基本保持在 280ppmv（Parts Per Million By Volume，简写为 PPMV，意思是按体积计算百万分之一，如 280ppmv 表示百万分之 280

的容积比），而从工业革命到目前的 100 多年已经上升了近 100ppmv，达到了 379ppmv（见图 5 - 2），全球的平均气温也在近 150 年内升高了 0.74℃（见图 5 - 3），特别是未来 30 年温度预计会上升 6.4℃。

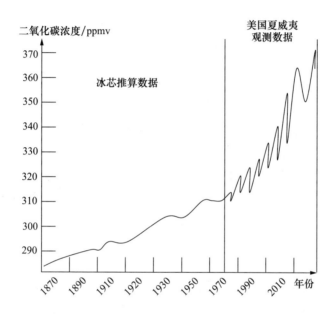

图 5 - 2 150 年来大气中二氧化碳浓度变化

从图 5 - 2 中反映出，大气中的二氧化碳浓度正在提高，人类在活动和生产消费的过程中对大气造成了很大的影响，尤其是在三次工业革命之后。图中正好印证了 19 世纪 70 年代的第二次工业革命和 20 世纪四五十年代的第三次工业革命，以这两次工业革命为分界线，大气中的二氧化碳浓度也在直线上升，尤其是在第三次工业革命之后，其浓度更是以很快的速度向上增长，这说明随着人类经济的发展和科学技术的应用，对自然界的影响越来越深，这就越需要人类反思自己的行为，重新审视经济发展模式，发展低碳经济。

二氧化碳属于温室气体的一种，在近百年的人类活动中，二氧化碳的浓度不断上升，造成大气气温不断上升，其两者呈正相关关系。在图 5 - 3 中，全球平均气温正是以第二次和第三次工业革命为分界线，其上升趋势呈现不同的走势，与图 5 - 2 相互印证。

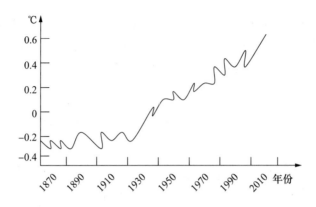

图 5 - 3　近百年全球平均气温变化

随着环境的恶化，人们开始采取措施来挽救人类活动造成的损害，减少企业、个人在生产、消费过程中产生的二氧化碳，比如加大清洁能源的利用比例，减少化石能源的使用，提高能源利用效率，降低单位产值的能源消耗量。表 5 - 2 展示了 2007 年全球主要国家和地区的碳排放量及其能源结构。

从全球二氧化碳的总体排放量来看，从工业革命到 1950 年，发达国家排放的二氧化碳排放量，占全球累计排放量的 95%；1950—2000 年间，发达国家碳排放量占全球的 77%。就国家而言，碳排放量较多的国家是发达国家，所以，它们对低碳经济应该承担更多的责任。中国在 1904—2004 年的 100 年间，二氧化碳排放量只占全球的 8%；2004 年中国人均排放二氧化碳 3.6 吨，是世界人均二氧化碳排放量的 87% 左右，为发达国家人均排放量的 1/3，仅及美国的 1/5。但随着中国经济的快速发展以及能源消耗的急剧增加，二氧化碳排放量也随之急速增加。2007 年中国首次超过美国，成为全球最大的碳排放国。

从表 5 - 2 中可以看出，北美和欧洲地区的碳排放相对其经济总量而言，要低得多，且未来仍然继续减少，这与其高效的能源利用效率和非化石能源的广泛运用有着紧密关系。相比之下，亚洲和非洲地区的碳排放不仅目前的总量最大且继续增加，因此，减碳压力越来越大。总之，本质共同但有区别的原则，目前世界各国都在积极行动，履行其各自的责任，越来越多的国家开始实施碳标签技术。

表 5 - 2　　　　　　　　　　　世界各地碳排放及能源结构

地区	时间	二氧化碳（万吨）	能源（兆瓦时，即一千度电）	能源强度	能源结构（100%）			
					化石能源	清洁能源	核能	其他可再生能源
亚洲	2004 年	404970	5597899776	723	77.14	13.45	8.82	0.59
	2009 年	550000	7715100160	713	78.29	13.82	6.79	1.09
	未来	1330000	18300000256	728	75.03	13.51	10.07	1.38
北美	2004 年	276980	4727600128	586	65.56	13.71	18.52	2.21
	2009 年	259710	4807300096	540	63.81	14.17	18.5	3.52
	未来	299620	6088500224	492	60.43	13.11	18.09	8.36
欧洲	2004 年	204360	4293900032	476	53.99	15.94	27.64	2.43
	2009 年	194930	4342300160	449	53.68	16.41	25.17	4.75
	未来	276970	6440000000	430	53.46	13.2	25.46	7.89
非洲	2004 年	33867	504030016	672	79.07	17.65	2.83	0.44
	2009 年	39455	586609984	673	80.73	16.53	1.97	0.76
	未来	66387	1193400064	556	71.89	22.52	3.22	2.37
南美洲	2004 年	11303	729880000	155	21.94	75.25	2.51	0.3
	2009 年	14204	864080000	164	23.41	71.36	2.29	2.94
	未来	29177	1527500032	191	25.02	67.39	2.72	4.87
大洋洲	2004 年	21882	265760000	823	81.24	16.6	0	2.16
	2009 年	23049	287820000	801	82.36	13.09	0	4.54
	未来	28252	400169984	706	75.6	11.71	0	12.69
南极洲	2004 年	0	0	0	—	—	—	—
	2009 年	0	4000	0	0	0	0	100
	未来	0	9234	0	0	0	0	100

资料来源：碳排放监测行动网站。

二　欧洲地区的碳标签实践

（一）英国的碳标签制度

从 2007 年起，国外关于碳标签的讨论不断涌现，并有不少国家的政府和行业协会开始这方面的应用和推广活动，其中英国是全球最早对产品推出碳标签制度的国家。英国碳信托公司（CarbonTrust）于 2007 年 3 月试行推出全球第一批标示碳标签的产品，涉及洋薯片、奶昔、洗发水等消费类产品。2008 年 2 月，CarbonTrust 公司加大了碳标签的应用推广，涉及对象包括 Tesco（英国最大连锁百货）、可口可乐、Boots 等 20 家厂商的 75 种商品。

英国碳减量标签设计为"足印"形象，主要包括五个核心要素，即足迹形象、碳足迹数值、CarbonTrust 公司认可标注、制造商作出的减排承诺、碳标签网络地址。目前，英国加贴碳标签的产品类别涉及 B2B、B2C 的所有产品与服务，主要有食品、服装、日用品等。

为了能够以标准化方法来计算产品与服务的碳足迹，CarbonTrust 公司于 2006 年年底便开始研究评价碳足迹的方法。2007 年 6 月，Carbon-Trust 公司和英国环境、食品和乡村事务部（Defra）联合发起，英国标准协会（BSI）为评价产品生命周期内温室气体排放而编制的一套公众可获取的规范，即 PAS 2050，全名为《PAS 2050：商品和服务在生命周期内的温室气体排放评价规范》。目前，PAS 2050 在全球被企业广泛用来评价其商品和服务的温室气体排放。

到目前为止，全球至少有 15 种不同的计划/方案来评价产品的碳足迹，如 ISO、世界资源研究所（WRI）、法国 ADEME、英国的 PAS 2050 等。此外，瑞士、新西兰、日本、韩国、泰国等国家也都有自己的碳足迹计划。其中，PAS 2050 是目前唯一确定的、公开具体的计算方法，也是人们咨询最多的评价产品碳足迹标准。它是建立在生命周期评价方法，由 ISO 14040 和 ISO 14044 确立之上的，评价物品和服务（统称为产品）生命周期内温室气体排放的规范。PAS 2050 规定了两种评价方法：企业到企业 B2B（business – to – business）和企业到消费者 B2C。计算一个 B2C 产品的碳足迹时需要包含产品的整个生命周期（即"从摇篮到坟墓"），包括原材料、制造、分销和零售、消费者使用、最终废弃或回收。B2B 碳足迹到产品运到另一个制造商时截止，即所谓的"从摇篮到大门"。

（二）法国的碳标签制度

法国卡西诺（Casino，是法国第二大超市）公司于 2008 年 6 月推出的"Group Casino Indice Carbon"碳标签，适用于所有 Casino 公司自售产品。Casino 公司邀请其约 500 家供应商参与了该碳标签计划，并为其提供了免费的碳足迹计算工具。据 Casino 公司统计，自该碳标签推出后，已减少了超过 20 万吨二氧化碳排放量。

Casino 公司的碳足迹标签以绿叶为基本形态，其中标注每 100 克该产品所产生的二氧化碳排放量，并告知消费者查看包装背面以了解更多信息。在包装背面，该标签则显示为一把绿色标尺，以不同的色块体现产品对环境的不同影响程度，从左至右影响程度不断增强，方便消费者大致了解该产品对环境的影响。该标签一般加贴于产品包装或在网站上进行展示。

2010 年 7 月，法国通过了新环保法案，该法案要求从 2011 年 7 月 1 日起，在法国市场上销售的产品将被强制性要求披露产品的环境信息，这其中包括要标示其整个生命周期及其包装的碳含量，即把商品在生产过程中所排放的二氧化碳量在产品标签上标示出来，告知消费者产品的碳信息（蔡可泓，2012）。该法案将试运行 1 年，而美国、瑞典、加拿大、韩国等国家也将相继推出"碳标签"计划。在新一轮的国际竞争中，对外贸出口行业，尤其是消费品行业将产生深远的影响。

（三）德国的碳标签制度

德国产品碳足迹试点项目（Pilot Project Germany，PCF）于 2008 年 7 月推出，它是由世界自然基金会、应用生态学研究所、德国波茨坦气候影响研究所（The Potsdam Institute for Climate Impact Research，PIK），以及 Themal 智囊团联合组成的，目的在于为企业提供产品碳足迹评价与交流方面的方法与经验，降低二氧化碳排放量，倡导环境友好型消费（胡剑波等，2015）。该项目还开展了产品碳足迹（PCF）测量方面的国际标准方法研究，吸引了巴斯夫股份有限公司（Badische Anilin – und – Soda – Fabrik，BASF）、德国帝斯曼公司（DSM）、德国朗盛公司（LANXESS）、德国汉高公司（Henkel）、REWE 集团（REWE Gruppe）等众多德国企业参与。2009 年 2 月，德国 PCF 试点项目推出其碳足迹标签，加贴于参加 PCF 的企业产品之上。但与其他国家不同的是，德国碳标签产品仅仅表明通过了碳足迹的认证并加贴 Assessed CO_2 Footprint 标识，而不加注具体的碳排放量。

德国碳标签以"足迹"为基本形态，足迹两边分别是二氧化碳与足迹英文名称，并标识"经评价"文字，体现该碳标签蕴含的衡量与评价碳足迹的意义。目前，经查验的产品包括电话、床单、洗发水、包装纸箱、运动背袋、冷冻食品等。德国产品碳足迹测量方法以 ISO 14040/44 为基础，同时参考 PAS 2050。

（四）瑞典的碳标签制度

瑞典碳标签制度始于食品领域。给食物贴上碳排放标签的做法是受到瑞典2005年一项碳标签研究成果的启示。该研究认为，瑞典25%的人均碳排放可最终归因于食品生产，为此，瑞典农民协会、食品标签组织等开始给各种食品的碳排放量做标注。若产品达到25%的温室气体减排量，将在每一类食品类型中加以标注，该计划从果蔬、奶制品和鱼类产品开始试行。该碳排放标签，明示该食品的"碳排历史"，从而引导消费者选择健康的绿色食品，以减少温室气体排放。加贴碳标签的产品必须完成生命周期评价并发布第三类环境声明（Environmental Product Declaration，EPD），但是，可凸显碳排放，主要表示产品碳排放量宣告达到标准要求。瑞典碳标签目前主要面向B2C食品，如水果、蔬菜、乳制品等，产品评价范围主要为运输阶段，其碳足迹计算以LCA为基础设定标准。

瑞典碳标签于2008年年初推出，主要面向产品与服务。Climatop标签主要通过以下两种方式降低二氧化碳排放量：一是影响消费决定，通过产品与服务上的碳标签引导客户选择环境友好型产品，加快向低碳消费型社会的转变；二是优化产品设计，通过选择环境友好型产品带来的公平竞争，优化产品和服务设计。Climatop标签以圆形与二氧化碳化学方程式共同组成，表示该产品在碳足迹控制方面宣告领先，即减量20%。Climatop标签主要加贴于产品包装上，以在销售点及网站上展示。Climatop标签的评价范围涉及产品及服务的全生命周期，已查验的产品包括环保购物袋等，其碳足迹计算以LCA为基础设定标准。

（五）欧盟的碳标签制度

欧盟碳标签计划（2006年10月至2008年9月）由欧洲智能能源计划支持。欧盟的碳标签计划首先在欧洲范围内开展了一系列旨在降低运输类产品及服务二氧化碳排放量的活动，鼓励使用生物能源及开展"低碳"运输服务。

欧盟碳标签计划主要涉及生物柴油、润滑油、货运服务等领域，数值基于生命周期评价基础上的温室气体计算器（Greenhouse Gases，GHG Calculator）得出，并与在同等条件下使用传统能源的排放量进行比较。

三　美洲地区的碳标签制度

（一）美国的碳标签制度

目前，美国已推出了三类碳标签制度。

一是由 Carbon Label California 公司推出的碳标签，主要在食品中使用，如保健品和经认证的有机食品，其计算准则主要为环境输入——产出生命周期评价模式。

二是由 Carbon Fund 公司推出的美国第一个适用于碳中和产品的碳标签（Carbon Free Label，也称无碳标签）。目前，经 Carbon Fund 公司碳标签查验的产品主要有服装、糖果、罐装饮料、电烤箱、组合地板等，其碳足迹计算方法则以 LCA（Life Cycle Assessment）为基础。该标签由 Carbon Fund 公司负责管理，并委托第三方机构进行评价，每年须进行生命周期评价的复审工作。

三是 Climate Conscious 碳标签，由 Climate Conservancy 公司推出，旨在帮助消费者在购买过程中选择较低碳足迹的产品和服务，培育一种环境友好的市场机制，从而减少碳排放。该碳标签寓意为某产品或服务宣告达到碳排放标准，使用基于 LCA 的计算方法计算碳足迹，由 Climate Conservancy 公司负责管理。

美国产品碳足迹认证主要参考 PAS 2050、温室气体协定（Greenhouse Gas Protocol，GHG Protocol）以及 ISO 14044 标准。2013 年 Carbon Free 标签已经被广泛应用于电力、食物、家用电器、办公用品、服装以及建筑材料 6 大类覆盖 112 种商品。目前，许多美国跨国公司都已经对其产品加贴碳标签，如大型连锁超市沃尔玛等。

（二）加拿大的碳标签制度

随着英国、法国等欧洲国家碳标签技术的实施并且逐渐成熟，加拿大也开始实施碳标签制度。加拿大富美家集团产品获得碳标签认证，富美家集团通过执行碳足迹评估，并为其产品加贴碳标签，展示了其始终奉行的减少对环境造成影响的宗旨，其产品的 90% 获得认证并带有碳标签。为达到碳标签的颁发标准，富美家集团旗下每个产品分别通过了 PAS 2050：2008 评估、碳足迹专业指导以及产品温室气体排放和减排声明及实践准则。

四　亚洲地区的碳标签制度

（一）日本的碳标签制度

2008 年 4 月，日本经济产业省（简称经产省）成立"碳足迹制度

表 5 - 3　　各国碳标签研发现状比较

国家	碳标签名称	机构性质	产品类别	标签含义	评估查验单位	产品评估范围	技术准则
英国	碳信托基金碳减排标签	非营利性	B2B B2C 所有产品	二氧化碳当量，承诺未来减量	碳信托基金/碳标签公司	B2B：摇篮到工厂大门 B2C：全生命周期	PAS 2050
美国	加州碳标签	非营利性	—	二氧化碳当量	—	摇篮到工厂大门	投入产出生命周期法（EIO - LCA）
	碳零排放标签	非营利性	B2C	表示已得到碳补偿	第三方	摇篮到工厂大门或全生命周期（依产品而定）	生命周期评估法（LCA）
	气候意识标签	非营利性	所有产品	分级；表示已达标	气候保护组织	全生命周期	基于 LCA 的气候意识评估法
加拿大	碳核算标签	非营利性	B2C	二氧化碳当量	第三方	—	PAS 2050
法国	碧昂碳标签	营利性	雷克勒超市食品	二氧化碳当量	—	全生命周期	—
	卡西诺集团碳指数	营利性	B2C 卡西诺超市食品	二氧化碳当量；分级	—	—	—

续表

国家	碳标签名称	机构性质	产品类别	标签含义	评估查验单位	产品评估范围	技术准则
瑞典	瑞典气候标示	—	B2C 食品	标示已达标	KRAV 或 Svenskt Sigill	全生命周期	基于 LCA 而制定的标准
瑞士	Climatop 标签	非营利性	B2C 所有产品或服务	标示领先	独立机构查验	运输	生命周期评估法（LCA）Ecoinvent 数据库
韩国	碳标签	非营利性	B2C 所有产品或服务	—		全生命周期	
泰国	—	政府组织	—	标示已达到基线减量百分比等级	—	—	联合国气候变化框架公约清洁发展机制（UNFCCC/CDM）方法

资料来源：刘田田、许补王、王群伟：《碳标签制度的国际比较及对中国的启示》，《中国人口·资源与环境》2015 年第 Z5 期。

实用化、普及化推动研究会"，同年 10 月，经产省发布了自愿性碳足迹标签试行建议，并于 12 月中旬，确定了比较科学的二氧化碳排出量计算方法、碳标签适用商品、统一的碳标签图样等内容。2009 年年初，日本开始推动碳足迹标签试行计划。Sapporo 啤酒厂、Aeon 超级市场、Lawson 与松下电器等企业均已加入该计划，在其产品或服务中引入碳足迹标签制度。2009 年 4 月 20 日，日本公布了产品碳足迹的技术规范。2011 年 4 月，日本开始实施农产品碳标签制度，要求摆放在商店的农产品通过碳标签向消费者显示其生产过程中排放的二氧化碳量。

（二）韩国的碳标签制度

韩国碳足迹标签由韩国环境部主管。2008 年 12 月评价试行结果，2009 年 2 月正式推出碳足迹标签，其涉及范围较广。

韩国碳标签主要分为两类：一类标识碳排放量，另一类强调减碳的节能商品，也可以说是碳标签认证的两个阶段。韩国的碳足迹标签目前已涉及约 145 种产品，其中非耐用类产品 99 种，非耗能耐用类产品 13 种，制造类产品 10 种，服务类产品 7 种，耗能耐用类产品 16 种。韩国碳足迹计算准则主要有四类：ISO 14040、ISO 14064、ISO 14025；PAS 2050；韩国第三类环境声明标准；其他规范如 GHG 议定书等。

（三）泰国的碳标签制度

泰国温室气体管理办公室于 2008 年 8 月规划推动碳标签计划。泰国利乐（TetraPak）、暹罗水泥集团（Siam Cement Group，SCG）等 26 家制造商参与了该计划，涉及产品包括饮料、食品、轮胎、冷气机、变压器、纸与纸箱、塑料树脂、地毯、瓷砖等。泰国于 2009 年 11 月推出贴有首批碳足迹标签的产品。

泰国碳标签以减排 10%、20%、30%、40%、50% 进行分级，并以不同的颜色分别标识，在圆形下方的箭头中标识减排量。以减排 10% 的碳标签为例，它表示与传统碳排放量相比，企业仅需降低 10% 的碳排量。同时还专门成立了碳标签促进委员会，开展碳标签的日常监督管理工作。

截至 2009 年 3 月，已有 34 种产品申请碳标签注册，其中 25 种产品已经通过查验，获得碳标签认证，主要涉及 9 大类产品，包括罐头/干燥食品、水泥、人造木、包装米、保险套、地板砖、瓦砖、食用油、牛奶。泰国碳足迹计算主要依据以下三类准则：PAS 2050；ISO 14040、

ISO 14064、ISO 14025；UNFCCC/CDM 方法（联合国气候变化框架公约，United Nations Framework Convention on Climate Change，UNFCCC；清洁发展机制，Clean Development Mechanism，CDM）。

目前，世界上已有 12 个国家和地区通过立法，要求其企业实行碳标签制度，全球有 1000 多家著名企业将"低碳"作为其供应链的必需，沃尔玛、IBM、宜家等均已要求其供应商提供碳标签。国际社会在行动，每个国家都在碳标签发展的道路上做出尝试，图 5 – 4 是国际上一些国家和地区的碳标签图形设计。

图 5 – 4　世界代表性碳标签图形设计

五　国外发展碳标签制度的机遇与挑战

随着气候变暖、低碳经济的博弈之后，国内外开始注重经济的发展模式，重新审视自己的责任与行为，关注个人、集体、企业、国家的行为对社会环境造成的负面影响，碳标签也随之映入消费者的眼帘。碳标签从一个公益性的标识变成一个商品的国际通行证，这个通行证将会增加国际贸易准入门槛，因此，在这个制度面前，世界各国都面临着巨大的压力，不仅发展中国家感到紧张，发达国家也不得不积极行动起来，如果依靠外来的力量，被动等待，可能走入困境；如果主动出击，迎接挑战，也将会面临着巨大的发展机遇，转危为安。下面从利弊两方面阐述发展碳标签制度的两面性。

发展碳标签制度对一国的有利影响表现为以下几点：

（1）根据本国的实际国情，建立适合自己的有利于发展自己的碳标签制度，对于发达国家来说，有利于提高其国际地位，增强其在国家上的竞争力；对于发展中国家来说，能够与发达国家展开平等对话，努力争取在低碳认证标准的制定上的话语权，这对于发展中国家和发达国家来说都是发展本国的大好机遇，所以世界各国都应积极行动起来。

（2）碳标签的实施将促使各国企业在低碳技术和管理方面实现突破，打破"瓶颈"，碳标签将产品的碳足迹量化，因此碳标签的实施将会影响产品在整个生命周期这个完整环节。

（3）碳标签的实施将每个产品的碳足迹量化批注在产品外包装上，将直接面向消费者。随着越来越多的消费者消费观念的转变，和低碳经济环保理念在大众中的普及，消费者会进行有选择性的购买，对于这种趋势，企业都应该行动起来，对于零售业来说，也会引进更多这样的商品以增加销量，最终促进碳标签技术的推广与发展。

（4）碳标签制度还处于发展初级阶段，哪个国家能够成熟地掌握这种技术，能够建立这种技术的系统理论，必然能够提高这个国家在国际社会上的形象，这对于每个国家尤其是发展中国家来说很重要，是发展中国家提高其国际地位的不可忽视的良好机遇。

在碳标签制度这场博弈中，碳标签的实施并非少数企业的前卫之举，"碳标签"大潮来势汹汹，正在国际上形成一种趋势，但是，这种趋势也存在着一定的风险，尤其是对于发展中国家来说。因为这可能是一种发达国家针对发展中国家的一种抑制措施，无论是在技术和经济实力上，发展中国家都处于劣势，所以，这对于发展中国家而言有可能是一种不平等的措施。因此，发展碳标签制度的不利影响主要表现为以下几个方面：

（1）碳标签很有可能成为国际贸易的新门槛。其在给各个国家带来机遇的同时，也给某些国家带来了巨大的挑战，发达国家有可能率先建立这样一个碳标签准入制度，要求所有在商店出售的商品都贴上碳标签，披露其碳足迹，基于发达国家的先进技术，其在国际上有充足的话语权，制定的必定是有利于发达国家的制度，那么发展中国家就处于被动的地位。

（2）发达国家可以基于碳足迹对碳排放的进口产品抬高门槛，要求进入本国的某种产品碳足迹不得高于规定值，否则将采取罚款或者征收高额关税。那么产品的生产厂家必然会竭尽全力采用低碳技术降低产品在其生命周期的碳排放量，然而，发达国家普遍掌握着低碳核心技术，一旦设定了准入标准，发达国家的国内企业则可以通过较低成本，较为容易地实现碳减排，而发展中国家的出口型企业则不得不去发达国家购买这种低碳技术，这无形中增加了生产经营成本，使发展中国家的产品失去了原有的价格竞争优势。

（3）碳标签技术的实施还不成熟。克服技术障碍无论对于发展中国家还是发达国家来说都是一个巨大的挑战，在这个挑战面前，发达国家、发展中国家应该积极合作，发展中国家更应该利用这个机遇来表现自己，在众多的国家中脱颖而出。

（4）碳标签的消费市场尚不成熟。目前，不论是发展中国家还是发达国家，消费者的消费观念的转变需要一个过程，再加上一些相悖的舆论，如认为低碳经济只是一个阴谋，所以，在发展的过程中要逐步引导消费者正确地消费。

（5）碳标签的实施是全球性的问题。必须进行国际合作、达成共赢，特别是在经济全球化的今天，如果一个国家封闭技术，仅仅在自己国家实施，不能达成合作，也不能实现碳标签在全球的顺利发展。

综上所述，"碳标签"这个前沿技术对于任何国家都是有利有弊的，世界上各个国家都在积极行动，但碳足迹测算标准都是拿捏在发达国家手中，因此，在渐行渐近的碳标签压力面前，看上去发展中国家并没有处于有利的地位。对于这样的趋势，发展中国家应更加保持清醒的认识，做出正确的抉择，积极主动创新，不断探索，向发达国家学习；从另一方面来看，发达国家凭借经济技术优势，则更加应该承担起责任，研究出成熟的技术和理论系统，同时要与发展中国家分享，以维护我们共同的家园。只有这样，才能实现共赢，而不是靠自身的优势来压迫技术力量薄弱的国家。

六　国外碳标签制度的发展策略

从气候变暖、低碳经济成为热点话题以后，各个国家都想方设法减少二氧化碳的排放量，顺应时代发展潮流，实行"碳标签"制度。从2007年起，国外关于碳标签的讨论开始不断涌现，并有不少国家的政府开始了这方面的推广活动。综观各国的实践过程，显然可以得出，为了能够成功实施这种前沿技术，实现低碳目标，发展环保经济，承担起各国对自然环境的一份责任，各个国家必须根据本国的国情，制定严格的发展战略。先面对国际社会碳标签制度的发展策略做一总结，以期为我国碳标签制度的推广提供经验和启示。

（一）以某个行业的某个公司为试点

在某种技术未成熟之前，必须在试点区域进行，避免资源的浪费。国外很多国家，如英国从消费品零售店起步，瑞典从食品出发，着手展开碳标签技术的实施，总结经验，探索式进行，不断创新，打破陈规，然后推广到其他的领域。其他一些发达国家几乎都是按照这个路线来发展的，不能全盘推出，而是要循序渐进。另外，也不能把一个行业的经验用在任何企业上，而是要区别对待。

（二）碳标签图案的精心设计

碳标签图形代表的是一个国家的形象，代表着这个国家对碳标签、碳足迹的理解和努力的方向。在国际贸易中，碳标签代表了某个国家，在一定程度上避免了贸易壁垒，减轻贸易压力，同时也能反映一个国家碳标签技术研究的成果，所以，每个国家都应该认真设计自己的碳标签图案，既要让消费者一目了然，清楚其中的含义，同时又要体现一国的政策和态度，反映其对低碳经济的支持和行为动向。

（三）制定完善的碳标签体系

"无规矩不成方圆"，建立完善的体系，有利于碳标签的顺利进行，在碳标签实施的过程中严格管理，出现问题时能够采取适当的措施进行挽救，在进行的过程中总结经验，不断地改善，健全机制。

对碳标签市场进行严格的规范，争取试点的成功，发达国家最先实施了碳标签技术，也最先建立完善的碳标签体系，且其意义对于一国发展碳标签技术至关重要，所以，每个国家要把建立碳标签体系放在战略地位。

（四）引入国际碳足迹认证标准

碳标签工作关键的一步就是要估计碳足迹，所以要积极追踪碳足迹研究方面的最新动态，关注相关国际标准，形成合理的碳足迹核算方案，开展实际的试点工作。先在部分商品上加注碳标签，看试行效果后再进行下一步推广。各国应该积极参与开展相关碳足迹核算与认证业务，抢占国际碳标签市场。对于设置的碳标签方面的技术贸易壁垒，对出口商品做严格的碳排放量方面的规定，在一定程度上可以缓解贸易摩擦。

（五）碳排放核算标准要明确

碳标签就是将二氧化碳的排放量量化出来，但是如何将其量化，且每个行业和企业的合适标准都应该有所不同，每种核算方法都有其适用范围，所以要了解量化的标准如何规定等。碳排放量需要一个准入标准，对于"低碳"有两种理解：一种是基于终端消耗的碳排量低，另一种是基于全生命周期的碳排放量低。目前在两种不同方向上，国内外都有一些比较典型的碳排放核算标准（见表5-4）。

表5-4　　　　　　　　国际碳排放评价相关标准

核算层面	标准或规范名称	发布时间	适用范围	制度组织	核算方法
终端消耗碳排放	GHG Protocol	2004年	企业、项目	WRI/WBCSD	对企业或项目现有终端排放源的检测和审计
	ISO 14064	2006年	企业、项目	ISO	
全生命周期碳排放	PAS 2050	2008年	产品、服务	BSI	建立数据库和模型，对产品和服务全生命周期碳排放进行估算
	ISO 14040/14044	2006年	产品、服务	ISO	
	Product and Supply Chain GHG Protocol	即将发布	产品、服务	WRI/WBCSD	
	ISO 14067	即将发布	产品、服务	ISO	

（六）引导消费者改变观念

消费者才是碳标签的最终使用者，只有消费选择了这种产品，才能说明这项技术是正确的，是符合市场规律的。虽然环境和经济的发展，人类的消费也逐渐由盲目消费向有目的和选择性的消费转变，但消费者的行为决定了碳标签的实施效果。目前，实施碳标签技术的企业少之又少，消费者对其了解得也不多，如果不及时告知消费者，即使企业实施了，也无济于事，所以国家政府、企业要积极引导，改变以往的消费观念，树立正确的消费观念，利用舆论的力量推动这种技术的不断延伸与拓展。

随着社会的发展，人类的消费观念经历了注重感官和直观刺激的冲动型消费、盲目的攀比型消费、随波逐流的盲从消费、强烈表现自己的炫耀型消费、入不敷出的超支型消费和令人痛心的浪费型消费，这些错误的消费观念，导致了错误的消费，因此，要引导人们正确消费，向低碳发展。只有这样，才能引导消费者正确消费，促进碳标签在消费者心中的印象，成为消费者有选择性消费中的一个选择。

第三节　中国碳标签制度的发展

一　中国碳标签的发展历程

2009 年 6 月，中国标准化研究院和英国标准协会在北京共同主办了 PAS 2050 中文版发布会，以此来推动建立碳标签制度在我国的试点工作。2009 年 11 月，在江西南昌召开的首届世界低碳与生态经济大会高层论坛上，环保部表示将以中国环境标志为基础，探索开展低碳产品认证。2010 年 1 月，全国质量监督检验检疫工作会议表明，2010 年我国将围绕低碳经济发展，大力加强食品、节能环保等领域的低碳认证工作。同时，积极推动认证认可多边和双边国际互认，可见，我国已经开始采取措施、确定实施方案和标准，以保障标签制度的顺利进行。

目前，中国还没有公认的、完整的、可实行的碳标签体系，由我国发改委和国家认监委共同制定的《低碳产品认证管理暂行办法》于 2013 年 3 月公布，我国在这个基础之上建立了统一的低碳产品认证制度，以规范低碳产品认证活动，引导生产和消费。中国环境标志低碳产品认证是国内首个低碳产品认证标准体系，由国家环保部在中国环境标志的基础上修改而成的，认证指标包括能耗、有毒有害物质、污染排放、人体健康等多个指标，低碳认证则是在此基础上对其能耗指标的再次评估。珠海理想科学工业有限公司生产的数字式一体化速印机，首批获得了中国环境标志低碳产品认证。

目前一些顶级公司积极构建绿色供应链减少碳足迹，为打造绿色产业品牌，对产品进行全流程节能减排管理。华为公司正在深度挖掘集成供应链上各物流环节的节能减排重点，而海方科技公司研制发明的特种环保新材料——方形纸管技术，填补了国内空白，产品符合华为公司构建绿色供应链要求，因此华为公司主动要求大批量采购海方科技公司的特种纸类新材料，用作通信设备的包装。据华为公司发布的 2011 年度可持续发展报告显示，2011 年华为共推动了 27 家供应商通过了华为绿色伙伴认证，与此同时，其主设备绿色包装应用比例达到 79%，回收率达到 85.8%，合计减少使用森林木材 0.53 万立方米，二氧化碳减排量 1.3 万吨，采用他们的产品后，华为的绿色包装发货几乎可以将森林木材使用量降为零。目前，海方的很多客户，诸如保洁、美的、松下等，在选择包装产品时越来越把绿色、低碳因素列为重要的考虑因素（龙金光和丁雯，2013）。

碳标签同样影响着食品行业。2010 年 10 月底，一家生产海产品的企业，大连獐子岛渔业通过 SGS 集团（SGS 集团是全球领先的检验、鉴定、测试和认证机构，公司前身是法国谷物装运检测所，1878 年成立于鲁昂。1919 年，公司在日内瓦注册，取名 Société Générale de Surveillance）对其虾夷扇贝产品的碳足迹计算，并获得相应的产品碳足迹标识，即"碳标签"，这是国内食品行业首个碳标签认证食品。实际上，国内包括服装加工、照明灯具等其他多个行业都已纷纷尝试碳足迹认证。

纺织服装的生产过程涉及印染等高污染环节，因此纺织服装的碳标签备受各界关注。根据环境管理公司的测算，一条重量约 400 克的涤纶裤子，如果它的原材料由中国台湾生产，加工成衣的过程在印度尼西亚完成，最后再运往英国销售，假定它的使用寿命为两年在这两年间用 50 摄氏度的水在洗衣机里进行清洗 92 次，洗完之后再用烘干机进行烘干处理，并且使用两分钟的电熨斗熨烫，这样这条裤子所消耗的能量大约为 200 千瓦时，相当于排放 47 千克的二氧化碳。中国是全球最大的纺织服装生产国和出口国，按照这一数据进行计算，中国每年服装行业的碳排放量无疑是惊人的。而且在美国一些发达国家，已经出现了在服装上张贴碳标签的做法。香港制衣训练局成立了服装企业可持续发展联盟，计划在服装生产进行低碳流程设计，并转化为成衣上的碳标签。在全球，越来越多的跨国公司将碳标签作为供应商的必备条件，否则可能无法进入其全球采购系统。

陶瓷业是传统公认的高碳行业，而佛山 BOBO 陶瓷公司生产的低碳陶瓷，其厚度不到普通陶瓷的一半，硬度却较之强 30% 左右。据业内人士测算，将传统瓷砖的厚度由 10 毫米降到 4.8 毫米，按目前市场上墙地砖 60 亿平方米年产量计算，每年瓷砖生产可节约相关原料 7200 万—12000 万吨，每年的综合能耗可减少约 306 亿千克标准煤，相当于 3 个三峡工程的年发电量，经济效益和社会效益均非常可观。佛山 BOBO 陶瓷公司自主研发生产的陶瓷薄板是国内目前最具有代表性的低碳环保建材。

虽然目前在我国还没有强制实施碳标签，但是，也呈现了很大的发展趋势。我国现在不同的行业、企业都已开始纷纷重视碳标签的地位，一些食品、电子产品等行业已经开始陆陆续续实现产品的低碳认证。碳标签是要在产品外包装上贴上产品在生命周期上里所排放的二氧化碳，现在无论学术界、科学技术还是国家政策，我国都在积极努力，不同的角色在碳标签发展的过程中起着不同的作用。所以在碳标签实施过程中，要充分发挥每个团体、组织、个人、企业、国家等不同角色的作用，促使我国跟上国际的脚步，积极走在这个技术的前沿，在世界拥有充分的话语权，提高我国在国际社会上的影响力。

二 中国发展碳标签制度的压力

目前，我国主要的贸易对象中英国、法国、美国、日本等国家都纷纷制定和实施了相应的碳标签制度，所以碳标签对我国的对外贸易额特别是出口贸易额的影响是巨大的。中国是全球最大的发展中国家和最大的出口国，一旦"碳足迹"认证，碳标签制度开始普及，我国出口商品很容易受到其他国家强制要求碳标签的限制，从而影响贸易的可持续发展。连锁零售巨头沃尔玛已要求 10 万家供应商必须完成碳足迹验证，贴上不同颜色的碳标签。以每家沃尔玛直接供应商至少有 50 家上游、下游厂商计算，影响所及超过 500 万家工厂，这些工厂大部分在中国。

2013 年春季第 113 届广交会上刮起了"绿色风"，节能、环保、低碳产品备受采购商青睐，由发达国家率先建立的碳标签准入制度，正在全球形成一股引导低碳生产和消费的浪潮，或将颠覆传统的商业模式和游戏规则。这也给处在发展初期的碳标签技术带来了契机，考虑到我国所处的宏微观环境，都迫使我国企业积极实施碳标签技术，不断地创新、探索。

根据英国梅普尔克罗夫特公司公布的温室气体排放量数据，虽然我国的人均碳排放尚未进入世界前列，但是，我国已是碳排放总量第一大国（见图 5 - 5）。按人均量排名的全球 4 大碳排放国，分别为卡达（每人 55 公吨）、阿拉伯联合大公国（38.8 公吨）、科威特（35.0 公吨）与卢森堡（27.5 公吨）。随着经济的快速发展，我们在碳减排方面应引起高度关注，来自外界的压力也正在逐渐增大。为此，我国政府高度重视碳减排责任和义务，在哥本哈根会议上，我国政府郑重承诺：到 2020 年，单位 GDP 的二氧化碳排放将比 2005 年下降 40%—45%。综合分析我国发展碳标签制度面临的压力主要来源于以下几个方面（黄亦薇，2011）。

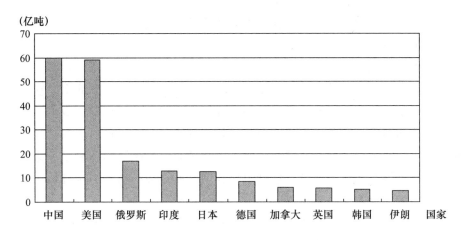

图 5 - 5 全球主要国家碳排放排行榜

（一）贸易压力

国外碳标签的实施无形中增加了国际贸易的准入"门槛"，增加贸易壁垒，如果我国的产品不符合国际标准，没有符合碳排放标准，或者产品上没有标明碳足迹，就会受到进口国的惩罚，增加出口成本，甚至直接被拒之门外。所以，我国必须加强出口产品的碳标签实施进度，才能保证我国出口的正常进行。

（二）舆论压力

自从全球变暖成为全社会关注的话题后，每个人都在自己的衣食住行上做出调整，减少自己带给社会的碳压力，如果企业只考虑自己的经济利益，而不关注社会的大趋势，那么必然被社会所谴责，其在消费者心中的位置也将会跌入深谷，反而不利于获得经济利益。

（三）环境压力

这里的环境包括自然环境和人文环境，自然环境的恶化要求人类进行反思，如果继续破坏自然环境，对自己的行为不负责任，自然环境必然报复人类，目前国外都在实施碳标签技术，在这个大的宏观环境中，如果我国不主动出击，必然落后于其他国家。

（四）竞争者压力

无论是国外的还是国内的竞争者，它们的决策在很大程度上都影响着国内企业的行为，在碳标签纷纷出现的国际国内大背景下，如果国内企业坐以待毙，那么竞争者就会取得优势，不利于自身的发展。所以要想在竞争中取胜，就必须创新，拥有核心竞争力，才能在竞争中立于不败之地。

（五）相关政策

首先在国际层面，我国政府已经公开表示我们的减排承诺。在国内，为了加快落实节能减排的任务，我国已经将环境指标纳入政府的绩效考核体系中，成为各地政府部门的约束性指标。并且针对企业，我国政府也制定了一系列的碳减排政策，对相关企业做出了明确要求，碳排放权交易等都在稳步推进，这就迫使我国一些企业不得不为减排做出努力，积极迎合国家政策。

基于以上几个方面的压力，使我国获得碳标签发展的不竭动力，这反映了我国发展碳标签的潜力还是很大的。

三　碳标签对中国经济社会的影响

碳标签无论从研究角度还是从应用角度来看，都处于初级阶段，但是，随着社会各界对气候变化关注程度日益提高，对国际贸易产品的碳足迹进行了统一测量，推广碳标签的使用指日可待。假如碳标签像其他标签一样普遍应用在国际贸易中，就有可能被某些国家滥用来设置贸易壁垒，致使碳标签成为贸易保护的有力工具（吴洁和蒋琪，2009）。

（一）碳标签对国际贸易的影响

目前，发达国家的碳标签技术比较成熟，而发展中国家对这种技术的掌握甚少，那么在国际贸易中，发展中国家将处于不利的地位，发达国家强制加注碳标签，在一定程度上限制了发展中国家的贸易发展。另外，从碳排放角度对贸易产品生命周期的初步分析已经表明，这个认证过程十分复杂且成本巨大。发展中国家的商品要想获得碳足迹的认定和碳标签的加注，须负担一定的时间成本和不菲的申请价格，这是依靠低廉的劳动力获得微薄利润的发展中国家厂商难以承担的。

在世界贸易组织还缺乏完善的环境与贸易协调处理机制之时，发达国家强制加注碳标签，很容易滋生"借环保之名，行贸易保护之实"

的问题。发展中国家一方面由于国内技术水平较低，很有可能会导致较高的温室气体排放，往往具有较高的碳足迹，但是，环保型的生产方法和技术由于需要较高的投入，发展中国家又难以在短期内引进和采用，照此下去，碳标签可能成为潜在的市场准入障碍和绿色贸易保护主义。

碳标签的实施也会给国际贸易带来一定的风险。目前一些企业已经开始使用碳足迹来确认它们的供应链中的碳集中排放区域，并针对这些区域采取减排措施，所以，虽然消费者根据商品的碳标签自行选择减少自己的碳足迹，碳标签体系在未来的作用会越来越大，但是，如果这些体系在设计上存在一些问题就另当别论了。因此，碳标签的推广使用还需要不断地研究、改进。

（二）对国内经济的影响

尽管我国也在逐渐实施低碳技术，但我国企业很难在短时间内获得先进的、有益于减缓温室气体排放的技术。由于中国的碳排放强度远远高于发达国家，中国企业要想获得碳足迹的认定和碳标签的加注，势必要被迫购买先进的生产技术或高昂的原材料，这对长期以来依靠低成本优势获取国际市场份额的中国企业而言，显然是难以接受和面对的，有专家评估认为，成本可能会提高 20%—30%（李自琴，2013）。

减排就意味着更先进技术的开发和利用，意味着化石能源用量减少或能源资源替代，资源的效率提高，因此，企业为了实现低碳化生产，不得不安排专项资金和人力投入到研发相关技术的活动中来，进而带动企业环境技术创新积极性的提升，企业技术管理水平的提高，促进企业制定更加前瞻性的环境战略，如此等等，碳标签的推广使用将有助于推动我国节能环保产业的健康快速发展。如果说生产端的技术革新周期长、投入大、风险高，那么低碳认证则可以发动消费端推动节能减排。也就是说，国家将给货真价实的低碳产品认证书，一旦产品被贴上低碳产品的认证标志，消费者将能够放心选择购买，从而推动企业进行管理和技术创新，努力开发低碳产品，影响和带动产业升级。

（三）对消费观念的影响

随着人类开始关注环境以来，消费者的观念正在发生改变，低碳发展、绿色环保的消费理念正在逐渐成为公认的事实，碳标签的实施正是适应这一形势产生的。但是，这种技术的投入会增加企业的成本，也就意味着实现碳标签实施就要耗费大量的资本，进而增加产品的价格。而价格作为影响消费者购买选择的首要因素，这会成为低碳产品市场推广的一大"瓶颈"。在同等条件下，由于没有实施碳标签，其产品价格中就没有包含碳标签的认证和监测费用，进而其成本就低一些，那么产品价格就会低于实施碳标签产品。因此，当消费者面对同类不同价的产品，在进行购买选择时就会倾向于那些没有标识碳足迹的商品。为此，在价格还是影响消费选择的重要因素的当前，有关部门应积极倡导绿色健康的消费观念，努力改变为了追求生活方便而不顾生态成本的观念。

随着碳标签理论的扩散、碳标签制度的推广、低碳政策的支持，消费者逐渐地改变已往的消费观念，这种行为在人群中扩散，越来越多的人喜欢上低碳产品，环保消费逐渐成为社会主流。事实上，消费者的选择同样激励着制造商及时调整产品开发、生产和销售计划，并在技术可行、经济合理的情况下，开发出对环境友好的技术和产品，推动产品向低碳转换。结果会出现，不使用绿色环保材料的产品越来越无人问津，而使用低碳环保材料的产品则备受青睐，这种消费理念和消费市场一旦形成，就会大大促进碳标签的发展，企业低碳生产有了广阔的市场支持，就能将更多的精力、财力、人力和物力投入研发低碳产品活动中去，变相地降低了企业的碳标签实施风险，加快了企业的研发投资回收周期。相反，碳标签的普及，当大量的产品都相继贴上了这种标签，那么消费者从自愿—被迫—自愿消费，消费观念逐渐由单纯的产品价格观念转向生态环保。

（四）对我国现有能源消费结构模式的影响

改革开放 30 多年来，中国经济社会发展取得了令人瞩目的成就，国内生产总值由 1978 年的 3645 亿元一路飙升到 2014 年的 636138.7 亿元；人均国内生产总值则由 1978 年的 241 美元迅速攀升到 2014 年的 7574 美元。但中国仍未完全摆脱高投入、高污染、低效益的传统工业化模式。由于我国调整产业结构在一定程度上受到资源结构的制约，提高能源利用率又面临着技术和资金上的障碍，以煤为主的能源资源和消费结构在未来相当长的一段时间将不会发生根本性的改变，使得中国在降低单位能源的碳强度方面比其他国家面临更大的难度（见表 5－5）。

表 5 - 5 　　　　　　　2009 年世界主要国家一次能源消费构成及总量

国家或地区	石油 （%）	天然气 （%）	煤炭 （%）	核能 （%）	水电 （%）	总量合计 （百万吨标准煤）
美国	38.63	26.98	22.82	8.72	2.85	2182
加拿大	30.39	26.69	8.3	6.36	28.26	319.2
墨西哥	52.45	38.42	4.17	1.35	3.61	163.2
巴西	46.21	8.11	5.18	1.28	39.22	225.7
芬兰	39.6	12.8	14.8	21.6	11.2	25
法国	36.17	15.87	4.18	38.4	5.38	241.9
德国	39.3	24.22	24.49	10.52	1.47	289.8
俄罗斯	19.66	55.2	13.05	5.82	6.27	635.3
瑞士	41.84	9.18	0.34	21.09	27.55	29.4
欧洲合计	32.99	34.39	16.48	9.57	6.57	2770
中国	18.59	3.67	70.62	0.77	6.39	2177
印度	31.67	8.59	52.42	2.2	5.12	468.9
日本	42.6	16.96	23.45	13.39	3.6	463.9
世界总计	34.77	23.76	29.36	5.47	6.64	11164.3

资料来源：国际能源署，世界能源统计。

　　从表 5 - 5 世界主要国家的能源消费总量及一次性能源消费构成可以看出，我国的一次性能源消耗总量仅次于美国，位居世界第二，而且煤炭资源的消耗量占我国整体消耗量的绝大部分，而诸如核能、水电等新型环保能源则占比较小，和其他诸如法国、巴西等运用新型能源率较高的国家相比，我国在利用新能源上处于弱势地位，我国的能源消耗依旧是传统能源占据着主导地位，作为不可再生资源而言，我国应及时采取对策，应对资源的耗竭，以实现可持续发展。

　　低碳之风越来越具象为一个个产业标准，一方面推动企业转型升级，另一方面加速了各行业的洗牌。碳标签的实施促进了低碳经济的发展，改变了经济的发展模式，其发展对于每个国家来说既是机遇也是挑战，在产生积极方面的同时也带来了一些消极的影响，在其发展的过程中谁掌握了核心技术，谁就获得优势地位，谁就拥有更大的主动权。对于我国来说，碳标签的技术对我国对外贸易、国内贸易、消费观念、能源消费，甚至产业结构都产生了巨大的影响，在这些方面产生了积极的效果，同时也给我国带来了很大的经济负担，尤其是在我国发展不足的地方，相对于其他国家处于劣势，那么对我国的发展就会产生消极的影响，所以，我国应该积极发展碳标签技术，弥补不足，向国外借鉴经验，努力发展我国的碳标签技术。

四 碳标签在中国发展的可行性

（一）建立碳标签制度的法律依据

我国《环境保护法》第六条规定："一切单位和个人都有保护环境的义务，并有权对污染和破坏环境单位和个人进行检举和控告。"此项规定确定了在环境保护领域上的公众参与原则，即指公众有权通过一定的程序和途径参与一切与公众环境权益相关的开发决策等活动，并有权受到相应的法律保护和救济，以防止决策的盲目性，使该项决策符合广大公众的切身利益和需要。政府有保障公民参与环境决策的义务，鉴于公民和企业环境信息的不对称，实施碳标签法律制度，是保障公民参与环境决策的有效途径。

我国《消费者权益保护法》第八条规定："消费者享有知悉其购买、使用的商品或者接受的服务的真实情况的权利。消费者有权根据商品或者服务的不同情况，要求经营者提供商品的价格、产地、生产者、用途、性能、规格、等级、主要成分、生产日期、有效期限、检验合格证明、使用方法说明书、售后服务，或者服务的内容、规格、费用等有关情况。"此项规定确定了消费者的知情权，当然，包括环境知情权。当消费者选择商品的时候，碳标签标注的产品碳足迹信息将会是消费者知悉产品对环境影响的主要途径，满足其环境知情权。这将会影响消费者的理性选择，进而通过市场竞争机制促进企业的低碳选择。

（二）建立碳标签制度操作的可行性

1. 碳标签制度理论研究的逐渐成熟

近些年来，国内外大批的学者开始对碳标签进行研究，越来越多的人开始熟悉这种技术。一些学者对碳足迹的技术标准、碳排放量的测算与评估、碳标签的使用等着手研究，而且这些理论正在不断地得到改进和优化。虽然现在对于碳标签制度的研究无论在理论上还是在实践上都还处于初期阶段，但终究会被广大企业和消费者所接受，并且得到政府政策的强力支持，在碳标签使用过程中遇到的障碍也将会被一一消除。

展望未来，随着理论研究的不断深入和理论体系的日渐完善，这种技术在市场上也会得到很快推广，碳标签的实施也是势在必行，所以碳标签在我国实施存在必然性和必要性。

2. 碳标签技术的不断创新

随着国际碳标签制度的推进，越来越多的国内企业开始接受和认识碳标签技术，碳标签技术在各行各业的实际应用中被不断改善和升级。国内企业一方面借鉴国外的先进经验和成熟模式，另一方面不断地提高自身的创新能力，甚至一些企业在碳足迹计算、碳减排等技术方面取得很大的创新，率先掌握了这种前沿技术。因此，在节能减排的国际国内大背景下，随着碳标签技术的日臻完善，我国建立碳标签制度的可行性就会越大。

3. 碳标签政策的支持

碳标签技术是在全球共同应对气候变化的国际大背景下产生的，并已经在实践中证明，实施碳标签制度既可以积极引导低碳消费模式，又可以提升企业的减碳积极性，切实有助于低碳经济发展。因此，作为一个能源消耗大国和碳排放大国，我国政府高度重视碳标签制度，并出台了一系列的相关政策，采取宏观政策调控措施和市场机制相协调的做法，大力宣传和营造低碳消费，在实践中践行降低能源消耗、减少温室气体排放的承诺，为我国碳标签技术扫除障碍，提供支持。

4. 碳标签消费市场的日渐兴起

随着我国居民生活水平和国民综合素质的提高，低碳消费正在悄然兴起。社会公众对环境的关注度越来越高，对环保产品的认识也更加主动、了解也更加科学，逐渐意识到可持续发展的重要性和紧迫性，在此背景下，使用和推广碳标签制度具有良好的消费市场基础。此外，通过碳标签的标识使得消费者和企业进行产品碳信息的有效沟通，尤其是在存在环境外部效应的情况下，市场均衡偏离帕累托最优，为达到帕累托最优，实施碳标签技术，使外部成本内部化，不失为解决环境外部性问题的有效途径之一。通过实施碳标签制度，以消费者的理性消费间接地促进企业进行低碳选择。

五　我国碳标签的发展策略

哥本哈根会议后，全球经济发展面临着新的机遇和挑战，如何深入研究国际碳标签制度，建立我国完善的碳标签体系，从而提升我国企业在国际市场上的话语权，是目前急需解决的问题。总结我国近几年的发展情况，认为中国碳标签市场发展要采取如下发展策略。

（一）完善碳标签体系

虽然我国已经借鉴了英国 CarbonTrust 公司的 PAS 2050 标准及国际标准组织有关温室气体排放的标准 ISO 14065，设计了中国碳标签体系的基本框架，但目前我国还没有建立公认的、完善的碳标签体系。因此，在未来我国应不断创新，设计出更加完善的碳标签体系，为碳标签在中国的实践应用提供完善的制度保障。

（二）特定地区和行业的碳标签试点

碳标签发展前景虽然很广阔，但是，也要有重点地进行，然后依次推广。总结国际经验后发现，国外很多国家都是从某个行业、某个企业开始使用碳足迹、碳标签的，在以后的发展道路上才会少走些弯路。因此，我国的碳标签制度也将采取试点先行后推而广之的做法。目前我国主要在食品、电子产品等领域初涉碳标签，今后将在更加宽广的领域实施碳标签技术。

（三）自愿与强制性并举

气候变暖威胁着每个人的生命健康，所以，每个人都有责任承担起属于自己的那一份责任。从国际惯例来看，在碳标签实施前期，一般都是一些实力较强的企业自愿作为试点，作为先锋首先尝试，如华为主动发起采购节能、低排放量的产品，在发展过程中研究其可行性，并寻求经验。但是这种技术毕竟会存在风险和成本，所以，一些企业可能会逃避责任，这就需要国家的强制力量，威慑不负责任的行为。

（四）增强低碳经济的舆论力量

舆论在社会上起的作用是非常重要的，而舆论的主要执行者是消费者，要让消费者知道选择的重要性，在选购的过程中有意识地选择低排放量的产品。一方面，给企业施加了压力，迫使他们重新定位自己的产品，在生产的过程中加以改进；另一方面，保护环境，维护人类的身心健康，所以我国应该加强宣传教育，将这种思想根植于每个人心中。

（五）科技创新，加强减排

"科学技术是第一生产力"，掌握了核心技术，就拥有了决定权，不仅能够提高我国在世界上的光辉形象，还能够依靠成熟的技术，推广这种技术。另外，技术成熟了，那么在实施的过程中就减少了很多障碍，所以，我国应该加强技术的研究，争取走上世界前沿。

六　加快我国碳标签发展的政策建议

（一）建立统一的市场化的碳标签市场

1. 没有市场化的碳标签市场就不可能有真正意义的碳标签体系

由于低碳经济时代到来，改革产品，实施碳标签制度是不可避免的。积极稳妥地推进能源资源碳标签改革，形成能够反映市场供求关系、污染治理的碳标签制度。建立健全生态补偿机制，促进企业和全社会降低消耗、减少排放、保护环境，建立市场经济条件下的节能机制。为了提高资源配置效率，实现产业转型、促使国家经济结构发生根本调整，国内必须推进碳标签制度，建立一套更能反映市场运行规则的运营机制。发展低碳经济必须充分运用市场机制的激励作用，仅靠政府的规范和单纯地运用强制性规章制度无法构筑低碳经济条件下的碳标签发展的持久动力。相反，只有适当引入经济激励机制，发挥"看不见的手"的作用，才能激励人们节约资源与保护环境的自觉性，最终才能实现经济活动与环境保护协调发展。

2. 必须建立统一的市场化的碳标签市场

与欧美国家的碳标签市场相比，我国分散而隔离的碳标签市场不论是在规模上还是在功能上都有很大的差距，组建国家级的碳标签市场不仅十分必要，而且迫在眉睫。中国必须参与构建全球碳标签市场，中国作为世界上最大的碳排放国家，必须为自己的行为负责，如果我们放弃了参与，那么就放弃了话语权，因此，我们必须重视我们的话语权和参与权。另外，碳市场具有连接绿色金融和绿色技术的功能。参与构建碳标签市场，既可以成为中国在金融危机中参与国际金融体系构建的突破口，也可以成为解决我国节能减排事业发展的"瓶颈"——绿色技术应用不足问题的有效途径。利用碳标签市场机制，借助绿色发展驱动，是发展低碳经济的必由之路。

（二）加强企业宏观和微观管理

碳标签的实施很有可能增加企业的成本，导致一些企业不愿意实施这种技术，但是，如果企业能够加强管理，在其他部分减少成本和额外的支出，抵减企业在实施碳标签技术上所增加的成本，或许还可能创造很大的附加值。如果企业没有实施碳标签，那么企业对环境的关注就会减少，增加对环境的危害系数，一旦不符合国家规定的标准还会受到惩罚，反而进一步增加了其成本。特别是对于国际贸易中的产品，一旦不符合国际准入原则，就会增加碳关税，这样不仅不会减少成本，还会使企业遭受更大的损失，损害企业形象等，这些都是不容忽视的，而碳标签则会给企业带来很大的发展机遇。碳标签可能成为一种新的贸易壁垒，如果我国不给予足够的重视，将会对我国出口产品造成严重影响，不利于我国经济的发展。所以，为了解决碳标签实施带来的成本问题，企业应该加强管理，培养管理型人才，将企业的各个环节都治理有序，降低企业的生产经营成本。

（三）建立中国碳核算系统，科学测定碳排放量

1. 积极探索碳排放的测量理论和技术方法

对于碳排放的测量方法和标准每个国家都不尽相同，关于国内企业的碳排放研究要基于中国的基本国情。当前中国正处在发展时期，与发达国家处在不同的历史进程中，所以，我国要加大对碳标签的理论研究，沿着科学求实的方向进行，在借鉴国际先进研究成果的同时，保持一定的独立性和特殊性，争取为中国政府的相关管理部门和各个企业提供切实可行的技术支撑。关于企业碳排放的评价方法，中国需要建立一套量化能源使用和温室气体排放的系统，此系统必须以增长为导向，透明、精确、可靠、符合国际标准。

目前我国存在着不同的碳排放核算方法（见表5-6），每种方法各有利弊，都有自己的特点和适用范围，每个行业甚至每个企业的碳排放测量标准都不尽相同，不同的行业应根据行业的特征、企业的发展规模、不同核算方法的特点选择合适的测量方法，根据这些技术方法的优缺点不断地改善，只有这样，才能保证数据的合理性和精确性。因此，制定出完善的碳排放核算体系，对于保证整个市场秩序的正常运转非常重要也非常有必要。

表5-6　　　　　　　碳排放核算方法比较

方法	输入	输出	适用范围	特点
IPCC清单法	燃料消费量、排放系数	二氧化碳排放量	化石燃料燃烧	技术简便、实用

续表

方法		输入	输出	适用范围	特点
实测法		空气数量、二氧化碳浓度和转换系数	二氧化碳排放量	土地利用变化与森林	精确、检测要求高
物料衡算法		投入物料总和	二氧化碳排放量	工业生产	需要完备基础数据记录，结果可靠
影响因素分解法	IPAT 模型	人口规模、人均 GDP、二氧化碳排放强度	二氧化碳排放量	化石燃料燃烧	线性分析
	STIRPAT 模型	人口规模、人均 GDP、二氧化碳排放强度	二氧化碳排放量	化石燃料燃烧	非线性分析
	Kara 模型	排放强度、能源强度、人均收入、人口规模	二氧化碳排放量	化石燃料燃烧	动态变化分析
	LMDI 分解法	排放强度、能源结果、能源强度和经济发展	二氧化碳排放量	化石燃料燃烧	动态变化分析
	Lespeyres 分解法	总产出的变化、产业结构的变化、各产业部门碳排放强度变化	二氧化碳排放量变化	化石燃料燃烧	动态变化分析

2. 加快行业碳排放评估体系的建设

首先，碳排放评估体系的建立要根据不同行业的发展情况有序进行。由于我国各个行业的差异比较大，可以从行业发展比较整齐、流程相对简单的行业入手开展碳排放评估研究。例如，中国钢铁行业的发展已经步入世界的先进行列，拥有世界上领先的钢铁冶炼技术，并且行业流程相对简单，是开展碳排放评价研究的首选。由于碳排放是一个全球性的问题，所以，中国企业中拥有较大出口量的行业也是研究的重点，比如焦炭行业和稀土行业，特别是稀土行业，全球 95% 以上的稀土都是由中国生产供应的。

其次，要加紧研究企业碳排放标准的衡量体系，对不同行业设定排放上限，制定出碳排放总量的"红线"。最后，要尽量量化行业碳评估体系，对每一个可以量化的要素进行当量量化和权重的确定。

3. 加强对碳排放的监督

国家应该设立具有较高技术水平的官方监督与管理机构，对碳排放主体的碳排放量监督及对排放超标的主体执行行政处罚，以加强碳排放全市场的有序进行。政府可以在一定的时期内，如半年或一年，检查排污企业排放数量是否与所拥有的排放许可证数量一致，并惩罚无证排放行为。

（四）大力发展低碳经济

低碳经济作为一种可持续发展的经济模式，既符合我国经济发展的需要，同时兼顾了温室气体的减排需要，我国应该出台相应的政策、法律文件来保证低碳经济模式的正常运行。

1. 培养新型产业、优化产业结构

产业结构对碳排放会产生较大的影响，同等规模或总量的经济，如果技术水平相同而产业结构不同，则会导致碳排放量有很大的差别。以工业制造业、建筑业和交通运输业为代表的第二产业是能源大户，需要消耗大量的能源。我国正处在工业化高速发展时期，第二产业在一定时期内还会获得较快的发展，这也是我国发展的客观需求。所以要根据我国的具体国情，调整产业机构，倡导产业低碳化，这是我们急需解决的重要问题。

以新能源和可再生能源为代表的低碳产业是一个潜力无穷的朝阳产业。无论从产业盈利潜力还是创造就业机会来看，低碳产业都是未来蓬勃发展的朝阳产业，这也是中国发展低碳经济、走向低碳社会的原因，所以，我国要大力发展低耗能产业，优化产业结构。

2. 加大科研投入、开发低碳经济技术

低碳社会建设离不开研究人员的创新和密切配合，要做好低碳经济社会下的科研创新，必须从两个方面入手。一方面，理论创新。对低碳社会进行全方位研究，理论创新往往先于实践创新。英国和日本于2006年成立了专门的低碳社会研究小组，每年召开一次会议探讨如何构建低碳社会。目前我国国内研究资源还没有充分整合，需要进一步整合资源以实现存量整合和增量扩张的目的。另一方面，技术创新。当前的能源技术，从根本上讲，具有逆生态性，单纯地考虑了经济效益而忽视了技术的生态效益，而低碳技术与生态环境具有内在的和谐共生性，因此技术创新要由单一的经济性指标向生态化转变。低碳社会是在严峻的环境问题下应运而生的，其建设具有长期性和艰难性，单纯地靠政策的支持还不够，必须从根源上解决问题，创新技术，减少温室气体的排放，解决生态危机。所以，对于碳标签的发展不但需要理论上的创新而且需要技术上的创新，一般情况下，以理论为先导，随着理论的成熟和其观念深入人心，就会引起实践上的创新，理论与实践相结合，必然创造出新的成就。在碳标签发展初期，要加大对碳标签技术的理论研究，包括碳标签体系、碳排放等各种相关知识，然后将此付诸实践，促进碳标签在我国的发展。

3. 制定经济激励措施、促进低碳消费

我国要将政府的宏观调控和市场调节相结合，两手并举，加强协调，运用市场手段，加强经济激励。许多国家都根据燃油效率和环保性能制定车辆税费标准和政策，针对消费购置新型、清洁和高能效汽车给予税收减免。这种激励措施已经开始在国外陆续实施，如美国为鼓励消费者使用节能设备和购买节能建筑，对新建节能建筑实施减税政策，凡是在 IECC 标准基础上再节能 30% 以上和 50% 以上的新建建筑，每套房可以分别减免税 1000 美元和 2000 美元。德国对风力发电进行投资补贴，对风电项目和光伏发电项目实施低利率。

4. 激发公众参与，构建低碳社会模式

公众参与低碳经济处于不可替代的核心地位，人的意识和观念在推进低碳经济前进的过程中会发挥积极的主观能动作用。各国在发展低碳经济的过程中，都积极将公众纳入低碳经济发展的相关利益者模型中。只有公众从根本上理解了低碳经济的意义，并愿意为此而注意节约能源，增强减排意识，低碳经济才能真正进入寻常百姓的生活里，在全社会倡导一种文明、健康、绿色的低碳经济，让消费者大众从生活的点点滴滴做起，节省含碳产品的使用，实行可持续发展的消费模式，为实现低碳经济和低碳社会做出贡献。我国建立完善的低碳经济发展模式，才能从真正意义上减少碳排放，克服我国在国际上的劣势，争取我国在实施碳标签制度上的优势，不断地发展，走在世界的前沿。

（五）建立健全碳标签法律体系

国家的支持和健全的法律，对于碳标签的实施非常重要，碳标签实施是一项艰巨的任务，在其发展的过程中必然会遇到很多的障碍，如果仅靠市场的调节作用，很有可能造成市场秩序的混乱，反过来造成了碳标签实施的困难局面，所以，为了遏制这种恶性循环，避免在实施的过程中造成很大的负面影响，必须加强政府管制，并且完善弥补我国法律文件上的缺失。

1. 市场机制和政府干预缺一不可

哥本哈根会议之后，气候的变化引起了全球社会的广泛关注。随着各个国家探索低碳经济发展模式，碳标签应运而生。各个国家都在积极研究，努力探索，英国是最早实施碳标签的国家，其他国家也陆陆续续开始实施，综合每个国家的发展经验，可以发现，在发展碳标签的过程中市场和政府相协调而发展，而不是单一地由市场导向或者政府控制实行。一般来说，以市场调节为主、政府宏观调控为辅的原则是发展经济的规律，对于碳标签的发展也不例外。在碳标签的发展过程中，一些国家颁布了相关的条例和法律，来保护碳标签的实施，然后引导一些企业逐步实施，继而市场通过调节，其他企业为了保证自己的竞争地位，在行业里保持自己的形象，也开始着手实施，这时市场发挥着作用，通过竞争引导其他企业进行，在碳标签实施后期，很有可能导致产品价格的上升，市场就会发挥价格调节机制，来规范市场，所以市场调节和政府调控相互配合，有利于碳标签的发展。

如果我国在实施碳标签的过程中仅依靠政府的力量，依靠政府的强制力量来保证实施，不仅失去了灵活性，而且强制一些企业和消费者可能会带来一些负面的影响。同理，如果只依靠市场的调节，则会造成市场的混乱，缺乏管制，而且市场调节还具有自身的缺陷，盲目性、浪费性，这些对于碳标签的实施都是不利的。因此，市场和政府，如果偏向任何一方都难以规避各自的弊端，不但不利于碳标签的发展，反而会扰乱市场形成混乱。所以，我国在实施碳标签的过程中必须把握好度，如何分配市场调节和政府调控，两者必须相互配合，缺一不可。

2. 努力践行，提高我国在国际上的影响力

碳标签的实施给我国既带来了机遇也带来了巨大的挑战，面对这样的情形，我国应该积极克服障碍，发现机遇，发展我国碳标签制度，提高我国在国际社会上的影响力。一方面，碳标签的实施可以提升我国在国际社会的软实力。气候变化引起了世界人民的担忧，各国都在积极采取措施以缓解气候变化的压力，如果我国能够从其他国家在技术上和研究上有缺陷和有待证明或继续着手的方面入手，并提出合理的科学的实施方法，建立完善的体系，我国就掌握了先机，走在其他国家的前面，这将对社会环境的发展带来很大的帮助，在一定程度上反映了我国对人

类社会环境的关注，在世界人民的面前树立了良好的形象，改变了我国在其他国家心中的印象，提升了我国的软实力。另一方面，碳标签的实施可以提升我国在国际社会的硬实力。我国积极发展碳标签，在碳足迹测量技术，碳标签制度体系的完善方面有更大的进展，在技术、管理上取得重大的突破，不仅领先其他国家，而且在国际社会上拥有话语权，这将大大提升我国的硬实力。

如果一个国家的软实力和硬实力都得到了提升，必然提高其在国际社会上的综合实力。综合国力反映了一个国家在国际社会上的地位和影响力，我国是世界上最大的发展中国家，如果我国能够成功实施碳标签，我国的国际地位就会得到提升，避免发达国家依靠自己强大的优势，对我国进行控制，失去了主动权。

国家发改委能源研究所研究员姜克隽指出，2007 年中国的二氧化碳排放量超过了美国，成为世界上最大的排放国家。到 2010 年，中国的碳排放量已经等于美国加上欧盟的总和，2013 年中国占全世界二氧化碳排放量的 32% 左右。为此，中国政府加大力气，开展能源结构调整和节能减排工作，建立环境污染责任追查制度等，治理大气污染的力度前所未有，并初见成效。根据国际能源署发布的 2015 年碳排放初步数据，显示在全球经济增速高于 3% 的前提下，全球与能源有关的二氧化碳排放量约为 321 亿吨，与 2014 年的 323 亿吨基本持平。国际能源署署长法提赫·比罗尔表示："新数据证实了 2015 年令人惊奇的好消息，现在我们已经连续两年看到了温室气体排放与经济增长脱钩。"据悉，2014 年全球碳排放量在四十多年来首次与上年持平。事实上，自 1974 年国际能源署记载碳排放信息以来，只有四个阶段出现过碳排放停滞不前或较上一年同期下降，前三个分别是 20 世纪 80 年代初、1992 年与 2009 年，这三个阶段与全球经济疲软有关。但 2014 年与 2015 年全球经济增速分别为 3.4% 和 3.1%。国际能源署指出，这主要得益于中国和发达国家更多使用绿色能源。从全球看，煤炭消耗量下降了约 2.3%，这是 40 多年来的最大跌幅。尤其是中国 2015 年能源行业的碳排放下降了 1.5%，且煤炭使用量持续减少。2015 年燃煤发电占中国电力的比重不到 70%，比 2011 年少了 10 个百分点；水电和风电等低碳能源的比重却从 19% 跃升至 28%。

3. 加强国际合作，达成共赢

国际关系既存在竞争又存在合作，竞争可以促进国家不断进取，努力发展，合作则能实现优势互补、合作共赢的局面。我国要用开放包容的态度来对待竞争，允许各个国家在竞争当中发挥各自的比较优势，挖掘本身的潜力和活力，从而实现共同发展。同时我国主张在平等公平的基础上来开展竞争，反对在经贸问题上搞政治化，反对双重标准，也反对歧视性的待遇，在实现自身利益的同时，要照顾对方的利益，要懂得换位思考，不能以邻为壑、损人利己，更不能人为地设立对手，树立对立面。

"共赢"是对中国长期外交实践的总结、提炼和升华。改革开放全面打开了中国同外部世界开展互利合作的大门。2001 年加入世界贸易组织是中国全面融入世界的里程碑。党的十八大以来，中国本着互利共赢的精神，全方位推进对外友好合作，同世界的相互依存和利益交融日益加深，既为自身发展营造了良好外部环境，又为世界的繁荣稳定做出了重要贡献。在碳标签制度的实施上，我国依然坚持这样的信念，"合作共赢"。目前，碳标签技术大都掌握在发达国家手里，我国对这方面的研究涉入还不够深入，所以我国应该积极努力向其他国家学习，借鉴发达国家先进的技术、管理经验，同时我国还应该努力帮助那些落后的国家，实现碳标签在其他国家的正常实施，因为碳标签的实施不是一个国家的事情，它关系到全人类的发展和健康，只有各国之间相互帮助，优势互补，才能实现全人类的健康发展。

（六）加强碳标签的宣传教育活动

消费者大众作为产品的终端，是碳标签实施过程中的一个重要环节，要让公众在尽可能短的时间内对碳标签有充分的了解是很困难的，我国可以通过各类传统媒体和新媒体技术、广告和相关电视节目来扩大宣传，让这种观念融入生活，自觉从生活的小细节抓起。促进了碳标签的实施，建立起正确的消费观念引导正确的消费行为，正确的消费行为进而引导正确的消费观念这种良性消费循环，促进我国碳标签的发展。

引导良性消费是指对人们的生活消费进行有意识的指导，即国家或社会群体对消费者的消费偏好、消费风气、消费知识、消费情趣等方面的教育或影响。对消费者进行正确的引导，必须坚持积极向上健康的消费观念，抵制奢靡浪费的生活方式，积极开展各种消费活动的引导与宣传活动。同时要根据生产力的发展水平来提高消费，使消费力求经济合理，要把消费引向合理利用和开发现有资源的方向，发挥优势资源产品的消费，限制短缺资源的消费。

目前，虽然仅有少部分产品试用了碳标签，但是，如果消费大众的观念得到一个新的提升和扭转，那么他们会自觉选择那少部分产品，这样做会立刻引起同类产品的竞争者的警惕，衡量利弊，综合分析出哪种行为可以为企业带来更好的发展前景。扩大宣传，增强舆论效果，引导市场朝着正确的方向发展，带领企业主动行动起来，加强管理、科技创新，增强自身的竞争力。消费者大众作为市场上的一大部分群体，有了他们的支持和努力，碳标签实施势在必行。

第六章 碳减排的市场激励机制研究

第一节 碳排放权交易理论

一 碳排放权的基本概念

碳排放是关于温室气体排放的一个总称或简称。温室气体中最主要的气体是二氧化碳，因此，用"碳"（Carbon）一词作为代表。碳排放权是指企业向环境排放碳的权利，是环境权的一项重要内容，具体是指排放者向所属环保部门申请行政许可之后所得到的碳排放量，以此为限向自然环境排放所允许的最多碳排放的权利。碳排放权交易的本质，就是把有限的环境容量资源化和有偿化，并把排放权作为一种商品进行买卖。由此可见，碳排放权交易是利用市场机制，将企业治理污染行为转变为企业自身经济活动，以实现追求利益最大化的目的。

碳排放权交易的主要程序是：政府部门通过科学核算，计算出一定区域内（如一个省或市）环境资源的容量，并根据经济发展、自然资源、环境污染等因素确定出政府允许的最大碳排放量，进而制定出排放权的初始总量。即政府以控制碳排放目标总量为前提，支持并鼓励企业，尤其是污染型企业通过技术进步和污染治理，最大限度地减少污染排放总量。实践中，由于我国政府正在实行减排总量控制政策，因此，各级政府给出的初始排放权总量往往与上一级政府下达的总量控制目标相结合。各地的环境保护部门将本地政府制定的排放权总量按照一定的分配原则，分配给具体企业，这个分配过程可能是免费发放，也可能是竞价交易，都统称为一级市场的碳排放权交易。政府给予企业碳排放权，并且允许企业将富余的碳指标在市场上进行有偿转让，这也是所谓的二级市场的碳排放权交易。当前，碳排放权交易是各国政府关注的环境政策之一，已有美国、加拿大、欧盟、澳大利亚等多个国家实施了碳排放权交易，并且取得了较好的减排效果，我国也在积极开展碳排放权交易试点工作。

二　碳排放权交易的经济学基础

在学术界中，碳排放权交易制度的经济学基础产生于经济学家罗纳德·科斯（Ronald H. Coase）在 1960 年发表的"社会成本问题"一文中。但这一制度的具体设计人则是戴尔斯（J. H. Dales），他在 1968 年出版的著作《污染、财富与价格》中第一次全面地解释了这一概念。如今，碳排放权交易经过几十年的发展，部分发达国家已能成功掌握并有效运用这一经济政策，尤其是美国，无论在理论研究方面还是在具体实践上都处于世界领先水平。碳排放权交易的理论依据主要有以下四个方面：外部不经济性、公地悲剧、稀缺资源论和科斯定理。

（一）外部不经济性

从经济学角度看，环境问题实则是经济问题。在西方经济学中，经济活动的外部性是用以解释环境问题形成的基本理论。所谓外部性，是指一个人的行为，或两个人的交易所带来的成本或收益，对第二个或第三个人的成本或收益产生直接影响，或者说，一个人并没有承担或获得他自己行为所引起的所有成本或收益。从社会角度看，所谓外部性，是指这样一种情境，即因为成本和收益不能在个人或组织间恰当地分配，以致人们宁肯放弃他们本来应该获得的利益。

经济活动的外部性分为外部经济性和外部不经济性两个方面。外部经济性又称正面的、积极的或有益的外部性，例如，养蜂人的直接经济效益是生产蜂蜜，而蜜蜂的活动却给果农带来好处。经济活动的外部不经济性，又称负面的、消极的、有害的外部性，例如，化肥厂的直接经济效益是生产化肥，而生产化肥过程中向环境排放污染物，这却使周围居民饱受环境污染之苦。在环境资源保护活动中，外部性是指人的经济活动对他人、对环境造成了影响而又未将这些影响计入市场交易的成本与价格之中。外部不经济性是经济主体忽视环境保护，不愿意在环境保护方面投资的内在原因。或者说，包括资源开发利用活动在内的经济活动的外部不经济性，是造成环境污染和环境破坏的根本原因。大部分外部性都具有公共性，即其密度或强度不因部分人的消耗而减轻对其他人的作用。例如，大气污染影响的是该地区的所有人，该地区的人口增加虽增加了受害人数，但并不能减轻其他人的受害程度，西方经济学家将这种现象称为"不可耗竭性"。由于庇古非常重视外部不经济性，因而外部性理论被称为庇古理论，它主要是由英国剑桥大学教授马歇尔和庇古在 20 世纪初提出来的。庇古在研究中发现，在商品的生产过程中存在着社会成本与私人成本的不一致，两种成本之差构成外部性。

环境污染的经济理论源于庇古在 20 世纪初关于福利经济学的分析。按照古典经济学理论，空气和水是自由财产，工厂可以自由排放污染物，因而工厂排污不构成生产成本，但被污染的个人和企业却蒙受了损失。这样就造成了生产企业花费的成本与社会花费的成本的差异，由于这种差异没有反映在生产企业的成本上，庇古将其称为边际净私人产品和边际净社会产品的差额，即私人经济活动产生的外部成本。庇古认为，这一差额与造成污染的生产者和消费者没有直接联系，污染不影响该产品的生产者和消费者的交易，因而不能在市场上自行消除；只有国家或政府采取税收的形式，才能将污染成本增加到产品的价格中去。庇古这一关于外部成本通过征税形式而使之成本内部化的设想（简称庇古税），构成了环境污染经济分析框架。经过半个世纪之后，随着环境污染的加剧，庇古税的构想才得到重视和实施。经济学家鲍莫尔等在福利经济学基本观念的基础上，提出了资源优化配置的帕累托准则，即一个群体或社会在所有人的福利均没有降低的条件下，如果有某一个人的福利得到了改善，那么这种资源配置方案便是有效率的。要使企业排污的外部成本内部化，就需要对排污征税，以实现一般均衡体系的优化或帕累托最优化状态。在一个相当长的时期内，关于环境经济学的理论与政策大都以庇古税为主线去分析帕累托最优为基本条件。目前，随着市场经济的成熟，政府针对环境污染问题的市场失灵，又采取排污权交易方式。排污权交易的出现，既可解决环境污染的外部不经济性问题，又可减少政府征收污染税和实行污染管制的成本，使治理环境从行政手段扩展到市场手段，更好地实现环境成本内部化。

（二）公地悲剧

"公地悲剧"这一概念来自哈丁（Hardin）的同名论文。该论文描述了一个向所有牧民开放的牧场的经营情况。该牧地是公有的，而草场的畜群是私有的。现实的自然法则是草场对牲畜的承载力是有限的；现实的市场法则是每个牧民都力求使自己个人的眼前利益最大化。从牧民的情况看，站在个人利益立场上，牧民尽可能地增加自己的牲畜头数，因为每增加一头牲畜，他将获得由此带来的全部收入。从草场情况看，每增加一头牲畜都会给草场带来某种损害，但是这一损害由全体牧民分担。作为"经济人"的牧民，他们只考虑如何扩大自己的畜群以增加自己的收入，完全不考虑整个草场的破坏和退化。也就是说，牧民从增加畜牧获得个人利益即内部经济性，而将其扩大畜群的外部不经济性留给其他牧民。结果，在草场放牧的畜群越来越多，草场的破坏和退化越来越厉害，最终导致草场报废，全体牧民都不得不从草场撤出，从而酿成"公地悲剧"。"公地悲剧"是一个有共性结论的故事，当一个人用公有资源时，他减少了其他人对这种资源的使用。由于这种负外部性，共有资源往往被过度使用。这个事实说明，公有的环境资源的自由利用，会促使人们（"经济人"）尽可能地将公有资源变成私有或某些团体的财富，从而最终使全体成员的长远利益遭到损害甚至毁灭。

"公地悲剧"又表现为污染问题。这里的问题不是从公地上攫取什么，而是放进不利的东西，如生活污水，或化学的、放射性的和高温的废水排入水体；有毒有害的和危险的气体被排入空气；等等。经济人发现废弃物排放前的净化成本比直接排入公共环境所分担的成本多。既然这对每个人是千真万确的，只要我们的行动只是从一个个独立的、理性的、自由的个体出发，我们就被陷入一个"污染我们自己家园"的怪圈。通过私人产权或其他类似关系的确立就可以避免"公地悲剧"成为一个公共的污物池。这个论述为我们研究当前的环境问题提供了很好的借鉴。

环境经济学研究认为，环境质量退化的重要原因就在于环境资源具有公共财产的特性。纯粹的共有物品是一种共有财产资源，一个人消费这种产品不影响其他任何消费者的消费，即所谓非竞争性消费。对于环境这样的共有物品来说，按照民法所有权理论它不可能产生具有排他性的所有权，这就导致公有财产资源被滥用。因此，有必要重新界定财产权和使用权，实现高效率下对环境资源的配置，使其外部性内在化。

（三）稀缺资源论

经济学认为，只有稀缺资源才具有交换价值，才能成为商品。在生产力水平低下、人口较少时，土地、空气、水等环境要素的多元价值可以同时体现，其容量资源非常丰富，人类产生的污染物排入到环境中简直是沧海一粟，环境的多元价值和容量资源既可以满足人们生活的需要又能满足人们生产的需要。环境资源的多种价值和多种功能可以同时发挥作用，环境容量和自净能力足以容纳人类生活及生产所排放的各种污染物，因而，阳光、空气和水都被认为是取之不尽、用之不竭的自由物。正如在20世纪70年代前西方经济学教科书所认定的那样："在外部世界中，有一些物品数量如此丰富，使用其一定数量于一个目的并不影响使用其他数量于其他目的。例如，我们所呼吸的空气即是这样一种'自由取用'的物品。"按照经济学的理论，一项资源只有稀缺时才具有交换价值。随着生产力水平的提高、人口的增加和环境保护的加强，环境资源多元价值之间发生了矛盾（即环境资源的不同功能开始相互抵触），环境资源稀缺性的特征逐渐显现（环境资源难以容纳人类排放的各种污染物）。突出表现为以下两点：其一，由于环境要素的多元价值难以同时体现而导致某种环境功能资源产生稀缺性，即在一定时间和空间范围内，某环境要素如果要满足人们的生活需求就难以满足人们的生产需求，如果要满足一些人的某种生产需求就难以满足另一些人的另一种生产需求。例如，一个湖泊如果要满足人们观赏湖泊的生活需要，就不能满足人们排污的生产需要；如果要满足农业公司养鱼的需要，就不能满足工矿企业排污的需要。于是人类的生产和生活活动对环境功能的需求开始产生竞争、对立、矛盾和冲突，即在一定时间和空间范围内，既要求同一环境要素满足人们的生产需要（容纳、承载污染物），又要求同一环境要素满足人们的生活需要（享受环境美），由此产生了环境资源多元价值的矛盾和某种环境功能的稀缺性。其二，环境净化功能难以满足人类生产、生活排放污染物的需要，问题突出表现在环境容量资源特别稀缺。这种环境功能资源的稀缺性和环境容量资源的稀缺性正是总量控制的理论基础，也是排污权交易的前提。

（四）科斯定理

科斯定理是在"外部性"理论提出后，学界在探索如何将外部性内部化问题的过程中，为大多数学者所认可和采纳的一种以环境产权理论解决外部不经济性内部化问题的理论。科斯定理最早是由1991年的诺贝尔奖得主芝加哥大学的罗纳德·科斯提出，他在1960年的著名论文《社会成本问题》中，对庇古在解决外部性问题上主张以政府管制为核心的观点提出了挑战，认为并非只有政府才能解决"外部性"问题，只要产权界定清晰，交易费用足够低，当事人之间可通过自行协商、讨价还价来将外部效应内部化，因此市场本身并非没有解决"外部性"的机制。科斯指出，足够清晰界定的产权和足够低廉的交易成本，是市场达成交易的前提条件。科斯第一定理是：当交易成本为零时，产权的分配与效率无关，即只要产权的界定是清晰的，无论产权如何界定，资源总能以最有效率的方式配置。具体地说，当不存在交易成本时，企业可以通过对外部性产权（如排污权）的交易来内部化这种外部性，资源的配置是最有效率的，产权事先是如何界定的并不影响最终的资源配置状况，而资源的最优配置要求与外部性有关的当事人共同承担外部性的成本。然而，假设交易费用为零，就跟物理学里假设自然界不存在摩擦力一样，永远都是一种不切实际的假想。在实际经济活动中，交易费用无处不有。科斯最早意识到交易费用的存在，所以，他没有停留在交易费用为零的假想中，而是马上进入了交易费用为正的世界，并由此引出科斯第二定理。当交易成本大于零时，不同的产权界定会导致不同的资源配置效率。根据科斯定理，只要明确产权和依法保障产权，可以在无须政府行政干涉的情况下，通过产权方、侵权方或围绕产权的有关各方的讨价还价，而实现没有社会成本的环境优化管理。科斯定理为排污权交易的实施提供了最直接的理论依据。

既然市场能够决定资源的最优使用，而要建立有效率的市场、充分发挥市场机制的作用，关键在于确立界定清晰、可以执行而又可以市场转让的产权制度，如果产权界限不清或得不到有力的保障，就会出现过度开发资源或浪费、破坏、污染资源的现象。公有的环境资源管理的最大问题在于资源的公有财产制度，即所有者与管理者分开、权责不一；如果资源权利明确而可以转让，资源所有者和利用者必然会详细评估资源的成本和价值，并有效分配资源。有的人甚至认为，"公共财富"的存在是产生外部成本的根本原因；一切有用的资源如果私有化了就会得到合理的利用和保护。环境问题是产权不健全而损害经济的典型例子。水和空气一般来说是公共财产，即没有任何人拥有或控制它们。因此，人们并不会考虑行动的所有成本。如果通过出售或拍卖污染权，并允许在市场上交换，从而将产权扩展到环境商品上，这种扩展有助于激励人们有效地减少污染。

基于上述经济学理论，碳排放权交易承认环境资源的稀缺性，通过外部性理论和公地悲剧理论，提出明确界定的产权，在满足特定地区的总排放水平或满足某个特定的环境标准的前提下，通过向污染源分配排放许可，然后准许各个碳排放许可证持有者相互购买或出售许可。许可排放权的实质是承认许可证持有者的排放权，碳排放权的实质是利用环境容量的权利，如果将环境容量视为一种自然资源，碳排放权可以视为一种资源产权。根据科斯定理，只要政府规定了环境质量目标，利用对环境容量使用的权利，即碳排放权（包括"排放减少信用"）的明确界定，环境容量成为一种稀缺资源，碳排放权或"排放减少信用"的转让交易就能够促进环境容量资源（包括防治污染资源和防治污染资金）的合理配置。从理论上讲，这将促使那些减少污染物（或治理排放）费用低的污染源集中减少污染物，既保护环境，又节省费用。

总的来说，碳排放权交易主要是通过市场的力量来寻求碳削减的边际费用，使整体污染物允许的排放量的处理费用趋于最小，从而使总污染物治理费用达到最低。它是实现总量控制的主要手段，它能够在既定的总量控制目标下合理地安排治理活动，使治理污染的成本发生在边际治理成本最低的污染源上，以达到成本—效益最优化。

下面运用经济学原理对碳排放权交易行为进行经济学解释。

首先，政府环保部门根据当地的环境自净能力和经济发展状况，确定该地区可允许的碳排放总量为 Q，假设该地区共有 n 个排污单位，各排污单位在不减排时的碳排放总量为 Q_i，为实现碳减排的总量控制目标，设各排放单位需要削减碳排放量为 X_i，设各单位的治污成本为 $C(X_i)$，则在碳总量控制的目标约束下，企业控制污染成本的优化模型为：

目标函数为治污成本最小化，即：

$$\min \sum C(X_i), i = 1, 2, \cdots, n \tag{6-1}$$

约束条件为：

$$Q_i > X_i > 0$$

$$\sum (Q_i - X_i) \leq Q \tag{6-2}$$

其中，$Q_i > X_i > 0$ 表示企业的最大减排量就是企业的碳排放量；$\sum (Q_i - X_i) \leq Q$ 表示政府发放的碳排放指标，即地区允许的碳排放上限。

设每个减排单位得到政府分配的碳排放许可额为 Q_{0i}，则 $\sum Q_{0i} =$

Q。碳排污权在市场上可以交易，设其单价为 P，则上述目标函数（6 - 1）可表述为：

$$\min \sum C(X_i) + P(Q_i - X_i - Q_{0i}), i = 1, 2, \cdots, n \qquad (6-3)$$

即排污单位根据自己的控制污染成本函数，对其碳排放减少量的选择为 $X_i(X_i \geq 0)$，并根据自身的碳实际排放水平 Q_i、减少量 X_i、政府分配额 Q_{0i} 和市场价格 P 等，最终确定碳排放权的买或卖。如果（$Q_i - X_i - Q_{0i}$）>0，则表示企业的实际排放量超过了自身减排量与政府分配的允许减排量之和，因此，企业必须通过市场交易购买碳排放权指标；如果（$Q_i - X_i - Q_{0i}$）<0，则表示企业通过自身的减排努力有多余的排放指标，因此，企业会出售碳排放权指标。在利益最大化的驱动下，排污单位必然会使污染物控制成本最小化，故将式（6 - 3）对 Q_i 求偏导，并令其为零，便可得到最优解的必要条件为：

$$dC(X_i) + PdX_i = 0 \qquad (6-4)$$

从式（6 - 3）和式（6 - 4）可知，各减排单位碳排放的减少量 X_i 的确定，只取决于该单位的碳排放控制边际成本 $C(X_i)$，而不受企业现实排放量 Q_i 和政府分配排放额 Q_{0i} 的影响。企业根据其控制碳排放的边际成本 $C(X_i)$ 和排污权市场价格 P，决定最终是购买还是出售碳排放权指标，以使自身碳控制成本最低。

如图 6 - 1 所示，纵轴代表单位减排成本或碳排放权指标的价格 P，横轴代表减碳量 Q。

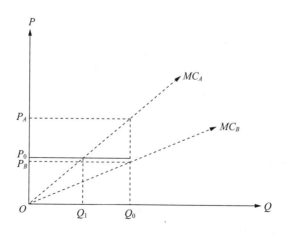

图 6 - 1　边际成本对企业决策的影响

假设有两个污染企业 A、B，这些企业的减碳边际成本分别为 MC_A、MC_B，且不妨假设 $MC_A > MC_B$，即减少一单位的碳排放量，A 企业所付出的减排成本高于 B 企业，B 企业单位减碳成本为 P_B，A 企业单位减碳成本为 P_A。假设两个企业的碳排放总量分别都是 Q_0，市场上碳排放权交易价格为 P_0，显然，对于 A 企业而言，企业自身的减碳边际成本大于市场交易价格；对于 B 企业而言，企业自身的减碳边际成本小于市场交易价格，即 $P_0(Q_0 - Q_1) < P_A(Q_0 - Q_1)$，因此，A 企业就会向 B 企业购买碳排放权，这样 A 企业实现了利益最大化，同时 B 企业也实现了利益最大化。进一步分析，B 企业的减碳技术会随着规模扩大、效益递增而继续进步，结果表现为 B 企业的边际减碳成本会进一步下降，这为 B 企业出售更多的碳排放指标提供了空间。就市场整体而言，通过企业 A、B 之间的交易既控制了碳排放总量，又降低了减碳的总体费用，在实现经济效益的同时也实现了环境资源的优化配置，由此可见，碳排放权交易可以实现经济效益和环境效益的"双赢"。

三 碳排放权交易的基本条件

从以上分析可以看出，碳排放权交易有利于同时实现减排与降低成本的功能，不失为一种上好的环境经济政策，但碳排放权交易不是万能的，且需要在一定条件下才能有效实施。概括起来，实施碳排放权交易需要满足如下条件：

（一）一定区域内存在边际减排费用的差异

在一定的区域范围内，排污单位必须有边际污染削减费用差异的存在，碳排放权交易的市场才能够形成一定的规模。如果所有排污单位的削减成本几乎相同，这就意味着排污单位之间不存在排污成本的剪刀差，也就失去了交易的可能性。大多数情况下，对于一种主要的污染物而言，如果有很多的污染源或排污单位，那么就能够形成具有竞争性的碳排放权交易市场。一般情况下，所涉及的排污单位越多，不同排污单位之间的边际削减费用有差别的情况就越有可能发生，各个排污单位之间形成碳排放权交易的机会也就越多，形成一个有足够交易规模的碳排放权交易市场的可能性就越大。

（二）碳排放权交易的管理制度相对健全

碳排放权交易的顺利进行离不开完善的管理体系，这涉及初始碳排放权的分配管理、初始定价机制，以及交易过程的监督管理、碳排放量的监测与核定，以及交易手续的审批等环节。一般来说，初始分配价格要尽量地公平合理，以增强企业参与交易的积极性；交易实施过程中的交易费用不能过高，过高的交易费用会减少排污单位的实际收益，从而减少了潜在交易的发生；交易过程的监督管理体制相对完备，以便为排污交易的各项工作提供良好的制度保障，促进碳排放权市场的健康发展。

（三）减排总量目标的确定要在合适的范围内

碳排放总量要限制在企业的生产技术工艺所能达到的最大节能减排的限值内。如果排污企业达不到相应的技术水平，用尽各种方法都达不到规定中的减排量，则不论碳排放权交易制度多么好，也会由于技术的制约而达不到建立碳排放权交易制度的最原始的目的。

（四）碳排放权交易的市场生存环境良好

碳排放权交易是一种基于市场机制的环境经济政策，因此，碳排放权交易制度能够有效实施的一个必要条件是健全的公平公正的市场经济机制。在市场经济的基础上，碳排放权交易制度必须要在产权明晰的情况下进行，这就要求对于碳排放权交易要有明确的法律依据，从而才能依赖市场机制克服环境问题的外部性。

四　碳排放权交易的基本模式

碳排放权交易的主要思想简单来说就是，在满足环境要求的条件下，建立合法的污染物排放权利，即碳排放权（这种权利通常以排污许可证的形式表现），并允许这种权利像商品那样被买入和卖出，以此来进行污染物的排放控制。

1997 年，全球 100 多个国家因全球变暖签订了《京都议定书》，该条约规定了发达国家的减排义务，同时提出了三个灵活的减排机制，即清洁发展机制（CDM）、联合履约（JI）机制和国际排放贸易（IET）。

（一）清洁发展机制

清洁发展机制（Clean Development Mechanism，CDM）：《京都议定书》第十二条规范的"清洁发展机制"针对附件一国家（开发中国家，即发展中国家）与非附件一国家（发达国家）之间在清洁发展机制登记处的减排单位转让。旨在使非附件一国家在可持续发展的前提下进行减排，并从中获益；同时协助附件一国家通过清洁发展机制项目，获得"排放减量权证"（Certified Emmissions Reduction，CERs，专用于清洁发展机制），以降低履行联合国气候变化框架公约承诺的成本。清洁发展机制详细规定于第 17/Cp. 7 号决定"执行《京都议定书》第十二条确定的清洁发展机制的方式和程序"。

（二）联合履行

联合履行（Joint Implementation，JI）：《京都议定书》第六条规范的"联合履行"，系附件一国家之间在"监督委员会"的监督下，进行减排单位核证与转让，或获得所使用的减排单位为"排放减量单位"（Emission Reduction Unit，ERU）。联合履行详细规定于第 16/Cp. 7 号决定"执行《京都议定书》第六条的指南"。

（三）国际排放贸易

国际排放贸易（International Emissions Trade，IET）：《京都议定书》第十七条规范的"排放贸易"，则是在附件一国家的国家登记处（National Registry）之间，进行包括"排放减量单位""排放减量权证""分配数量单位"（Assigned Amount Unit，AAUs）、"清除单位"（Removal Unit，RMUs）等减排单位核证的转让或获得。"排放交易"详细规定于第 18/Cp. 7 号决定"《京都议定书》第十七条的排放量贸易的方式、规则和指南"。

2005 年，伴随着《京都议定书》的正式生效，碳排放权成为国际商品，越来越多的投资银行、对冲基金、私募基金以及证券公司等金融机构参与其中。基于碳交易的远期产品、期货产品、掉期产品及期权产品不断涌现，国际碳排放权交易进入高速发展阶段。

根据交易对象来划分，国际碳市场又可以分为配额交易市场和项目交易市场两大类。配额交易市场的交易对象主要是指，政策制定者通过初始分配给企业的配额，如《京都议定书》中的配额 AAU、欧盟排放权交易体系使用的欧盟配额 EUA。项目交易市场的交易对象主要是，通过实施项目削减温室气体而获得的减排凭证；如由清洁发展机制 CDM 产生的核证减排量 CER 和由联合履约机制 JI 产生的排放削减量 ERU。其中，EUETS 的配额现货及其衍生品交易规模最大，2008 年接近 920 亿美元，占据全球交易总量 3/5 以上。

根据组织形式，碳交易市场还可分为场内交易和场外交易。碳交易开始主要在场外市场进行交易，随着交易的发展，场内交易平台逐渐建立。发展至今，全球已建立了 20 多个碳交易平台，遍布欧洲、北美、南美和亚洲市场。欧洲的场内交易平台最多，主要有欧洲气候交易所、Bluenext 环境交易所等。

五 国内外碳排放权交易的研究动态

(一) 国外碳排放权交易的研究动态

环境问题是典型的外部性问题。自 20 世纪 60 年代以来，经济学界出现了大量关于解决环境外部性问题的研究文献。外部性理论认为适宜的经济政策能够给经济主体提供足够的激励，以便使它们刚好承担经济活动中产生的外部性。从经济学的角度看，可以通过两种方式来实现环境外部性的内部化：一种是基于价格的工具，主要是庇古税和补贴；另一种是基于数量的工具，主要是排污权交易体系、碳排放权交易。

排污权交易在美国最早得到应用和发展，因此大多数关于排污权交易理论的研究主要来自美国的环境经济学界。随着这项环境经济政策得到越来越广泛的应用，学术界的研究和讨论也日渐活跃。托马斯·克罗克 (Thomas Crocker) 在 1966 年、约翰·戴尔斯 (John Dales) 在 1968 年各自独立地提出了用可交易的排污许可证在厂商或个人之间分配污染治理负担的思想，明确了"污染权"的概念。1972 年，蒙哥马利 (Montgomery) 在其 *Markets in Licenses and Efficient Pollution Control Programs* 一文中率先应用数理经济学的方法，严谨地证明了排污权交易具有污染控制的成本效率特征。随后克鲁普尼克 (Krupnick, 1983)，奥茨和麦克加利兰 (Oates and McGartland, 1985)、戴尔·克罗克 (Dales Crocker, 1996)、泰坦伯格 (Tietenberg, 1985, 2006) 等经济学家从不同的角度对排污权交易理论及其应用问题进行了较为深入的研究，得出了许多有价值的思想和结论，从而推动了排污权交易理论的发展。

1985 年，泰坦伯格出版了《排污权交易——污染控制政策的改革》一书 (崔卫国、范红延译, 1992)，该书对排污权交易进行了全面细致的论述，从排污权交易的成本效率、创建排污权交易市场具体问题的解决方案到排放的监测与实施都做了细致的分析。尤其是该书所阐述的排污权交易的成本效率分析、排污权 (对应治理责任) 的分配理论、市场势力和排污权交易的实施是非常深入具体的，颇具参考价值。该书得出的一个重要结论是：如果用排污权交易代替指令体系，就可以节约大量的环境控制成本。

斯塔文斯 (Stavins, 1995) 指出，一个完整的排污权交易制度应包括以下八项要素：（1）总量控制目标；（2）排污许可；（3）分配机制；（4）市场定义；（5）市场运作；（6）监督与实施；（7）分配与政治性问题；（8）与现行法律及制度的整合。总之，要成功设计排污权交易体系必须考虑以下几个重要的决策变量：一是系统的目标和基本特征；二是排污权的初始分配；三是各种弹性选项；四是如何组织排污权交易；五是建立有效的排污监测系统；六是激励排污企业遵守环境质量规定和不超标排污的措施；七是排污权交易制度和其他环境政策的协调等问题。马利克（Malik，1990）认为，某些企业的违规行为会影响排污权交易价格，进而影响其他企业的行为，即企业的违规行为降低了排污权交易的市场效率，仅在特定的条件下，市场效率才不会降低。因此，在设计排污权的交易机制时，必须考虑企业的违规行为。科勒（Keeler，1991）研究了排污权交易市场中企业的违规行为，并比较了当企业有违规行为时，排污权交易制度和排污标准的效率问题。斯特朗兰（Stranlund，2000）研究了排污权交易体系的外部监督和实施问题，并研究了管制者应如何分配资源来监督和处罚违规企业。为了减少排污权交易系统中企业的违规行为，管制者应该在各个不同的企业之间合理地分配资源，并增强监督力度。他的研究表明，企业的违规行为与内部特性无关，即当某个企业比其他企业多污染时，并不说明该企业的污染治理技术落后或生产工艺不合理。因此，管制者在实施监督时应注重企业的外部特征分配资源。泰坦伯格（2006）对市场势力问题也进行了较深入的研究，他认为，市场势力使偏重治理新排污厂商的现象更为严重，因为即使市场势力不能影响治理成本，但却可以影响排污权的价格，新排污厂商的脆弱性取决于是否有其他可选择的厂址和是否得到补偿来源。在没有其他补偿来源时，停业信用给卖方提供了一个不同寻常的成为市场势力的机会。当把停业信用用于操纵价格时，管制者就可以行使其对财产的支配权，以适当的补偿收购这些停业信用，这样就可以鼓励排污厂商产生停业信用，同时防止出现市场势力和增加对新排污厂商偏重治理的倾向。Wu 和 Nagurney 等（2006）分析了在直接控制、排污补贴、排污税以及排污权免费分配条件下的交易和排污权拍卖分配条件下的交易等污染控制制度下，促进厂商技术变迁的激励机制问题，他们研究的结果表明，排污权拍卖和排污税为厂商的技术变迁提供了最高的激励。马利克（1992）的研究表明，在存在不协调的情况下，排污权交易系统中的参加者不能使治理成本最小化。另外，如果排污权交易市场中参加者的数目很小时，这时对厂商中的更小部门甚至一个厂商的不协调来说，则会通过均衡排污权价格对均衡结果可能产生显著的影响。

其中一个值得关注的研究方向是排污权市场的垄断问题。哈恩（Hahn，1984）和泰坦伯格（2006）等对此进行了比较深入的研究，得出的主要结论是：垄断的排污权交易市场可能比指令控制手段更加缺乏效率。另一个新的研究领域是不协调行为问题。在污染控制的任何系统中，厂商之间不协调的行为是普遍存在的。对此，埃格特腾和韦伯（Egterten and Weber，1996）、马利克（2002）的研究结果表明，如果边际协调成本（这个成本是指购买排污权来补偿增加的排污单位的成本）比欺骗的边际罚金要高的话，厂商会采取欺骗的行为。

在"酸雨计划"实施了一定阶段以后，20 世纪 90 年代中期，一些学者热衷于对其效果的评估问题。柯金斯（Coggins，1996），卡森和冈加德哈朗（Cason and Gangadharan，1998）、斯文顿（Swinton，1998）、伯特罗（Burtraw，2005）等都对这一问题进行过深入研究，对二氧化硫交易计划进行过深入的实证分析。

而在最近几年关于碳排放权交易的讨论中，更多的研究集中在建立全球性碳排放权交易体系，以控制全球的温室效应和臭氧层的破坏。这些研究包括全球范围内碳排放权初始分配，发展中国家在交易中的地位，以及交易条件的设计，等等。

（二）国内碳排放权交易的研究动态

中国在排污权交易方面的研究和讨论处于刚刚起步的阶段。1991 年中国社会科学院研究人员提出的报告中，首次将"可出售排污权"概念引入国内。20 世纪 90 年代中期，出现了一些关于个别试点城市利用排污权交易思想进行尝试的讨论。然后，对其讨论又沉寂了下来。直到 1998 年前后，随着中国环境经济学的发展，理论界热衷环境经济政策的氛围，国外创新环境经济政策在实践中的成功案例，尤其是中国国家环保总局于 1995 年提出的污染物总量控制的计划，使一些学者开始尝试探讨包括排污权交易在内的经济刺激手段在中国污染治理方面的应用，但是，对其的讨论只是零零星星，尚未形成气候。

20 世纪 90 年代以后，关于环境经济学方面的著作中开始提及排污权交易，但大多处于概念引入阶段，未做深入研究和讨论。厉以宁、章铮（1995）的《环境经济学》，阐述了环境经济政策，其中包括了对排污权交易的介绍；潘家华（1997）的《可持续发展》引入了排污权交易的理论模型；戴星翼（1998）的《走向绿色的发展》提出了环境产权的概念，介绍了排污权交易在美国的实践。

关于我国排污权交易的理论研究成果，浙江工业大学社会发展与科学技术研究中心李永红等曾在 2009 年对我国排污权交易自 1997—2007 年十年间 280 篇研究文献进行了统计分类整理，统计结果见图 6-2。从图 6-2 中数字可以看出大多数的研究侧重于排污权交易基础理论研究、制度制定、国外实践经验以及相关法律法规等的研究，但关注排污权交易实施过程中政府部门职责的定位的理论研究很少，也就是说，我国排污权交易的理论研究主要集中在二级市场，而相对忽视了排污权交易过程中政府的重要作用。通过对资料的整理分析不难发现，我国的研究文献侧重点比较强，真正结合实际全面分析排污权交易的理论还相对比较少。

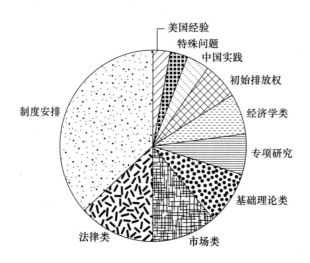

图 6-2 我国排污权交易的理论研究的侧重点

排污权交易的基本理论研究。在我国排污权交易理论研究的道路上，不得不提到一位著名学者王金南，他对排污权交易有着深入的研究，并发表了很多有关排污权交易的著作，可以说是我国排污权交易理论研究方面最全面的大师级代表。王金南和毕军（2009）指出，排污交易的理论基础有公共物品理论、产权理论、交易成本理论等，并从排污交易在中国的实践、排污交易试点中的若干问题、建设中国排污交易制度的基本思路等方面对排污交易问题进行了阐述。他们认为，排污权在中国的实践发展分为三个阶段：1988—2009 年的起步尝试阶段、2001—2006 年的试点摸索阶段和 2007 年至今的试点深化阶段。但从总体来说，仍面临着种种问题，归结起来突出表现在支持排污交易的法规不足、排放配额分派方法不完善、排放监测和监管能力不足、排放交易市场规模潜力不大和与现有环境政策的关系不清五个方面。肖鹏和郝海清（2009）从排污权交易的含义及理论基础、排污权的性质、排污权交易制度的意义等方面对排污权交易政策进行了阐述，认为排污权交易的基本含义是：把环境资源转换成商品，把排放污染物的权利像商品一样被买入和卖出，以此控制污染物的排放；排污权交易的思想来源于"科斯定理"；排污权交易制度的意义在于有利于保证环境质量，有利于企业降低排污费用，有利于促进企业研发、提高防污技术。从现阶段我国推广排污权交易制度存在的障碍和我国排污权交易法律制度的建立指出我国推广排污权交易制度存在以下障碍：排污权交易过程不容易实现准确监测，市场体制欠完善、相关立法不健全。王金南（2008）在其《排污交易制度的最新实践和展望》一文中阐述了排污权交易的理论基础，并对国内外排污权交易实施的理论以及实践经验、政策进行了系统的研究，进而对我国排污权交易所存在的问题以及今后的发展趋势做了全面的研究，明确指出了我国现阶段排污权交易的法律和初始配额分配方式不够完善、污染物排放监测能力不足、交易市场积极性不高以及相关环境政策之间的区分度不明显等，并在此基础上提出了一些值得各省借鉴的对策以推进我国排污权交易的实施。

排污权交易的具体技术细节研究，具体涉及排污总量的设计、排污权价格、排污权会计与财务管理、交易规则等。关于总量控制与排污权交易在中国应用的研究文献最早是 1996 年由中国环境科学学会出版的《实施主要污染物总量控制的理论与实践》，该书有 113 篇关于总量控制研究的文章。文章涉及面很广，从一般的概念讨论、水污染物总量控制、大气污染物总量控制、城市大气污染物总量控制，到总量控制政策实施的技术保障体系（主要是环境监测）。刘光中和李晓红（2001）在

《污染物总量控制及排污收费标准的制定》一文中就从经济系统和环境保护体系方面提出了排污总量计算的几种方法，比较得出最优排污总量制定方法，并对排污收费制度进行了一系列的研究，指出了其中利弊。马中等（2002）在《总量控制与排污权交易》一文中，对中国的总量控制和排污权交易实施中存在的问题进行了实证研究，对现状和背景做了较深入的剖析。马中在（2010）出版的《环境经济与政策：理论及应用》一书中，研究了排污权交易的宏观与微观效应。但是，多数文章还只是概念层次上的讨论，文章的内容普遍较宏观，缺乏深入的讨论，尤其缺乏对总量控制整体全面的考虑。李创（2013）详细探讨了影响排污权交易初始价格的诸多因子，从污染物削减成本、地区系数和行业系数三个方面进行分析，并以河南省为例分别进行了化学需氧量和二氧化碳排污权初始价格的测算。郑州大学法学院张璐（2000）发表的《论排污权交易法律制度》一文，在分析了国外基本情况后，从收费标准、征收方式、征收范围以及排污收费的返还机制四个方面分析了我国排污收费制度的不足之处，并重点从法律制度方面研究了我国排污权交易初始配额的分配、交易主体的性质、交易范围的界定、排污权交易实施过程的监管等问题，阐述了完善我国排污权交易法律制度的必要性和可行性。但是，此文并没有明确指出当前法律在排污权交易一级市场中的立法缺陷。蔡守秋和张建伟（2003）在对我国排污权交易的研究中弥补了这一点，他们认为，排污权交易分为两个层次：一是政府部门与企业之间的交易，即排污权交易的一级市场；二是企业之间的交易，即排污权交易的二级市场。而我国现有的法律几乎都集中在二级交易市场上，他指出，排污权交易能否健康发展主要取决于国家对排污权交易初始份额分配的公平性与合理性。东北林业大学韩丽华（2012）在《排污权交易会计问题研究》一文中，从排污权交易实行过程中所涉及的财务问题进行了专业研究，并根据我国排污权交易实践情况，提出了排污权交易中应增设的会计项目，给出了临时排污权和非临时排污权的会计处理方法。李惠蓉（2013）的《我国排污权初始分配问题探析》一文，对我国排污权初始分配问题的特点，以及在实践过程中初始权分配所面临的障碍做了深入的理论研究，提出了排污权初始权分配的方法：免费分配和有偿分配，论述了这两种方法的优缺点，并针对我国排污权初始权分配面临的阻碍进行了分析，最后提出了相应的对策。

储益萍（2011）的《排污权交易初始价格定价方案研究》一文，重点针对社会排污治理成本和时限等问题进行了深入分析，研究了排污权初始价格的形成机制、制定方法，为完善我国排污权交易制度提供了决策参考。

排污权交易在我国各省份实践工作的具体问题研究。刘军、臧海瑞和崔鹏（2009）针对我国日益严重的环境问题，分析了建立和实施排污权交易制度的必要性和可行性，结合我国排污权交易实施的现状，提出建立和实施排污权交易制度的措施，提出确定排污权发放总量，奠定排污权交易制度基础、引入环境合同制度，规范排污权交易形式、确认排污单位，监管排污权转让、制定并完善法律法规，以保障排污权交易制度的顺利实施。王金南和严刚编著的《中国的排污交易实践与案例》一书中，对我国排污权交易进行试点的几大省份的实施现状和经验进行了系统的总结，研究了每个省份实施的背景条件和具体方案，并剖析了很多值得借鉴的成功案例，为我国排污权交易实践提供了宝贵经验。王世猛等（2012）结合河北省排污权交易实际情况，从工作机制创新出发提出，河北省排污权有偿使用和交易的开展需加强政策制度、管理机构、技术支撑、排污权全过程监管、宣传培训五大体系建设。周树勋和陈齐（2012）分析了浙江省的排污权交易实施情况，指出浙江省排污权交易制度出现的问题，提出了完善交易规范体系、推进交易平台建设、建立交易监管机制等解决对策。李创（2015）选取了国内一些典型试点省份，对其排污权交易的实践工作进行了全面细致的回顾和总结，重点围绕排污权的初始分配模式的选择、初始定价、有效期限、初始总量的核定、交易机构及配套政策六大方面提出了相关政策建议。张丽杰和王霞（2016）围绕构建吉林省排污权交易体系开展了研究，具体包括排污权交易的原则和制度体系、初始排污权指标的分配方式及核定技术方法、主要污染物排污权交易基准定价技术方法、排污权交易市场的建立与运行等，为"十三五"期间吉林省开展排污权有偿使用和交易试点工作提供理论和技术支撑。

排污权交易制度下企业和政策的决策行为研究。陈德湖等（2010）在国外学者研究的基础上，分析了在存在交易成本的条件下，排污权交易市场中的厂商行为和政府管制问题。他们认为，排污权交易市场中厂商的行为与市场结构有关。李寿德（2010）通过建立厂商与环保部门之间的非合作博弈模型，通过对模型的纯策略均衡和混合策略均衡的求解分析，从理论上探讨了厂商和环保部门的行为，为排污权交易制度的优化提供了思路。陈磊和张世秋（2010）针对国内排污权交易研究存在的盲点，从微观行为角度扩展了排污权交易理论的研究，讨论了排污权交易市场下影响企业决策与行为的主要影响因素，研究得出交易成本、污染排放权利的界定与分配、边际减排成本差异、排污权交易市场中参与企业的数量等是影响排污权交易制度能否有效实施的关键因素。

排污权交易政策体系建设和配套措施建立方面的研究。徐春艳（2004）在学习国外先进经验的基础上探讨了排污权交易的原则、主体、对象、方式、监督和法律责任，对建立中国的排污权交易制度具有重要的理论意义和现实意义。邱永召（2007）借鉴美国排污权交易的相关制度，对我国排污权交易立法提出了政策建议。孔志峰（2009）指出，排污权交易是环境经济政策体系的重要组成部分，作为一项调整环境资源分配关系的政策，它同时也是一项重要的财政政策，因此，要做好排污权交易，就必须同时考虑财政与环境这两项因素。王蕾和毕巍强（2009）认为，政府作为公民环境权的委托方，拥有环境容量资源的管理权，因此，政府应保证初始排污权分配的公平性，并且对排污交易进行监督管理，此外，政府的行为必须通过政策和法律加以界定，公众与社会的参与以及政府与企业行为信息的公开透明也都十分必要。王丽娟和赵细康等（2008）认为，由于认识误区、法律缺失、政策冲突、技术障碍等，排污权交易制度在我国举步维艰，此外，国家不同阶段提出的宏观经济环境政策也影响了排污权交易试点工作。郭兰平和刘冬兰（2011）利用制度分析框架，从制度结构与不完全合约的角度分析得出，妨碍我国排污权交易政策实施的制度因素主要是排污权交易制度结构的缺陷。张欣（2010）从制度创新视角出发对排污权交易制度的创新动力和创新模式进行了分析，在此基础上指出，路径依赖、制度时滞和忽视学习是排污权制度创新中的障碍，并给出相应建议。张金香（2011）认为，政府在排污权交易中的职能主要包括初始分配、行政指导、监督管理和基础服务。卢伟（2012）指出，我国实施排污权交易制度存在三个主要问题，即行政干预阻碍了市场定价机制的建立，排污权初始分配机制不合理和节能减排目标设置降低了交易的可能性。李志学等（2014）围绕我国碳排放权交易市场的运行状况、存在的问题进行了深入探讨，并提出了相关对策建议。

（三）现有研究成果简评

通过国内外对排污权交易的研究成果的梳理得知，西方学术界对排污权交易的理论研究为我国排污权交易的理论研究和实践开展提供了很多值得借鉴的东西。如今西方国家的排污权交易在立法、污染物总量控制等诸多方面都取得了很大的成果，特别是欧美国家，其中地处亚洲的日本和新加坡排污权交易的研究和实施也取得了显著的成效。纵观排污权交易的发展历史可以发现，西方学术界对排污权交易的理论研究的大环境是国际上相对发达的国家，其资金充足、技术发达、工业产业发展环境也都非常成熟，与之相比，我国是发展中的大国，处于经济转型时期，无论在工业产业发展还是技术创新方面都不及发达国家。尽管都是对排污权交易的研究，但是，由于国内外研究的背景条件和发展环境的差异，若完全照搬西方理论研究成果和实践经验，肯定会出现排污权交易来到中国后水土不服、状况百出的情形。所以要想实现排污权交易在中国的健康成长，我们必须在充分消化吸收国外先进理论成果和成功实践经验的基础上，结合全国及每个省份的实际发展情况对其进行改造创新，最后有针对性地制订独具地方特色的实施方案。只有这样，才能实现排污权交易的顺畅运行，最终达到环境质量的不断提高和经济的增长。

从我国排污权交易的研究现状来看，各界学者们对排污权交易的理论研究有很大的积极性。如今在理论研究方面我国排污权交易已经取得了一定的成果，尤其是对我国整体现状、排污权交易这一经济政策的优缺点，以及实施条件等大的方面进行的一系列理论研究，而针对具体试点城市进行的理论研究相对较少，比如河南省排污权交易的理论研究还很不成熟，值得河南省政府借鉴的研究成果很少，河南省排污权交易实施方案的制订还主要是借鉴国内排污权交易的整体研究成果与实施经验。总体来说，我国排污权交易在理论研究方面还有待继续深入，各地探索与试点工作具有重要的实践意义。

综合国内外排污权交易理论研究状况来看，目前国内外研究的局限主要有：

（1）从研究背景来看，国外有关排污权交易的理论研究相对成熟的主要是少数发达国家，特别是美国，这些国家工业产业发展都处于高级阶段，无论是经济发展还是技术创新方面都有很大优势，而发展中国家在排污总量和污染物处理技术等方面都不够成熟，从国外排污权交易理论研究文献发现针对发展中国家排污权交易的理论研究较少。

（2）从国内研究来看，大多数成果是针对排污权交易理论方面的研究，真正结合某地区实际发展情况的研究还比较少，我国很多地区的排污权交易相关政策的制定还缺少有价值的理论参考，比如河南省。

（3）国内对排污权交易的理论研究成果缺乏系统性的归纳整理，很多学者都是侧重于某一方面的研究。且国内有关排污权交易理论研究成果的推广力度不够强，很多企业对此环境经济政策的优势意识不够高，并且从国内环境污染与经济增长来看，在利益的驱使下，人们更愿意去追逐自身利益，从我国排污权交易的理论研究发现，如何健全排污权交易的监督机制的研究资料还较少。

第二节　国外碳排放权交易的实践研究

一　美国的碳排放权交易实践

在碳排放交易方面，美国没有承担《京都议定书》规定的强制减排义务，部分地方政府和企业自下而上地探索区域层面的碳交易体系建设，比较知名的有美国芝加哥气候交易所的自愿交易、区域温室气体行动、西部气候倡议和加州总量控制与交易体系等。下面对这些碳排放交易实践逐一介绍。

（一）芝加哥气候交易所

芝加哥气候交易所（Chicago Climate Exchange，CCX）是全球第一个自愿参与温室气体减排的平台，2003 年以会员制开始运营。CCX 的会员涉及航空、汽车、电力、环境、交通等数十个不同行业。会员以1998—2001 年的温室气体排放量为基线，自愿但从法律上承诺减少自身的温室气体排放，并采取两个阶段的逐年计划减量策略。CCX 规定了可在交易所范围内流通的配额单位及交易品种，同时开展 6 种温室气体减排交易。会员必须严格遵守相关年份的减排承诺，如果会员减排量超过了自身的减排额，可以将自己超出的量在 CCX 交易或储存，如果没有达到自己承诺的减排额就需要在市场上购买碳金融工具合约（Carbon Financial Instrument，CFI），每单位 CFI 代表 100 吨二氧化碳当量。此外，CCX 也接受清洁发展机制（CDM）项目。根据 CCX 的统计数据，自 2003 年交易开始以来，其成员共减少 4.5 亿吨碳排放，但 2010 年连续几个月没有交易。此外，CCX 还受到交易市场不完善、市场供求关系不平衡等的影响，碳交易市场的交易价格经常出现巨大波动。

（二）区域温室气体行动

区域温室气体行动（Regional Greenhouse Gas Initiative，RGGI）是由美国纽约州前州长乔治·帕塔基（George Pataki）于 2003 年 4 月创立的区域性自愿减排组织。区域温室气体行动于 2009 年正式实施，这是美国第一个以市场为基础的强制性减排体系，目前，这个组织已经成功吸收了包括康涅狄格州、缅因州、马萨诸塞州、特拉华州、新泽西州等美国东北部十个州郡。区域温室气体行动仅纳入电力行业，将该区域 2005 年后所有装机容量超过 25 兆瓦的化石燃料电厂列为排放单位，要求到 2018 年其排放量比 2009 年减少 10%。该计划规定配额分配方式是基于各州的历史碳排放量，并根据用电量、人口、预测的新排放源，以及协商情况等因素进行调整。

（三）西部气候倡议

西部气候倡议（Western Climate Initiative，WCI）和加州总量控制与交易体系：2007 年，美国西部的亚利桑那州、加利福尼亚州等 5 个州发起成立了区域性气候变化应对组织西部气候倡议，到 2009 年年底，该气候变化应对组织共吸收了包括四个加拿大省份在内的 11 个北美的州、省加入。采用区域限额与交易机制，目标是到 2020 年该地区的温室气体排放量在 2005 年的基础上减少 15%。该计划于 2013 年 1 月 1 日开始运行，每三年为一个履约期。初期的实施对象包括发电行业和大工业企业；2015 年开始将居民、商业和其他工业、交通燃料纳入交易体系。加州总量控制与交易体系作为 WCI 的重要组成部分和减排力度最大的强制性总量控制交易体系，是加州《AB32 法案》中减排策略的关键内容。《AB32 法案》以立法的形式要求将加州范围内 2020 年温室气体排放水平下降到 1990 年的水平。加州总量控制与交易体系除国际公认的 6 种温室气体外，还包括三氟化氮以及其他氟化温室气体。该计划分阶段实施，采取渐进式，初期主要是电力行业和大型工业设施，然后扩展到燃料分销商。对大型工业设施，以免费发放为主，后期过渡到拍卖方式，以帮助工业行业实现转型和防止工业行业排放转移。第一年的配额由历史排放数据决定，接近前一年排放量的 90%。之后，每年的配额依据产量和效率标杆决定。每三年为一个履约期，以调节因产量变化等造成的排放量波动。工业设施的配额分配基于碳排放效率基准，产品基准过于复杂的设施将会按照基于能源利用的分配方法进行。在电力部门，只有电力输送部门会给予免费配额。现阶段，WCI 市场的现有成员包括加利福尼亚州和魁北克省。安大略省的新限额与交易计划将于 2017 年年初登陆，并于 2018 年正式加入范围更广泛的西部气候倡议（WCI）碳交易市场。安大略省的加入将为这个碳交易市场注入新的活力，提前两年将碳交易价格提升至竞拍底价之上，并在下个 10 年的中期拉高碳价至每吨二氧化碳当量 51 美元。

从美国已经进行的交易实践来看，碳排放权交易使美国减碳计划取得了显著效果。在美国的第二个减排期（2000—2009 年），二氧化硫年排放量已经从 2000 年的 1120 万吨减少到 2009 年的 570 万吨，减少大约 50%。美国环境保护署 2014 年 6 月公布了一项重大的减排计划，预计到 2030 年将美国发电厂的二氧化碳排放量在 2005 年的基础上减少 30%，将颗粒、氮氧化物和二氧化硫污染水平降低至少 25%，并提供相当于 930 亿美元的应对气候变化与公共卫生服务资金，这是有史以来美国在对抗全球变暖问题上做出的最大举动。目前，煤矿业仍是美国重要产业，由燃煤发电而产生的二氧化碳占美国二氧化碳排放总量的 40% 左右。美国环境保护署负责人麦卡锡表示，发电厂的碳排放量占美国国内温室气体排放量的大约 1/3，也是美国碳污染的最大来源。

二　欧盟的碳排放权交易实践

1997 年达成的《京都议定书》中，欧盟 15 国承诺 2008—2012 年，将温室气体的排放量在 1990 年的基础上减少 8%，相当于向大气减排约 3.36 亿吨（当量）二氧化碳。在欧盟向大气排放的各种温室气体中，二氧化碳的排放量约占 80%。为了实现《京都议定书》中的承诺，也为了降低二氧化碳减排成本，欧盟委员会决定采用经济手段，用市场机制促使欧盟的企业参与减排的进程。

2001 年 10 月欧盟委员会在应对气候变化的一揽子措施中草拟了一个欧盟内部温室气体排放体系法令，旨在建立欧盟温室气体减排贸易市场。贸易市场体系法令 2005 年开始生效，第一阶段（2005—2007 年），减排目标是努力完成《京都议定书》所承诺目标的 45%；第二阶段（2008—2010 年），完成《京都议定书》全部目标，该法令适用发电、钢铁、炼油、水泥制造、造纸等产业。

2002 年 12 月，欧盟在巴西召开的欧盟环境理事会通过了欧盟全域二氧化碳及其他温室气体排放权交易的基本原则，逐步形成了建立"温室气体排放权交易市场"的共识。欧盟温室气体限排制度的建立，标志着欧盟向完成《京都议定书》的承诺迈出重要一步。该制度规定从 2005 年起对能源、钢铁、水泥、造纸、制砖等产业实行二氧化碳排放限额，对超额企业罚款。

根据欧盟委员会的计划，欧盟全体从 2005 年 1 月 1 日起开始实施二氧化碳排放权交易制度，并逐渐确定其交易体制，过渡期为两年。装机容量在 20 兆瓦以上的发电站、钢铁业、水泥业、玻璃和陶瓷业及造纸业等行业，被强制参与该计划，实行二氧化碳的排放量的减排。在减排过程中，各企业会被规定一个二氧化碳等温室气体排放的上限，若超过此上限，则必须购买相应的"排放权"；而如果有结余的"排放权"，则可以交易出售。根据"负担均分"的原则，欧洲委员会环境总局于 2003 年 4 月颁布了从 2005 年开始各成员国可以排放温室气体的最初分配指标，各成员国根据本国指标再决定各企业的排放量。各成员国政府应至少将 95% 的配额分配给各企业，剩余 5% 的配额可采用竞拍方式交易。各成员国负责确定相应规则，可采取的强制措施包括：自 2008 年开始，企业的排污量每超过 1 吨二氧化碳当量，将罚款 100 欧元，或在预先确定期间支付两倍的平均市场价格（在 2005—2007 年的过渡期，罚款额为每吨 50 欧元）。

对《京都议定书》做出承诺的欧盟国家，近几年一直致力于推出"欧盟温室气体排放权交易市场"（European Union Greenhouse Gas Emission Trading Scheme，EU ETS）。EU ETS 已于 2005 年 1 月 1 日正式启动运行，这是目前全球最大的排放交易体系，它涵盖 27 个欧盟成员，此外，非成员国瑞士和挪威也于 2007 年自愿加入 EU ETS。据估计，排污权交易市场的建立和运行，可以使欧盟的减排成本降低 35%。

与此同时，欧盟委员会决定实施《京都议定书》确定的三个基于市场的合作机制，即国际排放贸易（International Emissions Trading，IET）、清洁发展机制（Clean Development Mechanism，CDM）和联合履约（Joint Implementation，JI）行动，各成员国企业可以在国外从事减少温室气体排放的业务，并且可以将减少量加入到本企业的业绩中，或者在市场上交易获益。

欧盟各成员国交通部门是二氧化碳主要排放源，其中汽车排放量占交通总排放量的一半。欧盟制订了 15 年交通部门温室气体减排计划。主要措施有：与日本、韩国等国的汽车制造厂家签订协定，承诺一起携手提高汽车燃料效率，在 2008/2009 年前将新客车的二氧化碳减排平均值控制在 140 克/公里。欧盟还通过燃料税，减少汽车使用，减排温室气体。

在清洁技术方面，欧盟在清洁煤和煤炭复合发电技术、煤气液化燃料开发、碳捕获和存储技术方面都取得了重大进展，法国和西班牙在利用清洁煤技术改造火力发电厂方面已经走在世界前列，欧盟境内许多发电厂已经安装碳捕获和存储设备，欧盟委员会要求，到 2020 年所有新建火电厂必须安装碳捕获和存储设备，到 2030 年，碳捕获比例将超过 20%。

除碳排放权交易之外，欧盟还积极采取其他环境经济政策，如环境税、碳税。自 1988 年美国气候学家詹姆斯·汉森首次提出化石燃料燃烧对全球变暖的风险以后，碳税便逐渐成为世界各国热议的话题，并在实践中不断被付诸实施。欧盟已有一些成员国引入多种类型的环境税，但欧盟建议各成员国征收碳税，旨在鼓励少使用矿物燃料，尤其是少用含碳量高的燃料，从而减少二氧化碳的排放。比如，针对快速发展的民航业，欧盟立法，规定从 2012 年 1 月 1 日开始，将航空业纳入碳排放权交易机制中来，作为第一年交易，2012 年的航空碳排放配额为 2.13亿吨，2013 年则下降至 2.09 亿吨，并在以后进一步降低配额数量。此外，以丹麦、荷兰、瑞典为代表的北欧国家在诸多领域都实行了最严格的碳税制度。

欧盟在下大力气减碳排放的同时，也为其他再生能源提供强劲支持。通过减税或提供补贴等多种方式鼓励利用风力、水力、生物能等再生能源，为碳减排提供强大支撑。在 2010 年之前的 15 年内，欧盟风电装机容量增长了近 30 倍，到 2020 年欧盟国家风能利用将可节约 4000万吨标准油。欧委会专家预测，到 2020 年欧盟的光伏发电装机容量将达到 844 亿瓦。为减少温室气体，欧盟通过减税或提供补贴等政策措施，鼓励利用风力、水力、生物能等再生能源的快速发展。

加强国际合作是欧盟气候变化战略重要的组成部分。《欧洲联盟条约》中规定，欧盟发展政策的核心目标之一是促进发展中国家尤其是最不发达国家的可持续的经济和社会发展。欧盟十分重视在应对气候变化问题方面与发展中国家的合作，提供援助和支持，也要求发展中国家积极参与全球气候变化的国际合作。

2015 年 5 月，欧洲议会和欧盟理事会就在 2018 年建立市场稳定储备达成政治协议，用于调节并消除市场上过剩的碳排放配额。2014 年累积过剩碳排放配额从 21 亿吨降至 20.7 亿吨。

通过一系列的气候变化应对措施，实际情况是，根据欧盟统计局最新数据显示，2014 年欧盟国家化石燃料燃烧所产生的二氧化碳排放量同比下降 5%。二氧化碳排放是全球气候变暖的主因，占欧盟温室气体排放量的近八成。2014 年，大部分成员国实现了二氧化碳排放的下降，降幅最大的国家是斯洛伐克，达 14.1%，丹麦以 10.7% 的降幅紧随其后，其次是斯洛文尼亚的 9.1%。保加利亚、塞浦路斯、马耳他、立陶宛、芬兰和瑞典的碳排放出现上升，增幅分别为 7.1%、3.5%、2.5%、2.2%、0.7% 和 0.2%。2014 年 5 月 18 日欧委会官方公布，欧盟碳排放交易数据显示 2014 年碳排放量约为 18.12 亿吨二氧化碳当量，比 2013 年下降 4.5%。欧盟碳排放交易系统涵盖欧盟 28 个成员国以及冰岛、挪威和列支敦士登 3 国的 1.1 万家发电厂和工业设施，以及内部航线的碳排放。统计数据显示，欧洲经济区范围内的航线 2014 年碳排放约为 5490 万吨二氧化碳当量，比 2013 年增长 2.8%。

三　日本的碳排放权交易实践

与欧盟几乎同时，日本环境省表示，将于 2005 财年建立一个温室气体排放交易市场，以达到《京都议定书》为其确定的减排目标，有数十家企业参与其中。参加的企业为自愿加入，并自己确定排放目标（这些目标接受第三方检查）。企业自行设定到 2006 年度时减少二氧化碳排放量的指标，计算为达到目标而购买所需设备的费用（减少量越大，费用越高）。如果这些费用被政府有关部门认可，将能获得其 1/3 比例的奖励。所有参与企业须在两年内完成目标，完成的办法既可以是自己采取措施减排达标，也可以是向其他参与该行动的企业购买排放配额，还可以利用造林项目或其他在国外的削减温室气体的努力来替代其排放目标的减少量。2006 年年终，有关部门对指标落实情况进行检查。超额完成指标的企业可以将超额部分卖给不达标企业，超额指标越多，获益越多；未达标的企业可以自己决定是返还补助金，还是在二氧化碳交易市场上购买未达标部分的指标，未达标额越大，支出就越大。通过市场机制的作用，促进温室气体减排目标的实现。不过，由于商业集团的反对，日本政府决定将温室气体排放交易体系的建立时间推迟至 2014 年 4 月以后。

在此之前，日本已经有一些企业开展排污权交易活动。如由日本三菱、东京电力、东京燃气等 9 家大公司联合成立的一家名为 COI 的民间团体，专门负责从国外企业购买温室气体排放权，并于 2000 年 12 月开始了第一笔交易。卖方是加拿大的一家石油公司，计划购买标的为 1000 吨排放量，每吨交易价格为 2.5 美元左右。2001 年 3 月 1 日，日本富圆公司和中部电力公司向澳大利亚最大的发电厂麦夸里（Macguarie）公司购买了 2000 吨二氧化碳的排放权，每吨价格 2—3 美元。

在 2002 年 6 月日本议会批准了《京都议定书》后，日本政府的 "防止地球温暖化总部指导委员会" 公布了使用京都灵活机制的管理安排，从而促进了清洁发展机制和联合履约项目的开展。日本的第一个清洁发展机制项目产生于 2002 年 12 月，是一个在巴西的 V&M Tubes do Brazil 钢铁公司进行的燃料转换项目。日本每年可以从该项目中获得 113 万吨的二氧化碳减排量。日本的第一个联合履约项目产生于 2002 年 7 月，是在哈萨克斯坦进行的火电改造项目。日本在 2008—2012 年期间每年从该项目中获得 6 万吨的二氧化碳减排量。近年来，日本在世界各地进行的清洁发展机制和联合履约项目及其可行性研究和调查的项目超过 200 个。

四　其他国家的碳排放权交易实践

除以上国家在不断推动排污权交易外，世界其他国家也不同程度地进行了排污权交易实践。例如加拿大进行了酸雨限额交易，澳大利亚实施了 "绿色证书交易"，新西兰、印度、澳大利亚发展了水污染许可证市场，墨西哥实施了氟氯化碳生产权和消费权制度，新加坡实施了消耗臭氧层物质消费许可证交易，智利、捷克、波兰等国实施了排污权交易等。韩国于 2015 年 1 月 12 日在韩国釜山的韩国交易所总公司成立了温室气体排放权交易市场，有关企业和机构可以通过该市场进行碳配额

（Korean Allowance Unit，KAU）和碳中和（Korean Counteract Unit，KCU）交易，截至 2020 年，只有获得配额的企业以及企业银行、产业银行、进出口银行等官方金融机构能参与市场交易。特别值得一提的是哥斯达黎加，该国于 1995 年启动可证实的和可转让的温室气体排放补偿计划后，于 1998 年在美国芝加哥股市首次抛出减少温室气体证券，并获成功。据估计，哥斯达黎加通过该市场每年从出售吸收二氧化碳的热带雨林能力中获得 2.5 亿多美元的益处。另外，哥斯达黎加于 2013 年 9 月 10 日正式启动了碳排放权交易，哥斯达黎加总统钦奇利亚、环境和能源部长卡斯特罗签署法令，成立碳排放委员会。碳排放权交易市场的成立是哥斯达黎加实施碳中和排放战略的重要举措。根据该战略，到 2021 年哥斯达黎加将实现"碳零排放"的终极目标。届时，哥斯达黎加年碳排放量为 1900 万吨，其中 75% 将被森林和农牧植被所吸收。目前，所征收的补偿费用将统一汇入全国林业专项资金。根据全国碳中和排放法令，哥斯达黎加企业应在限期内自行测算碳排放情况，并制定最大限度减排的步骤措施。届时未达标的企业，为了不影响经营和生产，必须通过购买"哥斯达黎加补偿配额"予以补偿，每个配额折合 1 吨二氧化碳排放量，定价为 3 美元。

综观全球，2014 年全球碳交易规模达 447 亿欧元。世界银行曾预测，2020 年全球碳交易总额有望达到 3.5 万亿美元，有望超过石油市场成为第一大能源交易市场。而中国国内的多个研究机构都预测，中国碳交易市场规模将在 1000 亿元以上，并且在 2020 年之后达到万亿元的规模。因此，碳排放权交易机制已逐渐成为世界之潮流。

五　发达国家碳排放权交易的经验与启示

（一）国际经验

自美国正式实施碳排放权交易政策以来，碳排放权交易已经历 40 余年，纵观这 40 多年的发展，可以得出以下一些经验。

1. 健全的法制环境是碳排放权交易顺利开展的基础保障

法律基础对于碳排放权交易政策格外重要，碳排放权本身是一种强制性的私人契约，法律是这种私人契约能够强制执行的基本保证。由于美国的法制健全，从而促进了碳排放权交易等环境保护工作的顺利展开。美国十分重视环境保护法规建设，至今已经制定了涉及空气、水、有毒物、自然保护等在内的法律法规 120 种以上，形成了一个严格的多方位的环境保护法规体系。据有关分析，如果自觉守法行为从 90% 提高到 95%，则大气质量管理机构的工作效率可以提高一半。因此，有一个好的法制环境和守法群体，对实施碳排放权交易等环境政策具有十分重要的意义。

2. 规范的市场运行机制是碳排放权交易平稳健康运行的有力保障

如果想利用交易制度克服环境问题的外部不经济，就需要有一个较为完善的市场经济机制。实施碳排放权交易，首先，要有一个正确良好的市场意识氛围。其次，要有一个公正、公开的市场交易规则。同时，市场上交易的信息应该是建立在真实、信用的基础上，在一个缺乏诚信的市场上进行交易活动，无疑会带来难以预料的后果。美国的市场运行机制较为成熟，市场经济的意识已深入人心，讲究诚信成为人们的普遍观念，以上诸方面使其交易市场多年来能平稳而健康地运行。

3. 先进的检测技术和完善的信息系统是碳排放权交易正常运行的关键因素

美国环保局设立了三个数据信息系统对碳排放权交易进行管理：一是排污跟踪系统；二是年度调整系统；三是许可证跟踪系统。精确与完整的排污信息和及时准确的许可证交易信息，是碳排放权交易市场能够正常运行的关键因素。

4. 政府的强制推动和有关部门的科学管理是碳排放权交易市场长期存在的基本前提

保护环境目标的确立、污染物控制总量的确定、碳排放权交易机制的形成、交易市场秩序的维护、相关法律的制定和执行等，都离不开政府的强有力作用。美国环保局根据国会和政府的要求，为碳排放权交易的展开，制定了相应的环境标准和市场规则，进行了有力的市场监督和综合管理，从而使碳排放权交易活动得以规范而持久地进行。

（二）国际启示

通过对发达国家碳排放权交易实践的细致分析，我们发现，其中也有不足与教训值得我们重视和警惕。

欧盟气候变化政策的实施过程中暴露出一些问题，比如配额交易体系还需要不断完善。欧盟碳排放交易体系运行以来，已经涵盖了境内 1.1 万家排放单位，但过度依靠排放权交易，导致其他气候政策工具发展迟缓，此外，排放权交易体系本身也存在设计缺陷，包括监管缺陷。

在美国的碳排放权交易市场中有一个突出的特征是，"产品"的价格偏低且波动特别大。以二氧化硫许可证交易为例，在 1990 年执行的酸雨计划中，计算每吨二氧化硫的减排成本为 500—1000 美元，所期望的排放权交易价格每单位为 300 美元以上或者更高（价格太低不足以激励相关污染源采取减排措施）。但是，在实际的交易市场中，其价格却不尽如人意：一是价格偏低，自 1995 年排放交易实施以来，至 2003 年年底以前，二氧化硫排放权交易价格一直在每吨 250 美元以下；二是价格分歧大，波动大，价格最低时仅 60 多美元，最高时 220 多美元，并呈锯齿式波动，而从 2004 年 1 月开始，交易价格又猛涨到 620 美元/吨。

价格由供求关系决定，价格机制须通过供需双方发生作用。碳排放权交易市场也不例外，在美国的二氧化硫许可证交易市场中，影响价格机制正常发挥作用的原因归纳起来主要有如下几个方面：

（1）参与交易者受到限制。美国的总量分配系统中只覆盖有限数量的污染源，比如，在美国的酸雨计划中，只有大的燃煤企业参加交易，将市场参与者局限在总量控制包括的范围里。这一方面会使市场的参与者数量不够充分，影响市场竞争效率；另一方面未参与者数量庞大，在某些方面会产生负面影响，从而降低市场参与者的积极性。

（2）参与交易者购买许可证不是因为直接对污染有什么需求，而是由于受到政府管制的约束。总量控制系统中的参与者不完全是自愿的行动，在很大程度上是因为政府的选择。因而这一市场难以像"古典市场"那样令人满意地运作，其价格机制也难以发挥人们所预期的作用。

（3）政策设计时对未来的实际情况估计不足。在 1990 年执行的酸雨计划中，估计每吨二氧化硫的减排成本需要 500—1000 美元，但后来实际上远远低于这个价格。如减排量最大的中西部地区的一些企业，它们在改用了含硫量较少的煤炭后，就可以满足排污的限制了，其成本远没有估计的那么高，于是影响了二氧化硫许可证的市场需求，也影响了其市场价格。

第三节　国内碳排放权交易的实践研究

自 2011 年 10 月以来，国家发改委批准了北京、天津、上海、重庆、湖北、广东和深圳 7 个省份开展碳排放权交易试点，并将 2013—2015 年定为试点阶段。7 个试点地区的碳市场先后完成 2014 年度碳排放权的履约工作。据统计，96% 以上的控排企业都能够足额清缴配额，碳排放权交易试点市场运行总体平稳，这为建立全国碳排放权交易市场奠定了良好的基础。

根据《中美元首气候变化联合声明》，中国计划于 2017 年启动全国碳排放权交易体系，将覆盖钢铁、电力、化工、建材、造纸和有色金属等重点工业行业。此外，按照中美气候减排声明，我国计划 2030 年左右二氧化碳排放达到峰值，并计划到 2030 年非化石能源占一次性能源消费比重提高到 20% 左右。有机构预测，到 2020 年，中国每年碳排放许可的期货市场价值将达到 600 亿—4000 亿元，现货市场将达到 10 亿—80 亿元。

为加快建立全国碳排放交易市场，2015 年 8 月国家发改委研究起草了《全国碳排放权交易管理条例（草案）》，提交国务院审议。全国碳排放权交易管理条例的出台将从法律层面提供保障，有助于各方碳排放权交易制度的实施、碳排放配额的分配。下一步，国家发展和改革委员会还将制订碳排放权交易总量设定和配额分配方案，制定出台重点行业企业碳排放核算报告标准，推进出台碳排放权交易管理条例，研究制定相关的配套政策，积极开展碳交易相关宣传和人才培训，为实施全国性的碳排放交易奠定基础。

一 我国实施碳排放权交易的必要性

（一）我国环境问题解决的迫切性所需

2016 年的雾霾似乎比以往来得更早一些，也更浓一些。刚刚进入 10 月，雾霾就开始袭击京津冀地区。2016 年 12 月 16—22 日，开启了 10 月以来的第六次大范围持续性雾霾，根据环保部的监测数据显示，这一轮雾霾覆盖了全国 188 万平方公里的国土面积，其中重度雾霾面积达到 92 万平方公里，全国空气质量日均值达到重度及以上的污染城市共计 90 个，石家庄更是出现了连续超过 50 小时的严重污染，空气质量指数一度破千，此轮雾霾影响的人口总数约 4.6 亿人。为了应对这场雾霾，环保部启动紧急预案，奔赴全国 23 个雾霾严重城市督察这些地方的重污染天气应急响应预案执行情况。为了应对雾霾，北京市最早发布空气重污染红色预警，之后，华北、黄淮地区共有 40 多个城市发布重污染天气预警、23 个城市启动红色预警、17 个城市发布橙色预警，抗霾力度可谓史无前例。

2016 年 11 月公布的全国空气质量监测报告显示，全国 338 个地级及以上城市平均优良天数比例为 71.6%，轻度污染天数比例为 18.5%，重度污染天数比例为 5.7%，重度及以上污染天数的比例为 4.1%。与 2015 年同期相比，优良天数比例下降 7.5 个百分点，重度及以上污染天数比例上升 0.3 个百分点。PM2.5 平均浓度为 58 微克/立方米，同比上升 7.4%；PM10 平均浓度为 100 微克/立方米，同比上升 20.5%；二氧化硫平均浓度为 28 微克/立方米，同比上升 3.7%；二氧化氮平均浓度为 38 微克/立方米，同比上升 11.8；一氧化碳日均值 95 百分位浓度平均为 1.8 毫克/立方米，同比下降 10.0%；臭氧日最大 8 小时平均第 90 百分位浓度平均为 83 微克/立方米，同比上升 7.8%。

从我国环境监测总站的空气质量检测数据（见表 6-1）可以看出，太原、邯郸、廊坊、郑州、石家庄、衡水、唐山、邢台、保定，这 9 个城市始终位居全国 74 个监测城市中空气质量最差的 15 位城市名单中，沧州、天津、沈阳、哈尔滨等城市有两次入选空气治理最差城市名单，因此，这从侧面反映出我国空气污染的顽疾之症覆盖面非常广泛。其次，从综合指数和最大指数的数值来看，重污染城市的综合治理效果一般，两项指数都未能取得明显改善，甚至还呈现局部恶化之势，这从侧面反映出我国大气污染治理的难度之大。此外，除重点监测的 74 个城市之外，还有一些未监测的城市，其污染程度可能更加严重，因此，由我国大气污染治理对我国环境治理之艰难就可见一斑了。

表 6-1　　　　近三年空气质量最差城市排名及检测结果

排名	2014 年 11 月			2015 年 11 月			2016 年 11 月		
	城市	综合指数	最大指数	城市	综合指数	最大指数	城市	综合指数	最大指数
60	沧州	8.56	3.14	太原	7.71	2.11	廊坊	7.94	2.57
61	天津	8.99	3.09	银川	7.74	2.2	呼和浩特	7.99	2.19
62	秦皇岛	9.23	2.29	郑州	8.14	2.77	天津	8.22	2.97
63	太原	9.32	2.69	邯郸	8.24	2.6	沧州	8.44	2.94
64	济南	9.72	2.89	北京	8.4	3.37	银川	8.71	2.17
65	邯郸	9.99	3.57	衡水	8.94	3.26	郑州	8.95	3.06

续表

排名	2014 年 11 月			2015 年 11 月			2016 年 11 月		
	城市	综合指数	最大指数	城市	综合指数	最大指数	城市	综合指数	最大指数
66	廊坊	10.02	3.49	济南	8.95	3.26	衡水	9.47	3.29
67	郑州	10.06	3.74	唐山	9.06	2.97	西安	9.87	3.57
68	石家庄	10.08	3.46	廊坊	9.23	3.77	邯郸	10.01	3.11
69	哈尔滨	10.14	3.86	长春	9.45	3.83	唐山	10.26	3.09
70	衡水	10.38	3.63	哈尔滨	10.05	4.26	兰州	10.29	3.77
71	沈阳	10.39	3.06	石家庄	10.08	3.46	邢台	10.45	3.54
72	唐山	11.02	3.37	保定	10.1	3.2	保定	10.85	4.09
73	邢台	11.19	3.94	邢台	10.16	3.49	太原	12.8	3.84
74	保定	14.71	5.09	沈阳	10.69	4.14	石家庄	13.2	4.86

资料来源：根据中国环境监测总站数据整理所得。

（二）我国环境管制政策手段亟待拓展

在碳排放权交易实施以前，我国在控制环境污染方面主要是实行排污收费政策，它主要是排污总量超过国家规定的标准就要收费，但这种传统的排污收费制度实行以来环境质量并未取得很好的改善，排污收取的费用还难以弥补污染治理费，其中不乏有些企业为了追求经济效益，在衡量排污和经济增长的边际效益后，加大排污总量。而碳排放权交易恰好弥补了这一点，并且有利于调动企业对技术创新的积极性，因为在严格控制总量额的前提下，如果技术水平低、污染边际处理成本高、经济效益不好，那么该企业必然会被市场淘汰。所以，从我国现行的环境管制政策措施来看，手段单一，且命令性控制措施长期占据主导地位，这一局面需要运用新的市场激励方式的措施加以补充和扩展，以进一步提升我国环境治理的市场绩效。

（三）碳排放权制度具有灵活性高、成本低、促进经济增长的优越性

碳排放权交易是充分利用市场机制调节作用的环境经济政策。对各个企业来说当排放权交易价格有所变动时，可以及时对自己的生产成本及产品价格做出调整，而且国家规定了排污总量也可以预知污染治理费，在"看不见的手"的调节下，整个社会的污染治理成本将会最小化，各个经济主体之间通过交易也能实现利益最大化。而且当经济增长

或污染处理技术提高时，碳排放权价格会在市场机制自动调节下达到所需量，灵活性强。环境问题已成为制约我国经济发展的一大因素，碳排放权交易有效地控制排放总量且有着一般贸易的性质，它在为我国经济发展提供了容量空间的同时也增加了财政收入。

（四）碳排放权有利于提高公众参与环境保护的积极性和国家宏观调控能力

碳排放权是一种无形的交易商品，它独特的商品性质决定了它与以往仅限于污染企业和政府之间联系的环境政策不同。此政策可以调动公众的积极性，人人都可以掌握排污的主动权，人们可以通过相关部门买到排污权，如果不再卖出那么污染物的排放总量就要降低，从而可以通过此种方法抗议或支持现有的环境质量标准。同样的道理，国家也可以通过掌握排污权来控制其价格和排放量，对经济进行宏观调控、对环境质量进行微调。

总之，作为发展中国家，碳排放权交易政策的实施无论对我国经济增长还是环境污染的控制都起到了很好的作用。

二　北京市碳排放权交易实践

2013 年 11 月 28 日，北京碳排放权交易市场正式开市交易。据悉，目前北京市已将年均排放量 1 万吨以上（含）二氧化碳排放量的 490 家企业、单位纳入交易体系，下一步将研究推动年均排放量 1 万吨以下的企业、单位也纳入交易范围。作为国家首批 7 个碳排放权交易试点省份之一，北京市碳排放权交易只针对二氧化碳一种温室气体，试点期间本市碳交易平台设在北京环境交易所。符合条件的企业单位参与交易的具体条件可以参考北京环境交易所公布的具体信息（www. cbeex. com. cn），网站上有具体的开户通知，目前自然人投资者暂不考虑。交易价格由市场供需决定，一旦遇到价格波动将有相应的调控措施。

根据北京环境交易所网站资料，截至 2015 年 10 月 23 日，北京市碳排放权交易市场碳排放配额累计成交量达 530.5479 万吨，累计成交额为 2.38 亿元人民币（见图 6-3），其中线上成交 2314608 吨，成交额 1.22 元，成交均价为 52.68 元/吨，较初始价格上涨 2.79%，协议转让共成交 2990871 吨。而且，2015 年前 5 个月线上公开交易量和交易额较去年同期分别增长 330% 和 300%，表明市场日趋成熟、交易活跃度明显提升。2013 年 11 月 28 日开市以来至 2015 年 10 月 23 日，林

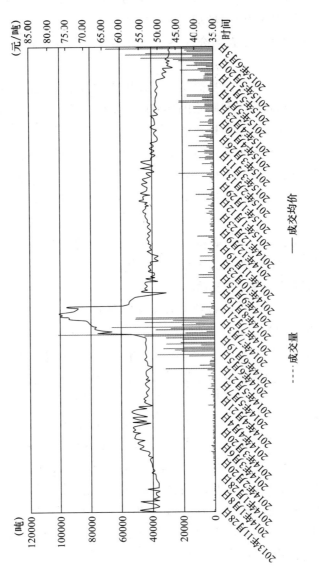

图6-3 北京碳市场成交信息

业碳汇共成交 71115 吨，成交额 2610499 元，成交均价 36.71 元/吨，均为线上公开交易。2013 年 11 月 28 日开市以来至 2015 年 10 月 23 日，核证自愿减排量（CCER）共成交 4449079 吨，成交额 22268672 元，其中线上成交 7788 吨，成交额 167687.5 元，成交均价为 21.53 元/吨，协议转让成交 4441291 吨。

此外，北京市碳市场还在交易产品方面进行了创新，丰富了交易产品品质，建立并实施碳排放权抵消机制，重点排放单位用于抵消履约的碳减排量超过 12 万吨二氧化碳当量，一方面拓宽了重点排放单位的履约渠道，降低了减排成本；另一方面也表明北京利用碳交易市场协同推动节能改造、植树造林等生态文明建设迈出了实质性步伐，同时也实现了北京市碳排放权交易平台与全国核证自愿减排量交易平台的顺畅有机衔接。另外，北京降低投资机构准入门槛，探索放开自然人参与交易；积极探索碳金融创新，鼓励重点排放单位开展碳排放配额抵押式融资、配额回购式融资、配额托管等业务。据北京市发改委副主任洪继元透露，目前有 30 余家投资机构和近 40 名自然人参与了北京市碳交易，国内首单碳排放配额回购融资协议正式在北京签订并交割，融资规模达 1330 万元，为活跃碳市场提供了新动力。

尤为值得关注的是，北京市碳交易在跨区域碳汇项目方面也取得了实质性进展。自 2014 年 12 月 31 日承德市丰宁县千松坝林场碳汇造林一期项目挂牌以来，跨区域碳汇项目交易一直非常活跃，截至 2015 年 1 月 8 日，累计成交量 11564 吨，成交额 43.94 万元，成交均价 38.00 元/吨。京冀跨区域碳汇项目的成交，进一步丰富了跨区域碳排放权交易产品、拓展重点排放单位履约渠道，是北京市积极利用市场手段推动跨区域生态环境建设与生态补偿的一项重要机制创新，对推进京津冀多领域多层次协同发展具有重要的探索和实践意义。

从碳交易的实施效果来看，经初步测算，通过建立碳排放权交易市场，重点排放单位 2014 年二氧化碳排放量同比降低了 5.96%，协同减排 1.7 万吨二氧化硫和 7310 吨氮氧化物，减排 2193 吨 PM10 和 1462 吨 PM2.5，二氧化碳排放量同比下降率及绝对减排量均明显高于去年。

总之，北京碳排放权交易正式开市以来，已经平稳运行三年，现已构建起碳排放权交易的基本制度，试点建设取得了明显成效，下一步还需在以下几个方面努力（北京环境交易所，2014）。

（1）进一步开放碳排放权、激活交易市场。开市之初，市场参与主体主要是重点排放单位，今后还应积极探索开放自然人参与交易，降低非履约机构的准入门槛。这不仅可以丰富市场参与人类型，增加市场流动性，提高市场活跃度，而且还可以增强市场发现价格的功能，有效促进全社会节能减排。国家发展和改革委员会出台的《碳排放权交易管理暂行办法》也允许符合条件的自然人参与交易。为此，北京应探索性地允许自然人参与交易，并适度放开非履约机构入市条件。

（2）加强碳资产管理、促进碳市场价格发现。碳配额不只是约束企业碳排放的工具，更是新的资产形式。然而在碳市场发展初期，包括排放单位在内的社会公众对碳配额的资产属性并不熟悉。将碳配额交易与金融工具相结合的各种碳金融创新，体现出配额可量化、可定价、可流通、可抵押、可储存的特点，能够提升社会对碳配额资产价值的认可。社会对碳配额资产价值认可度越高，参与碳市场的社会资本就会越多，越有利于通过碳市场促进节能减碳，形成正向反馈。

建立碳市场的目的是为了通过市场机制发现碳排放的价格信号，体现出"排碳有成本，减碳有收益"，引导社会进行节能减碳。然而，碳排放权交易试点第一年经验表明，排放单位往往习惯于在履约之前进行集中交易，使得碳市场大部分时间活跃度相对较低，不利于有效碳价信号的形成。配额托管和配额回购式融资等碳金融创新，能够吸引更多的碳配额进入市场，有助于提高碳市场的流动性和活跃度，进而促进碳市场的价格发现，促进节能减碳。

三　深圳市碳排放权交易实践

2010年9月30日，以深圳成为国家首批低碳试点城市为契机，经深圳市人民政府批准，深圳排放权交易所（以下简称"交易所"）成立。为落实"十二五"规划关于逐步建立国内碳排放交易市场的要求，推动运用市场机制以较低成本实现2020年我国控制温室气体排放行动目标，加快经济发展方式转变和产业结构升级，深圳市和北京市、上海市、天津市、重庆市、湖北省、广东省一起入选首批开展碳排放权交易试点省份。为更好地完成深圳市碳排放权交易试点的各项工作，在深圳市政府的支持下，交易所于2012年4月完成增资扩股，目前注册资本金增加至3亿元，成为国内同类交易所中注册资本金额最大的交易所。该交易所致力于将交易所建设成为：全国排放权交易中心、低碳产业核心枢纽和低碳金融创新平台，尤其是在金融创新方面，深圳排放权交易所一直走在全国的前列。下面对其碳交易产品进行介绍（根据深圳交易所网站资料整理）。

（1）EMC 投资基金：深圳排放权交易所针对节能服务公司在实施合同能源管理（EMC）项目中存在的融资困难的问题，联合基金管理公司、律师事务所、金融机构等，通过发行 EMC 基金，为节能减排企业提供资金的支持。

（2）碳减排项目投资基金（简称碳基金）：碳基金是指由政府、金融机构、企业或个人投资设立的专门基金，致力于在全球范围购买碳信用或投资于温室气体减排项目，经过一段时期后给予投资者碳信用或现金回报，以帮助改善全球气候变暖。由深圳市政府相关部门主导，深圳排放权交易所联合银行、金融机构等，利用广泛的融资结构，在低碳和能源技术领域、气候金融方面设计一个专项碳减排项目投资基金，投资深圳市节能减排领域的项目。

（3）碳债券，是指政府、企业为筹集低碳经济项目资金而向投资者发行的、承诺在一定时期支付利息和到期还本的债务凭证。碳债券的核心特点是将低碳项目的碳资产收入与债券利率水平挂钩。碳债券的投向十分明确，紧紧围绕可再生性能源进行投资。碳债券可以采取固定利率加浮动利率的产品设计，将碳资产收入中的一定比例用于浮动利息的支付，实现了项目投资者与债券投资者对于碳资产收益的分享。

四　湖北省碳排放权交易实践

相关资料表明在"十五"期间，湖北省二氧化硫排放量增长了28%。针对经济发展中的环境污染问题，湖北省在"十一五"期间充分考虑到湖北省经济实际情况与东部沿海的差距后，积极寻找一种高效率、低成本的环保政策，开始实行以控制排污总量为前提，具有很大优势的碳排放权交易制度，以平衡经济发展与环境污染之间的矛盾。湖北碳排放权交易中心于 2012 年 9 月正式成立。碳交易主体的确定是根据有关部门核定的 2010 年、2011 年综合能耗在 6 万吨及以上的工业企业，最终确定了 138 家企业作为纳入碳排放配额管理的企业，行业领域涉及电力、钢铁、水泥、化工等 12 个。

自交易中心成立以来，在碳排放权交易、碳金融产品与服务、低碳产业投融资和碳资产管理等领域进行了大量的创新和探索，推出的促进碳市场有效性、流动性、连续性的"六维理论"属全国首创。同时，中心积极吸纳交易、投融资、低碳技术服务等机构汇聚碳市场，丰富碳市场的服务功能。在农林资源丰富的不发达地区，积极探索碳市场为地方政府低碳产业发展服务的途径，积极探索如何利用碳市场建立市场化的生态补偿机制。这种多层次多维度的积极实验和大胆探索，是建成中国特色碳交易市场过程中的披荆斩棘、开山辟路，显示出建成中国特色碳交易市场的毅力和决心。

经过四年多的试点，湖北省取得了较多的成果（乔晓岚，2014）。湖北碳排放权交易中心副总经理张果提供了一组数据，2015 年 1—10 月，湖北碳市场累计成交量 1446 万吨，占全国的 62.5%；累计成交额 3.38 亿元，占全国的 57.1%。湖北的成功是因为该省的试点总量大，在 7 个试点当中，只有湖北和广东两地包含一个省规模的面积；另外，湖北省碳排放权交易中心设计了比较严格的减排制度设计体系。具体来说，所有的控排企业基于历史排放数据分配的配额是 0.9192，也就是说如果历史排行基值是 100 万吨的话，政府提供给企业的配额只有 91.92 万吨，还有剩下 8 万吨需要企业通过减排或者通过市场去买，因而市场就具有流动性，这一分配制度是全国最严的。因此，湖北的交易量大也证明湖北省在减排政策制定方面的尺度是最严厉的。换言之，需方是政府创造的，政府定多大的减排目标，市场的需求就有多大。

五　广东省碳排放权交易实践

2009 年 6 月 30 日，广州环境资源交易所正式挂牌运营。2012 年 2 月 23 日，广东省人民政府《关于加快推进我省碳排放权交易试点工作的会议纪要》明确在广州建立碳排放权交易所。2010 年 7 月 20 日，在广州环境资源交易所完成 2880 吨碳排放量交易，成为在中国举办的亚运会第一宗碳中和案例。2010 年 11 月 2 日，广州市金融办指示广州交易所集团，在广州环境资源交易所的基础上，整合资源组建广州碳排放权交易所。2012 年 9 月 7 日，《广东省碳排放权交易试点工作实施方案》印发，明确广州碳排放权交易所是广东省碳排放权交易平台。2012 年 9 月 11 日，广东省碳排放权交易试点启动，暨广州碳排放权交易所揭牌仪式在广州联合交易园区举行。

经过四年多的运行，事实证明，广东省碳排放权交易在实践经验和理论依据等方面都走在了全国的前列，广东也是全国最大的碳市场容量。据统计，自履约结束（2015 年 6 月 23 日）以来，截至 2015 年 8 月底，广东配额成交量 384.16 万吨，其中协议转让 225 万吨，较去年同期增长 437.15%。与 2014 年的冷清相比，交易热度大为提升。广州碳排放权交易所董事长刘晓鸿指出，2013 年、2014 年这两个年度，广东的碳排放交易不是很理想，但是从第二个履约年度结束到第三个履约年度的初始阶段，二级市场的活跃程度有了井喷式的发展。下面对碳排放权交易的工作细节做一总结。

（一）碳排放权交易的工作进程

大致分为三个阶段，第一阶段称为筹备阶段，即从 2012 年开始到 2013 年上半年，这一阶段的主要工作是启动碳排放交易的相关工作，并积极制定有关交易的实施办法、管理制度，并成立了广州碳排放权交易所。第二阶段为实施阶段，即 2013 年下半年开始到 2014 年，启动基于配额的碳排放权交易，不断完善碳排放权管理和交易体系，开展建立省际碳排放权交易机制的前期研究，加强建立省际碳排放权交易机制的工作协调。第三阶段为深化阶段，即 2015 年以来至今。推动温室气体自愿减排交易、促进省内碳排放权交易的顺利开展，全面总结和评估自开展碳排放权交易试点工作以来的业绩不足，在此基础上，研究制定"十三五"碳排放权交易工作思路和实施方案，力争率先启动省际碳排放权交易试点工作。

（二）碳排放权交易的行业选择和企业确定依据

根据国家节能减排的约束性指标以及广东省环境容量的评估，基于经济社会与环境协调发展的需要，广东省政府确定的碳排放交易行业范围为电力、钢铁、石化和水泥四个行业，将年排放两万吨二氧化碳或年综合能源消耗在 1 万吨标准煤及以上的企业纳入交易主体，共计 186 家。并将陶瓷、纺织、有色、塑料、造纸等工业行业的企业，其在 2011—2014 年任一年的二氧化碳排放量在 1 万吨或综合能耗量在 5000 吨标准煤的企业纳入碳排放信息报告企业名单。还计划逐步将交通运输、建筑行业的重点企业也纳入碳排放信息报告范围。此外，国家核证的自愿减排量或省内核证的自愿减排量也可以纳入到碳排放权交易体系。

（三）碳排放权配额的发放及获取途径

碳排放权配额的发放主要是依据过去三年企业的二氧化碳排放历

史，并结合行业特点，一次性向企业发放未来三年的碳排放权配额指标，在此期间将结合企业每一年度上报的碳排放情况，适时对其配额指标进行科学调整。碳排放权配额的发放主要以免费发放为主，适量增加有偿使用的比例。企业针对上一年度剩余的碳排放配额指标可以选择在排放交易所出售，也可以选择结转至下一年度（三年有效期满为止），但如果企业碳排放量超出其所持有的配额量，则应及时购买不足部分，以履行其控制碳排放的责任。对于新建企业获得的碳排放权配额必须在项目建成投产后且主管部门验收核定以后方可出售。

六 上海市碳排放权交易实践

上海市碳排放权交易 2013 年 11 月 26 日在上海环境能源交易所正式启动。全市 191 家来自钢铁等工业行业及宾馆等非工业行业的企业，率先纳入了碳排放配额管理范围。启动当日，2013—2015 年 3 个年度配额分别都出现了成交，首笔成交价格分别为每吨二氧化碳 27 元、26 元和 25 元，成交量分别为 5000 吨、4000 吨和 500 吨，成交企业包括申能外高桥第三发电厂、中石化上海高桥分公司等。交易采取公开竞价或者协议转让的方式进行。

据上海市发展改革委介绍，根据总体安排，在 2013—2015 年的试点阶段，上海纳入配额管理范围的试点企业主要来自钢铁、化工、电力等工业行业，以及宾馆、商场、港口、机场、航空等非工业行业。试点阶段，企业 2013—2015 年各年度碳排放配额全部实行免费发放，试点企业已通过登记注册系统取得了各自的配额。企业每年按照实际排放量进行清缴，企业配额不足以履行清缴义务的，可以通过交易购买；配额有结余的，可以在后续年度使用，也可以用于交易。如未按规定履行配额清缴义务，最高可被处以 10 万元罚款，2014 年罚款额度提高至 20 万元。

上海在国内率先制定出台了碳排放核算指南及各试点行业核算方法，确定了全市碳排放统一的"度量衡"。同时，在分配方法方面，采用了国际上较为普遍的"历史排放法"和"基准线法"，并结合上海实际对其进行了深化和完善，使其更符合现阶段上海企业发展的实际情况。

但是，上海市的碳排放交易实践也暴露出一些问题，具体如下（碳交易网，2014）：

（一）法律效力较弱

与深圳市和北京市出台的市级人大决定相比，上海市是以市长令形式颁布的《上海市碳排放管理试行办法》（以下简称《管理办法》），法律效力相对薄弱。受法律效力的制约，根据《管理办法》对于违反规定的控排企业的处罚力度最高为 10 万元人民币（2014 年 2 月 24 日行政处罚上调至 20 万元人民币），这样的处罚力度对于一些年产值上亿元的大型控排企业仅仅只是九牛一毛，法律约束力明显不足。此外，与深圳碳交易试点出台的《深圳市碳排放权交易试点工作实施方案》相比，上海市的《管理办法》并没有将上海市的减排目标纳入在内，导致试点的具体实施工作缺乏相关法律支撑，也直接影响企业参与碳交易市场的积极性和碳交易市场的活跃度。

（二）配额分配尺度松紧不一，调整能力较弱

上海市对不同行业采用了不同的分配配额方法，对于电力企业采用行业基准法并以发电机组为基础进行分配，而对其他行业主要采用历史法分配。由于配额分配办法的差异，电力行业配额量较紧张，履约难度大；而其他行业的部分企业配额相对较充分，完成履约的难度较小。碳交易试点企业的配额是一次性发放的，企业在 2013 年就直接取得了 2013 年、2014 年、2015 年三年的配额。一次性发放配额的情况下，下年度的配额基本没有调整的余地。虽然对于取得预配额的企业每年会有一次配额的调整，但这个调整是基于企业的实际生产，与其他试点地区每年重新根据总体情况调整后重新分配相比，上海碳交易市场的这种一次性分配方法对试点企业的配额管理提出了更高的要求。

（三）碳交易市场流动性受限制，市场活跃度不高

由于参加上海碳交易市场的控排企业所处行业不同且规模存在巨大差异，因此，从配额分配的结果来看，上海的配额分布与湖北省和广东省相似，也存在配额垄断的现象。统计数据显示，目前上海 2013 年的配额中约 70% 的配额掌握在宝钢集团、华能集团和申能集团等少数企业手中，即试点的大部分企业账户里的配额加起来还不到总量的 30%。加之上述几家大型企业排放配额本身就很紧张，如果在试点期间，它们为保证自身所持有的配额能够进行履约，而仅将很少量配额投放市场甚至不进入市场交易，那么上海碳交易市场的实际交易量将会非常少，从而导致整个上海碳交易市场"天生"配额流动性不足，配额交易不够

活跃。

(四) 尚未真正建成以市场为基础的价格机制

碳交易价格是碳市场的"晴雨表",碳价格主要受减排政策、能源价格、减排技术水平、市场基本面等几个因素影响。目前,上海碳交易价格的波动并没有真实反映出碳交易市场的供需情况,也没有反映出真正的减排成本,多数情况是政策导向和人为操作的结果。

(五) 企业减排目标与节能考核目标没有直接挂钩,影响部分企业参加碳交易的积极性

上海企业减排目标与节能目标并不挂钩,相对于碳交易试点,大部分企业更愿意完成国家的节能目标以寻求更高的补贴,甚至部分企业认为,参加碳交易将增加企业的负担和成本,从而消极对待碳交易。因此,如何将碳交易工作和目前节能减排考核工作有机结合,如何提高企业参与碳交易的积极性,仍是一项艰巨任务。

七 天津市碳排放权交易实践

继北京、深圳、上海、广东之后,天津市碳排放权交易作为全国第五家碳排放交易试点,终于在 2014 年 1 月 26 日正式启动。开市首日,以协议配额的形式达成 5 笔交易,成交量为 4040 吨,交易额为120295.2 元,每吨碳配额的成交均价约 29.78 元。天津市将 2009—2013 年(近五年)二氧化碳排放量在 2 万吨以上的碳排放大户纳入初期试点范围,共计 114 家企业单位,涉及的行业范围有钢铁、化工、电力热力、石化和油气开采。通过交易所参与碳排放交易的主体既可以是个人,也可以是机构,碳排放交易主体的扩大将积极推动交易市场的快速发展。

据天津排放权交易所网站资料,天津碳交易平台可分为区域碳市场、自愿碳市场、能效市场和主要污染物碳市场四个碳市场。(1)区域碳市场是指在区域范围内开展的,以碳排放权配额为交易标的物的市场,这起源于 2011 年 11 月国家发改委批复的包括天津在内的 7 个试点地区开展全国区域碳市场试点工作,为全国性的碳市场建设提供经验借鉴和准备工作。(2)自愿碳市场是指基于项目的自愿减排量(CCER)为交易标的物的市场,旨在鼓励企业和个人广泛积极参与自愿碳市场交易,同时也为全国性的碳市场建设积累经验。(3)能效市场,这是天津碳交易市场的创新型做法,是指基于强制能效目标的排放权交易体

系，目前能效市场交易，只在民用建筑领域开展，今后将逐步推广至供热计量、建筑能耗目标考核和超能耗定额加价制度中去。（4）主要污染物碳市场，目前天津碳排放交易平台的主要污染物交易主要是针对二氧化硫开展，今后将助推覆盖国家强制管制的其他污染物，如化学需氧量、氮氧化物和氨氮等领域的排放权交易。

天津市在碳排放交易方面已经进行了积极的探索，取得了非常宝贵的经验，尤其值得一提的是，天津在自愿减排量方面取得了实质性进展。2015 年 4 月 27 日，在天津碳交易所完成了国内最大的一单 CCER 交易，其中买方为中碳未来（北京）资产管理有限公司，卖方为安徽海螺集团有限责任公司下属芜湖海螺水泥有限公司，成交量为 506125 吨，这笔巨额减排量来自"芜湖海螺水泥 $2 \times 18MW$ 余热发电工程项目"（备案编号：041）。

八　重庆市碳排放权交易实践

2014 年 6 月 19 日，重庆碳排放权交易在重庆联合产权交易所举行开市仪式，是西部地区碳排放交易唯一平台，首日交易 16 笔，交易量为 14.5 万吨二氧化碳当量，交易总价合计 445.75 万元。

基于大量的实地调研和科学研究，借鉴 EU—ETS 等国际和国内其他试点省（市）的经验，重庆市拟定了碳排放权交易试点实施方案，经市政府和国家发展改革委同意后，组织有关部门和单位开展制度规则、配额分配、交易平台、报告核查、监管机制等设计和基础体系建设工作。针对重庆地处西部，经济社会发展水平尚处于欠发达地区和欠发达阶段，工业化、城镇化和农业现代化加快发展，资源能源环境的约束日益趋紧的实际，建立政府指导下的市场化碳排放权交易机制，提高企业控制碳排放的意识，引导企业实现较低成本的主动减排，促进全市碳排放强度和能耗强度持续下降，实现经济社会又好又快发展。重庆市碳排放权交易比较鲜明的改革探索特点有以下几个方面（据重庆联交所资料整理）：

（一）试点工作坚持制度规则先行

从顶层设计建立"1＋1＋3＋7"的政策制度和操作规范。市人大常委会将《关于碳排放管理若干事项的决定》纳入了立法计划，市政府制定《重庆市碳排放权交易管理暂行办法》，确定交易试点原则。市发展改革委会同有关部门和碳排放权交易中心细化管理办法，指定碳排放配额管理细则、工业企业碳排放核算报告和核查细则、碳排放权交易细则，以及交易结算管理办法、交易信息管理办法、交易风险管理办法、交易违规违约处理办法、核算和报告指南、核查工作规范等，为碳排放权交易提供了有力的制度保障。同时，还培育了 11 家核查机构，加强碳排放报告的核查。

（二）试点范围突出工业重点领域

重庆市既是老工业基地城市，又是统筹城乡发展综合改革试验区，既要加快工业化、城镇化发展，更要坚定不移走新型工业化道路，工业转型升级和实现低碳发展是发展方式转变的重中之重。重庆工业的二氧化碳排放量占全市排放量的 70% 左右，本次试点范围确定在 254 家年碳排放超过 2 万吨的工业企业，其排放量占工业碳排放总量近 60%，因此，纳入减排的重点工业企业对控制全市温室气体排放工作起着强有力的推动工作。

（三）减碳目标实行总量控制

以所有试点企业 2008—2012 年既有产能最高年度排放量之和作为基准量，在 2013—2015 年逐年下降，实行总量控制。既做到了从严控制排放总量，又有利于发展和鼓励企业积极参与减排。同时，市场有明确预期，有利于企业决策和活跃交易市场。

（四）配额分配充分运用市场机制

试点企业的碳排放配额分配是在总量控制的目标下，由企业通过年度碳排放量申报而确定的。如果企业年度申报量之和低于总量控制数，企业的年度配额按其申报量确定。如果企业年度申报量之和高于总量控制数，则根据企业申报量和历史排放量等因素按其权重确定其配额。同时，还建立了激励和约束申报配额的调整机制，在年度核查后增减相应配额。总体上看，配额分配管理中政府主要控制排放总量，充分发挥市场配置资源作用，由企业通过申报竞争，公平获得配额；通过建立配额调整机制，既能防止企业虚报，又不让"老实人"吃亏；分配规则可量化透明，限制了政府配额分配的自由裁定权；将企业实施减排项目产生的减排量纳入配额计算，鼓励企业技改升级。

九 国内碳排放权交易试点的总体评价

（一）国内试点省份的共同做法

通过对我国几个试点省份碳排放权交易实施现状的分析，可以发现这些试点地区的碳排放权交易已经取得了一定的成绩，也积累了很多有价值的经验。总的来看，我国试点省份在制定碳排放权交易相关对策时的异同点大致有以下几点。

1. 试点工作基本完成，试点内容基本类似

我国碳排放权交易试点工作开展以来，各地政府机构都高度重视，从组织管理、企业调研、交易规则的设计与修订、碳排放权交易的激励和惩罚机制等诸多方面，都倾注了大量精力、财力和人力，各试点单位都制定了有关本地区或区域内碳排放权交易管理的试行办法，并且取得了不同程度的交易业绩。现在很多省份都已经进入由试点城市向全省或全市全面推广碳排放权交易政策的阶段。另外，在对各省份的对比分析中，可以发现在它们的实施方案中，都涉及碳排放权交易过程中的一些基本问题，如碳配额总量的确定方法及具体数量、碳配额的初始分配方法及分配流程、碳配额交易平台的建立与监管、碳配额交易资金的使用与管理，但具体实施方法各有不同。

2. 交易对象主要集中在大气的碳排放权交易

由于我国整体经济发展尚处于工业化进程的攻坚阶段，在国家层面上，污染物控制的重点是对大气和水的污染，因此，各省份也都将二氧化碳作为碳排放权交易的主要内容。深圳、上海、北京、广东、天津、湖北碳市场都是仅纳入二氧化碳作为控排气体；而重庆碳市场却纳入了《京都议定书》规定的全部 6 种温室气体，这在一定程度上表明了重庆碳市场控制温室气体排放的决心，但也增加了管控难度。行业范围主要集中在电力、钢铁、水泥、印染以及造纸等大气污染比较严重的行业。各试点省份公布的碳交易试点名单中，工业企业仍是重点对象。如湖北省的 150 余家试点企业，涉及钢铁、化工、水泥、电力等行业；而上海市公布的 197 家试点企业中，除涵盖重工业外，还纳入了酒店、火车站、百货、银行等服务场所；广东的碳排放交易纳入了 635 家工业企业和 200 个公共建筑。公共建筑实际上就是碳排放在 2 万吨以上的大型建筑，包括政府楼宇、酒店和商业楼宇。此外，参与碳排放交易的控排单位要有一定规模，一般的碳排放交易要占碳排放量总额的 40%，才会有影响力。否则，因交易主体不足导致市场活力欠佳。

3. 碳排放权的入市门槛存在地区差异

总体来看，各试点碳市场覆盖范围基本与地方产业结构和经济发展

水平相适应，具体来说，广东、天津、湖北和重庆的第二产业占比及其对 GDP 贡献率约为 50%，单个企业排放量较大，因此，纳入企业也多属于第二产业的高排放企业，并且纳入控排企业的门槛也较高。深圳、北京的第三产业占比及其对 GDP 贡献率超过 60%，加之第三产业单个企业排放量相对较小，所以北京和深圳碳市场覆盖的参加碳交易的第三产业企业多，纳入控排企业的排放量门槛也较低。上海属于第二产业和第三产业都比较发达的地区，第二和第三产业占比及其对 GDP 贡献率相近，因此，上海碳市场覆盖的企业也大多属于第二和第三产业，并对工业企业和非工业企业分别设定了不同的纳入门槛。

4. 交易价格基本在低位运行，无大幅度波动

在碳排放权配额的交易价格方面，除个别交易所出现过大幅波动之外，7 个试点的碳价格基本在每吨（二氧化碳当量）30 元以下的低位。湖北的交易价是在每吨二氧化碳（当量）21—29 元，没有较大的波动。湖北省政府制定了碳排放权的投放和回购的管理办法，如果价格处于一个不合理的区间，省政府会考虑适时投放配额来稳定市场价格。价格波动幅度较小也有一定优点，毕竟国内的交易规模还比较有限，很容易被投机者操纵。

5. 试点取得了一定成效

根据国家发改委公布的数据，截至 2015 年 8 月底，全国 7 个碳排放权交易试点累计交易地方配额约 4024 万吨，成交额约 12 亿元；累计拍卖配额约 1664 万吨，成交额约 8 亿元。而被纳入排控企业的履约也在上升，2014 年和 2015 年履约率分别达到 96% 和 98% 以上。尽管 7 个试点的碳交易额和碳交易总量都未达到预期，但仅仅通过交易量来判断试点的成功与否也是不全面的。此外，试点省份的政府、企业和社会已经在低碳发展方面有了比非试点省份更多、更深刻的认识和理解，这为下一步全国碳排放交易市场的建立奠定了基础，这也是一个方面的成功。作为中国应对气候变化的政策与行动的一部分，全国范围的碳排放权交易体系将于 2017 年启动。

（二）国内试点省份存在的不足之处

然而，由于我国还没有一套完整的碳排放权交易的法律规范，各地区的试点工作的内容以及方法五花八门，所以，整体还处在初级发展阶段。通过试点也发现我国在碳排放权交易制度建设方面还存在一些不

足，突出表现为以下几个方面：

1. 初始分配问题还有待合理解决

初始碳排放的合理分配与碳排放交易市场的公平性息息相关，特别是在碳排放权无偿分配上，如何更好地平衡新老企业之间的不公性，对整个碳排放权交易市场的活跃性以及整个社会的减排效果都会产生很大的影响。因此，各省份还应深入研究碳排放权的初始分配问题。大部分试点省份控排企业的碳配额主要通过政府免费方式分配获得，仅有极少比例是通过后期的竞拍方式获得。此外，初始配额的分配公平问题还体现在不同行业之间配额配置，这会影响控排企业的碳配额初始成本。

2. 监督机制有待完善

无论是对企业污染物排放总量的监督，还是对交易市场的监督，都是碳排放权交易健康发展的保障。从我国碳排放权交易的试点省份不难发现，每个省份的碳排放权交易的监督机制都有一定的漏洞，而且很难避免"寻租"行为的产生。有时企业为了追求利益最大化，甚至利用监督机制的漏洞来谎报排污总量监测结果，这些都是碳排放权交易体系顺利实施的阻碍。加强对企业污染物监测，实行多级部门或相关权威机构同时监测，以防止企业谎报监测结果。在市场监督机制方面还需要制定相关的法律来约束市场交易，并尽量使交易信息公开化，以达到共同监督的效果。

3. 法律法规的缺乏

虽然我国部分省份制定了相关碳排放交易的地方性法规，但由于碳排放权交易体系涉及面广而且复杂，现有的这些政策体系难以解决碳排放权交易实践中的种种问题。特别地，我国并没有把碳排放权交易的总量控制、市场交易等相关内容明确列入《环境保护法》中，这也是我国碳排放交易发展史上的一个明显的制度性缺陷。

4. 符合我国实际的市场交易机制还未健全

虽然我国各地碳排放交易的试点工作都取得了一定成绩，但各省份碳排放权交易的实施方案、方法以及交易形式各有差别，如何将这些形式各异的实施方案推广到全国仍然存在很多困难。换言之，目前，各试点的碳排放权交易模式还未达到全国性的规范化。

综观国内各省份碳排放权交易的实施状况，可以得出碳排放权交易的成功实施，必须加强以下几个方面的研究：强大的技术体系研究、碳排放权初始指标的公平分配、污染检测系统的精确性、健全的执法监管系统以及完备的法律制定。总之，我国碳排放权交易仍然处于初级发展阶段，交易市场的规范化管理、污染物监测和处理的技术能力的提高，以及相关法律法规的制定等，都是我国碳排放权交易发展过程中急需解决的问题。特别是在一些具体细节问题上，如坏境承载能力的计算、污染物排放检测系统的改进、碳排放权指标的分配方法等很多方面还需要更进一步的研究。各试点碳市场为设定全国碳市场覆盖范围带来诸多思考和启示。

（1）全国碳市场建设之初，其覆盖范围不宜过广。目前，我国碳交易政策法规体系还未建成，我国主要行业温室气体检测与核算技术即可监测、可报告、可核查技术（Monitoring, Report and Verification，简称 MRV 技术）基础薄弱，节能、减排、产业、财税、执法等管理部门和相关政策的协调亟待加强。因此，尽管国家鼓励通过碳市场探索不同行业低成本减排的有效途径，但在全国碳市场建设之初不宜纳入较多的温室气体种类、行业企业和排放源，且应纳入适于通过碳市场管控的单位和排放源，否则不可避免地就会增加排放配额分配、MRV 和企业履约工作的难度和成本，同时也可能会对地方经济发展造成一定负面影响。

（2）由于我国各地区经济发展水平、产业结构、能源消费、减排目标等情况不同，各行业企业刚性排放情况、减排技术水平、碳交易和碳资产管理能力存在较大差异。因此，在设定全国碳市场覆盖范围时，应充分考虑我国的地区差异性和行业差异性，应有计划、分阶段逐渐扩展覆盖范围，且应该纳入适宜采用碳交易控排的行业和企业。

（3）应慎重考虑是否纳入电力间接排放。碳市场纳入电力间接排放，尽管可以通过控制电力消费端排放倒逼电力生产端控制排放（其效果还有待进一步验证），但也意味着电力生产端排放和电力消费端排放存在重复计算。更重要的是将出现碳市场分配的排放配额比实际排放高的情况，直接影响碳交易价格发现和碳交易成本，并且还将大大限制以间接排放为主、其刚性排放增长的服务业和制造业企业（它们也属间接排放）的发展。

基于上述思考，在全国碳市场建设之初，全国碳市场应覆盖高能耗、高排放行业的大型企业，纳入门槛可以较高，并以控制直接排放为主。随着碳交易政策法规体系和排放 MRV 技术标准的建立健全，随着企业碳交易和碳资产管理能力的逐渐提高，全国碳市场可以逐渐扩大覆盖范围。在覆盖范围扩展过程中，可以考虑"先大后小"（即先是大企业或大排放源，然后是小企业或小排放源），"先少后多"（即先是少数高排放行业、企业，然后是其他行业、企业），"先易后难"（即先是排放检测技术基础好、减排和碳资产管理意识强的行业和地区、固定排放源，然后是排放检测技术基础薄弱、减排和碳资产管理意识差的行业和地区、移动排放源），"先发达地区后落后地区"等。这样做，既有利于更好地解决发展与减排的矛盾，也有利于更好地推动全国碳市场建设，同时也有利于调动地方和行业企业参加碳交易的积极性，使碳交易真正成为获得"减排红利"的市场途径。

第四节　碳排放权交易制度的设计

一　碳排放权交易制度的设计原则

（一）碳排放权交易制度的设计要实事求是

碳排放权交易制度的设计要坚持实事求是的原则，这里的"实事"就是各省份经济发展和环境容量的实际情况，具体来说，就是要根据国家节能减排的约束性指标以及各省份环境容量的评估结果，基于经济社会与环境协调发展的需要，采用基于"目标总量"的碳排放总量确定思路，基准价格的设置要充分考虑企业的可接受度和交易的可行性，参与主体的选择要考虑到市场交易的活跃程度。随着经济社会的发展和环境检测技术的进步，今后应逐步向"容量总量"过渡，逐步在碳排放权价格中体现环境资源的稀缺性，力争将河南省建成全国性的区域碳排放交易中心。"求是"就是要设计科学、合理、可行的制度体系，以充分发挥市场对环境资源的调节优势，对于那些新建的长期稳定发展的企业，如新能源生产、先进制造业等，要尽量减少政府的行政干预。

（二）碳排放权交易制度的推进要循序渐进

在推行碳排放权交易制度时要坚持循序渐进的发展思路，具体包括"先易后难"的实施原则、"先新后老"的启动原则、"先简后繁"的计算原则。

本着"先易后难"的实施原则，优先在环境污染比较严重的火电、石化、化工、建材、钢铁、有色、造纸等高耗能行业开展碳排放权交易，并将企业的年碳排放量与累计碳排放量（比如五年）结合起来，最终在重污染行业中选择碳排放大户，作为首批参与交易的企业主体。在碳排放权价格的设计过程中，前期易采用简便易行的"减排成本法"，随着环境检测技术的进步，今后逐步向"环境成本法"过渡。

本着"先新后老"的启动原则，优先在新建或改扩建项目中开展碳排放权交易，等待时机成熟再在新老企业中一并推行。另外，新企业在先进技术采用、节能减排等方面较老企业具有一定优势，因此，在定价方面新老企业也要有所区别，实行碳排放权初始分配差别价格机制，以充分体现对低碳行业的政策引导作用；反之则应对那些污染大、能耗高、减排技术落后或不积极采取治理的企业，采取附加价格的措施。

本着"先简后繁"的计算原则，考虑到当前的经济状况及企业对碳排放权交易的接受程度，尤其是在碳排放权推广初期，初始碳排放权配额适宜采用免费分配模式，随着交易的推广普及，陆续增加定价出售以及拍卖的比例。具体到企业排放量与碳排放权之间的关联关系认定时，要充分认识到各省份在碳排放权交易方面缺乏经验以及部分企业存在超标排放等问题，应严格按照国家排放标准计算企业应得的配额数量。

（三）碳排放权交易制度的监管要秉公执法

碳排放权市场是一个新兴市场，体制不完善加之经验比较缺乏，因此，必须加强监督管理。在交易前期，要加强对交易主体的资格审核和碳排放权真实性的核查工作，确保交易主体真实、交易对象可行、交易活动有效。在交易过程中，要警惕投机行为对市场的冲击，必要时可设置交易价格的上限或下限。为了刺激排放单位开发并建设更加经济有效的减排控制技术，同时防止过多地储存碳排放权指标，要加强富余碳排放权指标的监管，并为其设置一定的有效期，比如五年不参与交易的，碳排放权将被自动收回。即使在交易达成之后，也要加强对碳排放权的交接手续监管，跟踪和督促交易行为，提高碳排放权交易在环境管理中的重要作用。此外，交易场外的监督管理同样必不可少，比如，交易资金的收缴管理、交易收入的使用管理。为了提高监管的有效性，针对碳排放权交易可能出现的弄虚作假或扰乱市场的违法违规行为，包括惜售指标、哄抬价格、不公平竞争、截留专款、挪用经费、挤占资金等，都要做出相关规定，并畅通社会监督渠道和监督方式，接受全社会监管。

（四）碳排放权交易的政策体系要健全配套

碳排放权交易制度是基于市场的环境经济政策，需要完善的政策体系配套，否则孤掌难鸣。因此，首先要加强政府部门的组织领导，加强环境保护宣传引导，严格环境管理，明确责任分工，加大财政投入，拓展融资渠道，同时，加强政府采购的引导作用，积极发展中介和交易所等组织机构。其次，要完善政策制度，各级政府和有关部门要制订科学合理的减排计划，建立污染减排长效机制，引入环境合同制度，规范碳排放权交易形式，综合运用法律、经济、技术和行政手段，完善排污收费制度等其他环境政策体系，全面推进减排工作。最后，要培育规范合理的碳排放权交易市场，开放交易平台，激活市场交易，建立有效的环境监管机制，借鉴其他公共资源的交易经验不断完善碳排放权交易制度。

二　碳排放权交易制度的方案设计

碳排放权交易在欧美等发达国家广为使用，并取得了良好的实施效果。根据中美联合声明，我国将于 2017 年启动全国碳排放权交易体系，为此，全国各地正在积极开展相关的理论研究和试点实践。在此背景下，本书结合国内外碳排放权交易的主要理论与实践状况，对河南省碳排放权交易制度的实施进行了方案设计和相关配套政策的构建，具体内容如下（王丽萍，2016）：

（一）碳排放权交易的行业选择与企业确定

确定碳排放权交易的行业对碳排放权交易来讲至关重要，我们要考虑首先将哪些行业纳入交易体系，有哪些企业主体参与，这是开展碳排放权交易的首要条件。

根据国家节能减排的约束性指标以及河南省环境容量的评估，基于经济社会与环境协调发展的需要，河南省政府确定的碳排放交易行业范围建议为，火电、石化、化工、建材、钢铁、有色、造纸等高耗能行业。排放企业建议河南省将年排放量和近五年累计排放量综合进行考虑，即将年能源消费总量达到 1 万吨以上的工业企业和近五年（2011—2015 年中的任一年）年能源消耗总量达 20 万吨标准煤以上的工业企业考虑在内。

（二）碳排放权交易的初始总量确定与初始分配

对于减排总量的确定思路主要有两种，即"容量总量"和"目标总量"。结合全国各地的交易实践，本着"先易后难"的实施原则，提出河南省优先选择"目标总量"的确定思路，但它的缺点是不能准确地了解到环境质量的污染程度，且带有一定的主观色彩。随着环境检测技术的进步，建议今后逐步向"容量总量"过渡。

较常见的碳排放权的初始获取模式有免费分配、定价出售以及拍卖，还有一种就是混合分配方式。考虑到河南当前的经济状况及企业对碳排放权交易的接受程度，建议河南省在碳排放推广初期，优先采用免费分配，随着交易的逐步推进，陆续增加定价出售以及拍卖的比例。这主要是因为，免费分配方案不增加现存企业的成本，反而为企业增加了一笔资产，对企业来说，在有需要的时候也可以拿到市场进行出售，因此可操作性很强，理论上最容易被排污企业所接受，实践中也最容易推行。同时，对于政府而言，免费分配模式也是最简单易行的，缺点是不能为碳排放权的二次交易提供定价基础，并且会在一定程度上妨碍竞争。另外，从分配效应上看，拥有碳排放权的企业免费占有了环境资源的稀缺性价值，而社会公众却没有得到相应的任何补偿。

具体到排放量与碳排放权许可证之间的关联关系认定时，可以采用等比例分配法、产出分配法、比例削减法三种方法。根据河南省实际情况以及在碳排放权交易方面经验的缺乏，暂时可以采用等比例分配方法进行分配。等比例分配方法分配基本公平、技术简单可靠、可操作性强、管理成本低，因而，碳排放权的分配首选这种方法。由于实际中可能存在着少数超标排放者，因此，不能完全凭现状排放量实行分配，而应当按照符合排放标准时的排放量进行分配，即改进的等比例分配法。

（三）碳排放的测算

碳排放的测算是碳排放权交易的基础工作，无论是政府分配碳排放配额，还是政府监管企业的碳排放交易，以及二级市场上的碳排放交易双方，都需要对碳排放量进行测算和核实。因此，碳排放的测算对于交易制度的建立和完善至关重要。目前关于碳排放测算的思路主要是基于能源消耗的核算，基于非能源碳排放的测算方法研究特别少，通过对直接能耗法中的碳足迹计算器法、IPCC 清单法及投入产出直接消耗系数法，以及完全能耗法中的生命周期法、投入产出完全消耗系数法和混合分析法。通过对各种方法的对比分析，综合研究得出，IPCC 碳排放系数法的计算思路清晰、操作过程可行、测算结果相对公正。因此，目前针对河南省工业企业的碳排放测算建议采用 IPCC 碳排放系数法。

（四）碳排放权交易的市场价格

首先，碳排放权价格的构成要素应该包括宏观因素和微观因素两个方面，宏观层面的碳排放权价格影响因素有国际政治因素、国际碳配额的供求关系、全球自然气候条件、各国宏观经济因素和其他因素；微观层面的碳排放权价格主要考虑碳排放的削减成本、地区系数和行业系数。

其次，碳排放权价格应在一定幅度内波动。鉴于目前河南省还处于经济快速发展时期，对碳排放权的需求量很大，为了保证在今后发展中新出现的企业和项目都符合国家和地区转变经济增长方式和产业结构调整的要求，阻止低效重污染企业的进入，因此，在目前碳排放权交易中设置交易的下限价格是必要的。另外，碳排放权市场仍是一个发育不完善的市场，应限制投机行为对市场的冲击，所以，设置交易价格的上限也是必要的。

再次，碳排放权价格也应体现差别待遇。在初始碳排放权的定价过程中，应实行碳排放权初始分配差别价格机制，以充分体现对低碳行业的价格优惠；反之则应对那些污染大、能耗高、减排技术落后或不积极采取治理的企业，采取附加价格的措施。

最后，碳排放权价格与其有效期紧密相关。碳排放权应具有一定的有效期，交易只能在许可证规定的有效期内进行，从市场效率的角度来看，长期和短期的碳排放权有效期各有其优点以及不足之处。因此，在碳排放权期限设计时，可以考虑不同期限的碳排放权组合。在碳排放权交易的初始阶段，即只在新建企业或项目中实施时，对于这些新建长期稳定发展的企业，设定长期有效，例如医院、先进制造业等，可设定为10年；对于新建的短期项目可根据其具体情况，或以拍卖方式出售的碳排放权期限可设为1—5年不等。在过渡阶段，即碳排放权有偿使用及交易在老企业初步实施时，对于老企业碳排放权期限可设定为5年左右，不要太长或太短，太长会使新进企业进入市场的机会减少，太短会增加政府的管理难度以及影响老企业的发展信心。在全面推行碳排放权交易制度成熟后，对所有企业一视同仁，在预留一部分碳排放权用以储备给将来新进企业后，除对部分例如拍卖或转让等采用短期外，大部分碳排放权的初始分配时限可采用较长期碳排放权制度，减少政府干预，使碳排放权交易市场化程度不断提高。为了刺激排放单位开发并建设更加经济有效的减排控制技术，同时防止过多地储存碳排放权指标，可以规定富余碳排放权指标有效期为五年。

（五）碳排放权的交易流程

根据交易主体的不同可分为一级交易市场和二级交易市场，碳排放权交易在不同市场情形下的交易流程也不尽相同。

首先，一级市场的碳排放权的交易流程如下：一级交易市场的主体为政府和企业，政府将碳排放权分配给各个企业的流程是：政府先确定环境内的碳容量，确定纳入交易的行业企业及具体的企业对象，选定分配方案，确定分配数量和分配方式后，根据企业的申购情况最终分配。

其次，二级市场的碳排放权的交易流程具体如下：排放需求方先向环保部门提出购买碳排放权的申请，等待供需双方确定后，环保部门对交易主体进行审核，之后交易双方自行商定碳排放权交易的各类具体问题，最终达成协议并签订书面合同。交易机构对此次交易进行核查，根据双方所签订的合同协议办理碳排放权的相关交割手续。完成交割后交易双方到环保部门上报其交易，环保部门变更双方的碳排放权交易，之后将其纳入到正常的碳排放权交易管理工作中。

最后，碳排放权交易应该在法定的市场机构内完成。只有当碳排放权交易像股票一样在交易所里进行自由买卖时，碳排放权交易才能真正发挥市场调控环境资源的巨大优势，而市场交易机构是碳排放权交易顺利进行的制度保障。完善的市场机构应该包括认证机构、评估机构、仲裁机构、交易所等。认证机构完成碳排放权交易主客体和交易资格的确认；评估机构对每项交易的实施对区域环境的影响做出客观评价，为管理部门提供是否批准交易进行的决策依据；仲裁机构负责对交易纠纷进行处理；交易所则负责交易手续的管理和完善。

（六）碳排放权交易的配套政策体系

碳排放权交易制度是环境经济政策的一种，要想发挥其政策优势，还需建立完善的配套政策体系，尤其应做好以下几个方面的政策配套工作：（1）加强政府组织领导，明确责任分工，加大财政投入，拓展融资渠道，同时，加强政府采购的引导作用，积极发展中介和交易所等组织，严格环境管理，加强能力建设。（2）完善政策制度，建立长效机制，各级政府和有关部门要建立污染减排长效机制，制订科学合理的减排计划，引入环境合同制度，规范碳排放权交易形式，综合采用法律、经济、技术和行政手段，完善排污收费制度等其他环境政策体系，全面推进减排工作。（3）培育规范合理的碳排放权交易市场，开放交易平台，激活市场交易，建立有效的环境监管机制，加强环境保护宣传引导。此外，还可以借鉴其他公共资源的交易经验不断完善碳排放权交易制度。

特别地，加强碳排放权交易收入资金的管理也非常必要。碳排放权交易的收入包括碳排放权有偿使用费、政府储备碳排放权出让收入以及二级交易市场中交易双方缴纳的碳排放权交易手续费等。碳排放权有偿使用所得的收入属于国有资源有偿使用收入类非税收入，应按非税收入进行管理。可借鉴山西等省的经验，将其收入按照收支两条线，将收入资金全额上缴财政，纳入财政预算，这一部分资金应该做到专款专用，可主要用于碳排放权收购、监控设施安装、减排项目投资、配套法规政策和标准的制定、交易平台的建设维护及相关的技术研究、环境质量改善、生态保护等。碳排放权有偿使用收入安排的支出，列入政府收支分类科目政府性基金支出科目"其他支出"类"其他政府性基金支出"款。碳排放权专项收入和支出项目，由省环保厅根据收入进度和工作需要向省财政厅提出碳排放权专项收入支出计划申请，省财政厅审核后下达预算。碳排放权有偿使用收入的征收、使用情况接受财政、物价、审计等部门的监督检查。对在碳排放权交易资金的收缴、使用过程中弄虚作假，截留、挪用、挤占资金等违反财经纪律的行为，要做出相关规定进行处理。

第七章 碳减排的碳金融体系研究

第一节 碳金融演化

一 碳金融的基本概念

"碳金融"的兴起源于国际气候政策的变化以及两个具有重大意义的国际公约——《联合国气候变化框架公约》和《京都议定书》。

所谓碳金融,是指由《京都议定书》而兴起的低碳经济投融资活动,具体指服务于旨在减少温室气体排放的各种金融制度安排和金融交易活动,主要包括碳排放权及其与碳排放权挂钩的债券等衍生品的交易和投资、低碳项目开发的投融资以及相关的担保、咨询服务等其他金融中介活动。碳金融包括市场、机构、产品、服务和制度等要素,是应对气候变化的重要环节,为低碳经济发展提供了一个有效的途径。世界银行金融部定义碳金融为泛指以购买减排量的方式为能够产生温室气体减排量的项目提供资源。

全球唯一的《金融环境杂志》将与气候变化问题相关的金融问题简称碳金融,主要包括天气风险管理、可再生能源证书、碳排放市场和绿色投资等内容。索尼娅·拉巴特和罗德尼·怀特出版的《碳金融:气候变化的金融对策》是全球第一本系统阐述碳金融的专著(王震等译,2010),他们认为,碳金融的定义包括:代表金融环境的一个分支;探讨与碳限制有关的财务风险和机会;预期会产生相应的基于市场的工具,用来转移环境风险和完成环境目标。碳金融可分为四个层次:①贷款类碳金融,主要是指银行等金融中介对低碳项目进行的投融资;②资本类碳金融,主要是指针对低碳项目的风险投资以及在资本市场的上市融资;③交易类碳金融,主要是指碳排放权的实物交易;④投机类碳金融，主要是指碳排放权和其他碳金融衍生品的交易和投资。前三个层次为传统意义上的碳金融，第四个层次则是对传统碳金融产品的衍生或衍生组合。实际上碳金融就是这个产业资本和金融资本的融合，是实体经济和虚拟经济的融合。

二　碳金融的产生与发展

1992 年 6 月在巴西里约热内卢举行的联合国环境与发展大会上，150 多个国家制定了《联合国气候变化框架公约》（United Nations Framework Convention on Climate Change，UNFCCC，简称《框架公约》）。《框架公约》的最终目标是将大气中温室气体浓度稳定在不对气候系统造成危害的水平。

《框架公约》是世界上第一个为全面控制二氧化碳等温室气体排放，应对全球气候变暖给人类经济和社会带来不利影响的国际公约，也是国际社会在应对全球气候变化问题上进行国际合作的一个基本框架。据统计，目前已有 191 个国家批准了《框架公约》，这些国家被称为《框架公约》缔约方。

《框架公约》缔约方做出了许多旨在解决气候变化问题的承诺。每个缔约方都必须定期提交专项报告，其内容必须包含该缔约方的温室气体排放信息，并说明为实施《框架公约》所执行的计划及具体措施。

《框架公约》于 1994 年 3 月生效，是具有权威性、普遍性、全面性的国际框架，由此奠定了应对气候变化国际合作的法律基础。《框架公约》由序言及 26 条正文组成。公约有法律约束力，旨在控制大气中二氧化碳、甲烷和其他造成"温室效应"的气体的排放，将温室气体的浓度稳定在使气候系统免遭破坏的水平上。公约对发达国家和发展中国家规定的义务以及履行义务的程序有所区别。公约要求发达国家作为温室气体的排放大户，采取具体措施限制温室气体的排放，并向发展中国家提供资金，以支付他们履行公约义务所需的费用。公约建立了一个向发展中国家提供资金和技术，使其能够履行公约义务的资金机制。

《框架公约》规定每年举行一次缔约方大会。自 1995 年 3 月 28 日首次缔约方大会在柏林举行以来，缔约方每年都召开会议。第 2—6 次缔约方大会分别在日内瓦、京都、布宜诺斯艾利斯、波恩和海牙举行。1997 年 12 月 11 日，第 3 次缔约方大会在日本京都召开，149 个国家和地区的代表通过了《京都议定书》。2000 年 11 月在海牙召开的第 6 次缔约方大会期间，世界上最大的温室气体排放国美国坚持要大幅度折扣它的减排指标，因而使会议陷入僵局，大会主办者不得不宣布休会，将会议延期到 2001 年 7 月在波恩继续举行。2001 年 10 月，第 7 次缔约方大会在摩洛哥马拉喀什举行。2002 年 10 月，第 8 次缔约方大会在印度新德里举行，会议通过的《德里宣言》，强调应对气候变化必须在可持续发展的框架内进行。2003 年 12 月，第 9 次缔约方大会在意大利米兰举行，这些国家和地区温室气体排放量占世界总量的 60%。2004 年 12 月，第 10 次缔约方大会在阿根廷布宜诺斯艾利斯举行。2005 年 11 月，第 11 次缔约方大会在加拿大蒙特利尔市举行。2006 年 11 月，第 12 次缔约方大会在肯尼亚首都内罗毕举行。2007 年 12 月，第 13 次缔约方大会在印度尼西亚巴厘岛举行，会议着重讨论"后京都"问题，即《京都议定书》第一承诺期在 2012 年到期后如何进一步降低温室气体的排放。2007 年 12 月 15 日，联合国气候变化大会产生了"巴厘岛路线图"，决定在 2009 年前就应对气候变化问题的新安排举行谈判。

《联合国气候变化框架公约》第 3 次缔约方大会通过的《京都议定书》规定，2008—2012 年，主要工业发达国家的温室气体排放量〔二氧化碳（CO_2）、甲烷（CH_4）、氧化亚氮（N_2O）、氢氟碳化物（HFCs）、全氟化碳（PFCs）和六氟化硫（SF_6）〕要在 1990 年的基础上平均减少 5.2%，其中，欧盟削减 8%、美国削减 7%、日本削减 6%、加拿大削减 6%、东欧各国削减 5%—8%，新西兰、俄罗斯和乌克兰可将排放量稳定在 1990 年水平上，议定书同时允许爱尔兰、澳大利亚和挪威的排放量比 1990 年分别增加 10%、8% 和 1%。

《京都议定书》需要占 1990 年全球温室气体排放量 55% 以上的至少 55 个国家和地区批准之后，才能成为具有法律约束力的国际公约。中国于 1998 年 5 月签署并于 2002 年 8 月核准了该议定书。欧盟及其成员国于 2002 年 5 月 31 日正式批准了《京都议定书》。截至 2005 年 8 月 13 日，全球已有 142 个国家和地区签署该议定书，其中包括 30 个工业化国家，批准国家的人口数量占全世界总人口的 80%。2007 年 12 月，澳大利亚签署《京都议定书》，至此世界主要工业发达国家中只有美国没有签署《京都议定书》。

截至 2004 年，主要工业发达国家的温室气体排放量在 1990 年的基础上平均减少了 3.3%，但世界上最大的温室气体排放国美国的排放量比 1990 年上升了 15.8%。2001 年，美国总统布什刚开始第一任期就宣布美国退出《京都议定书》，理由是议定书对美国经济发展带来过重负担。2007 年 3 月，欧盟各成员国领导人一致同意，单方面承诺到 2020 年将欧盟温室气体排放量在 1990 年基础上至少减少 20%。

2012 年之后如何进一步降低温室气体的排放，即所谓"后京都"问题是在内罗毕举行的《京都议定书》第 2 次缔约方会议上的主要议题。2007 年 12 月 15 日，联合国气候变化大会产生了"巴厘岛路线图"，"巴厘岛路线图"为 2009 年前应对气候变化谈判的关键议题确立了明确议程。

《京都议定书》建立了旨在减排温室气体的三个灵活合作机制——国际排放交易机制（IET）、清洁发展机制（CDM）和联合履行机制（JI）。以清洁发展机制为例，它允许工业化国家的投资者从其在发展中国家实施的并有利于发展中国家可持续发展的减排项目中获取"经证明的减少排放量"。

2005 年 2 月 16 日，《京都议定书》正式生效。这是人类历史上首次以法规的形式限制温室气体排放。为了促进各国完成温室气体减排目标，议定书允许采取以下四种减排方式：

（1）两个发达国家之间可以进行排放额度买卖的"国际排放权交易"，即难以完成削减任务的国家，可以花钱从超额完成任务的国家买进超出的额度。

（2）以"净排放量"计算温室气体排放量，即从本国实际排放量中扣除森林所吸收的二氧化碳的数量。

（3）可以采用绿色开发机制，促使发达国家和发展中国家共同减排温室气体。

（4）可以采用"集团方式"，即欧盟内部的许多国家可视为一个整体，采取有的国家削减、有的国家增加的方法，在总体上完成减排任务。

随着大气中二氧化碳浓度的不断升高，全球气候日渐变暖，这一变化的直接后果是对人类生存和发展构成严重威胁。2003 年，英国政府发布了《我们能源的未来：创建一个低碳经济体》白皮书，其中首次提到低碳经济这一观点。低碳经济的实质是提高能源利用效率、开发绿色清洁能源、追求绿色的 GDP。其核心是能源技术和减排技术创新，产业结构和制度创新，最关键的是人类生存发展观念的根本性转变。我们需要在可持续发展理念的指导下，通过多种方法最大限度地减少煤炭石油等高碳能源消耗，降低温室气体排放量，发展以低能耗、低污染、低排放为基础的经济，促使经济社会发展与生态环境保护共存。向低碳经济转型，已经成为世界经济发展的大趋势。

CDM 是 1997 年《京都议定书》用来确定实现温室气体排放目标的一种灵活机制。它的运用规则是：发达国家在发展中国家实施减排温室气体的项目，把项目产生的温室气体减少的排放量抵扣一部分该国承诺的温室气体排放量，旨在达到"双赢"的效果，即发达国家能够以较低的成本履行减排温室气体的义务，发展中国家能够利用成本优势获得发达国家的资金和技术。CDM 机制可以促进可持续发展，并在发达国家和发展中国家之间开启拥有巨大前景的碳交易市场。对我国而言，碳金融业务主要是指依托清洁发展机制（CDM）而派生出来的金融活动。

自 2005 年《京都议定书》正式生效以来，全球碳交易市场发展已经日渐成熟，交易规模持续扩大，金融机构参与度不断提高，碳金融业务逐步渗透到交易的各个环节，国际碳金融体系已经基本形成。

根据世界银行 2014 年的碳交易市场研究表明，2005 年全球碳排放权交易市场交易额为 110 亿美元，2006 年交易额为 312 亿美元，2007 年交易额为 630 亿美元，2008 年则达到 1263 亿美元（见图 7 - 1）。由此可见，2005—2008 年，全球碳市场交易额在成倍增加。2005 年以来，全球碳交易市场呈现出巨大的跳跃式增长。2008 年碳交易总额从 2007 年的 630 亿美元跃升到 1263 亿美元，升幅近 100%，与 2005 年相比更是上升了约 11 倍。即便是在 2008 年全球经济发生了严重衰退，碳交易市场仍然保持着非常强劲的增长，交易量增长较上一年上升了 60%。根据联合国和世界银行的测算，全球碳交易在 2008—2012 年，市场规模甚至可达每年 600 亿美元，2012 年全球碳交易市场容量为 1500 亿美元，有望超过石油市场而跃居世界第一大商品市场。

从交易方式来看，基于配额的市场交易在 2008 年占全球交易总量的 73.5%，其中 EU ETS 的交易额占交易总量的 72%，仍占主导地位；第二大交易市场则是二级 CDM 市场，交易量和交易额相比 2007 年增长了近 4 倍；初级 CDM 和 JI 项目市场交易受项目注册、签发以及金融危

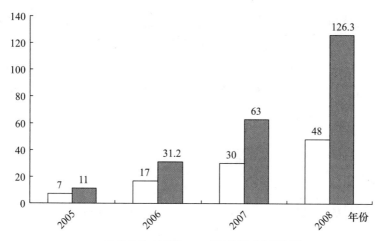

图 7 - 1　2005—2008 年世界碳排放权交易量

资料来源：世界银行《2009 年碳交易市场发展现状与趋势报告》。

机等因素的影响在 2008 年都有所降低。目前，全球碳交易市场主要集中在欧盟和美国。2008 年，欧洲碳市场交易额为 940 亿美元；美国碳市场交易额则为 8.58 亿美元，其中纽约和田纳西等 10 个州组织的区域温室气体协议（RGGI）的交易量为 2.4 亿美元。

从交易时间来看，金融机构纷纷参与碳交易市场。随着金融机构参与碳交易市场越来越频繁，业务范围也渗透到各个交易环节。目前，国际金融机构提供的碳金融产品和服务包括以下几种：一是碳交易业务，欧洲一些活跃的银行建立了碳交易柜台，提供买卖经纪、风险管理和代理交易操作等服务。二是基于碳排放权的金融衍生产品，包括远期、期货、期权、互换、额度抵押贷款等，能够为客户提供避险工具及融资服务。三是碳排放额度保管服务。一些银行为客户提供了碳排放额度保管、账户登记和交易清算服务。四是碳基金。碳基金专门为碳减排项目提供融资，包括从现有减排项目中购买排放额度或直接投资于新的减排项目。

第二节　碳金融基础理论

一　碳金融的产品类型

碳金融市场指包括直接投融资、碳指标交易和银行贷款在内所有减少温室气体排放的各种金融和交易活动的总称。在《京都议定书》的框架下，该市场主要有国际排放贸易交易机制（IET）、清洁发展机制（CDM）和联合履行机制（JI）三种交易机制。目前，这一新型市场已形成由两类法律框架、两个典型市场、多个交易层次、广泛建立的交易平台构成的碳交易市场结构（见图7-2）。

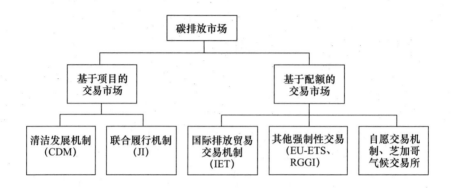

图 7-2 碳交易的市场构架

国际碳金融市场主要有以下几种划分标准（万志宏、吕梦浪，2010）：一是依据是否遵守《京都议定书》，可分为京都市场和非京都市场；二是依据市场原理或排放权来源，分为项目市场和配额市场；三是依据市场级别，可分为国际级市场、州市级市场和零售级市场。主流的分类方法采用的是项目市场和配额市场，其中项目市场又可以细分为初级市场和次级市场，次级市场并不产生实际的减排单位；配额市场又可细分为强制碳交易市场和自愿碳交易市场。下面对这两类交易进行简要介绍。

（一）基于项目的交易市场

碳资产是补偿或者碳信用，其交易机制是排放的基线与信用机制。由买者向核证减排温室气体的项目购买减排额，即通过管理机构认证低于基准排放水平的项目，获得减排单位后向受排放配额限制的国家或企业出售。每个新的项目都会产生更多的碳信用额，这些新产生的碳信用额可以出售给买家，使买家通过这些碳信用额来履行其减排目标。目前基于项目交易的市场主要有：《京都议定书》下的清洁发展机制（CDM）和联合履行机制（JI），这两种机制分别产生核证减排量

（CER）和减排单位（ERU）；其他还有京都机制外的场外交易商，需要经过指定经营实体认证，并按照各个俱乐部的规则进行项目的交易。碳交易市场体系具体的架构如图7-2所示。

（二）基于配额交易的市场

在这种市场体系下，碳资产是配额，其运行机制是温室气体的"限额交易制度"，即通过制定一定的总量，在一定的减排目标下，由管理者统一确定、分配和拍卖排放配额，并由参与者根据自身对配额的需要（多余或需要）进行交易。由于温室气体排放权成为一种配额分配，对排放权数量的限制就产生了供给的稀缺性，形成对配额的需求，从而使碳排放权具有商业价值，可以在市场上以一定的价格进行交易。在这个机制下，企业可以根据市场价格来对比减排成本，努力寻求成本更低的减排方式，使企业控制温室气体排放产生的外部效应内部化。目前这种形式的交易主要有：《京都议定书》下的国际排放权交易（IET）下的配额排放单位（AAU）；2005年1月开始实施的欧盟排放交易体系（EU-ETS）下的欧盟配额（EUA）；2008年开始投入运行的由美国东北部和中大西洋各洲组成的区域温室气体减排行动（RGGI）；以及其他的自愿减排机制，包括芝加哥气候交易所推出的碳金融创新工具（Carbon Finance Innovations，CFI）、新南威尔士温室气体减排计划下的减排认证（NGAC）。

国际碳金融交易的基础产品是各种排放权或减排额度指标。根据《京都议定书》建立的国际排放权交易市场（IET），主要从事配额排放单位（Assigned Amount Units，AAUs）相关交易；欧盟排放权体系（EU ETS）主要从事欧洲排放许可（EU Allowances，EUAs）的相关产品交易；原始CDM市场上交易的是原始核证减排量（Primary Certified Emission Reduction，PCERs），二级市场上交易的是二级核证减排量（Second Certified Emission Reduction，SCERs）；联合实施机制下，市场交易减排单位（ERUs）及相关产品；在自愿市场交易的是自行规定的配额或确认减排量（Verified Emission Reductions，VERs）相关产品。所有这些产品，在减排量上都是相同的，都是以吨二氧化碳当量为单位。《京都议定书》规定在其框架下的三类排放（减排）单位AAUs、CERs和ERUs可以在国家层面上互通，而欧盟EU ETS也规定了其他减排单位如CERs可在一定条件下在欧盟交易体系内用于履约，从而实现了市场之间的互联互通。

除以上基本产品外，近年来，各种金融衍生产品也有了相当的发展，并且其交易量迅速地超过排放权基础产品，最主要的衍生产品是期货产品和期权产品。在 2009 年的欧洲市场上，期货和期权交易金额是基础产品的两倍以上。此外，还有在各市场间利用价差套利的互换工具如 CERs/EUAs 互换、CERs/ERUs 互换；基于 CERs 和 EUAs 价差的价差期权等。投资银行和商业银行也发行了与碳排放权挂钩的结构性投资产品，如挂钩债券，其债券的利息支付规模随减排单位价格波动而变化。在场外交易市场上，金融机构开发了应收碳排放权证券化，即以未来碳排放权为抵押的贷款证券化，提高原始 CDM 交易流动性。金融机构和保险公司同时还为降低碳排放权的交付风险而提供履约担保或者保证保险等，具体的市场产品如表 7-1 所示。

表 7-1　　　　　　　　　碳金融市场的产品类型

	名称及其内涵	适用范围或要求
AAUs	国家分配单位（配额）	在《京都议定书》附件国家之间使用
RMUs	森林吸收减少的排放量单位	由碳汇吸收形成的减排量
ERUs	联合履约（JI）减排单位	转型国家由监督委员会签发的项目减排量
CERs	经核实的减排单位	由清洁发展机制（CDM）执行理事会签发
其中，ICERs	造林或砍伐产生的减排单位	由 CDM 执行理事会签发
EUAs	欧盟排放交易体系单位	欧盟成员国实现的强制减排目标
VERs	自愿减排交易单位	芝加哥交易所、黄金标准交易所等

注：表中的单位指一吨二氧化碳当量，这是碳交易的基本单位。

除基于市场的产品创新外，还有基于产业链过程中的碳金融创新。表 7-2 中的碳金融业务的内容是从业务范围考察的，金融业务的开展也可以从产业链角度进行。从石油、天然气勘探，传统的或可再生能源生产，能源交易或基础设施等，这一系列相关的产业链都可以获得碳金融服务。以荷兰富通银行碳银行业务为例（吴俊、林冬冬，2010），荷兰富通银行向企业提供融资和项目开发支持，以减少二氧化碳排放量。由于碳排放来自生产环节的方方面面，减少碳排放量就需要从各个方面、全方位地达到减排目的。金融机构开展产业链过程的碳金融服务能开发出更多的碳金融衍生产品，这些金融产品为企业减排提供了必要的资金保障。

表7－2   **荷兰富通银行碳银行业务**

碳金融和银行业务	碳交易和风险管理业务	碳清洁业务	碳保管和碳管理及碳处理业务
确保减排购买协议的信贷支持	根据需要或订单交易	市场进入	保管碳信贷或项目跟踪
抵押贷款：减排货币化	指数为基础的采购或转让	清洁	资金和行政管理
清洁发展机制融资	欧盟排放配额期货合约和 CER 期货合约的买卖	结汇交易，OTC 转让和碳相关产品	托管及碳结算服务
银行存款及现金管理	交换日期互换（准回购）		

二　碳金融市场参与者

碳金融参与主体非常广泛，既包括受排放约束的企业或国家、减排项目的开发者、政府主导的碳基金、私人企业、交易所，也包括国际组织（如世界银行）、商业银行和投资银行等金融机构、私募股权投资基金。按照参与者的角色可以粗略地分为碳金融初始供给者、碳金融最终使用者、碳排放投机商和碳金融监管者四类。

第一类，碳金融初始供给者。供给者主要是减排项目的开发者，即排放单位的提供者，主要是 CDM 和 JI 项目中获得碳信用的企业。他们主要来自亚洲、东欧、南美和非洲等发展中国家和地区，其中中国占优势地位，非洲为新生力量。另外，《京都议定书》约束下的持有配额盈余的企业或国家企业，也可以是供给者，他们的盈余配额可能来源于技术升级、产出下降或过度分配。

第二类，碳金融最终使用者。使用者是面临排放约束的企业或国家，即排放单位的购买者，包括受《京都议定书》约束的发达国家、欧盟排放体制约束下的企业，以及自愿交易机制的参与者等，使用者主要集中在欧盟和北美、日本及其企业，其中欧盟为最大的购买者。最终使用者的交易目的是回避和转移价格风险，根据需要购买排放权配额或减排单位，以确保达到监管要求，避免遭到处罚。

第三类，碳排放投机商。投机商是利用自有资金进行投机交易，以期从价格波动中赚取买卖价差。这些投机商是金融市场不可缺少的组成部分，他们的存在活跃了交易、扩大了交易规模、提高了市场的流动性，为回避和转移价格风险创造了条件，是碳金融市场的重要交易主体。

在二级市场中，金融机构扮演着重要的中介角色。如促进市场流动性的提高；提供结构性产品来满足最终使用者的风险管理需要；通过对远期减排单位提供担保（信用增级）来降低最终使用者可能面临的风险等。世界各国的金融机构，包括商业银行、投资银行、保险机构、风险投资、基金管理者、资产管理者、养老基金等纷纷涉足碳金融领域。目前，全球已经有40多家国际大型商业银行介入碳金融市场。金融机构在碳金融活动中的角色包括：（1）碳基金，其担当的角色主要为"碳排放配额中间商"和"项目投资人"。（2）投资银行，投资银行在碳金融活动中主要扮演两个角色：一是为碳交易市场中的交易标的；二是作为交易中间商直接参与碳交易活动，收购发展中国家 CDM 项目产生的"经核证的减排量"（Certified Emission Reductions，CERs），拿到国际市场上转让，获取差价收入。（3）商业银行，目前商业银行参与碳金融活动主要有两种方式：一种是与授信相关的传统业务；另一种是为碳交易提供中介服务，即商业银行凭借其广泛的客户基础和交易网络，为碳交易各方提供代理服务，获取中间业务收入，有的甚至参与碳排放配额的交易，成为交易中间商。（4）交易所，交易所主要为参与碳交易和碳金融活动的各方提供碳排放配额转让的公开集中交易平台，以及基于碳排放配额的金融衍生品市场，即包括商品市场和金融市场两个层面。（5）国际开发类金融机构，此类组织包括国际金融公司、世界银行和亚洲开发银行等。

第四类，碳金融监管者。随着碳金融产品的不断创新，金融监管也被提到议事日程上来。自 2013 年始，欧盟已经启动碳排放交易计划（EU-ETS）第三阶段，其重点在于更加科学地制定和划分配额量，并形成一体化的监管标准。在 2014 年 6 月 12 日，欧盟理事会和欧洲议会共同通过了对《金融市场工具指令》和《反市场滥用指令》的修改，目的在于将碳市场纳入透明和严格的金融监管范畴中。根据现有规则，监管机构可以综合性地、跨界地在碳市场中对市场滥用和违规行为进行监管，将高标准的市场透明和投资者保护制度适用于碳市场监管过程中，确保 EU - ETS 构建指令、碳配额拍卖条例和金融市场监管立法的连续性，使市场参与主体能够在统一的市场监管下，进入一级市场、二级市场、现货市场和衍生品市场。综合欧美及香港等亚洲地区的碳金融实践，碳金融监管的法律依据主要来自 UNFCCC、欧盟委员会，以及芝加哥气候交易所等自愿标准发起者等，监管实体主要是联合国气候变化框架公约秘书处、清洁发展机制执行理事会（CDM Executive Board，CDMEB）、联合履行监督委员会（Joint Implementation Supervisory Committee，JISC）、配额委员会，以及包括公众、媒体和非政府组织（NGO）在内的第三方监管。

碳金融市场的交易者和交易流程是以上几种参与者之间的相互联系，具体的情况如图 7 - 3 所示。

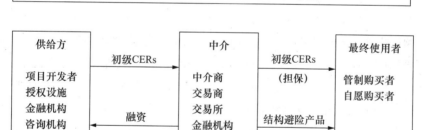

图 7 - 3　碳金融市场的交易者和交易流程

三 碳金融的市场交易所

从全球范围内的碳金融交易市场来看，欧盟排放交易体系已经成为世界最大的区域碳市场，涉及欧盟 27 个成员国以及列支敦士登和挪威共 29 个国家，近 1.2 万个工业温室气体排放实体。全球主要碳交易所如表 7-3 所示，欧洲气候交易所和美国芝加哥气候期货交易所依然是全球主要的碳减排交易所，并主导着碳交易的全球定价权。其中，场外交易占 75% 以上，半数以上仍通过交易所交割。加拿大和澳大利亚也先后成立了气候期货交易所，新西兰在 2008 年引入了碳排放权交易机制。亚洲地区碳交易起步较晚，为了满足减排目标，中国内地近年来积极推行自愿减排计划，国务院在 2010 年公布的"十二五"规划中首次提出建立中国碳交易系统，提出《碳排放量交易管理办法》，对减排指南、减排总量及配额分配办法、交易核查方案等进行了规定。自 2013年起，中国内地先后在深圳、北京、上海、广东、天津、湖北和重庆建立了 7 个试点碳排放交易所，由各省份自行摸索发展模式。截至 2015年 9 月，7 个市场共衍生约 11 亿元（人民币）交易量，并计划在 2017年成立全国碳排放交易系统，未来必将发展成为全球最大的碳排放交易所之一。不过，各试点省份只接受本地公司参与，个人投资者需要持有大陆内地身份证及银行账户才能入场参与交易。随着碳交易的试点推行，森林碳汇的概念近些年也被广泛认可，根据 2015 年 11 月公布的《中国应对气候变化的政策与行动 2015 年报告》，增加森林碳汇是内地应对气候变化的五大政策之一，至 2030 年内地森林蓄量（森林面积上生长树干体积总量）较 2005 年增加 45 亿立方米。香港证券交易所在2008 年曾计划将 CER 期货纳入衍生品之列，但由于市场缺乏主要权益人等原因，最后被搁置。不过，2014 年 8 月 1 日，由环球能源资源旗下香港碳权即碳汇交易公司和香港排放权交易所（Hong Kong Exchange，HEX）联合推出"碳交易平台"，注册会员可以通过这一平台进行碳排放权询价及买卖，香港首款碳交易手机 APP "Carbon Trade" 也于同日发布。香港排放权交易所进行的交易主要是自愿减排额度（VER）而非强制性配额，企业和个人均可参与。

四 碳金融市场的法律框架

由于碳金融的发展通常是以国家或地区为单位进行的，且是在《京都议定书》签订之后获得快速发展的，因此，《京都议定书》的相关规

表7-3 全球主要碳交易所

碳交易所	启动时间	类别	供需范围
欧洲气候交易所（European Climate Exchange，ECX）	2005年	强制	EUA与CER交易
欧洲能源交易所（European Energy Exchange，EEX）	2002年	强制	电力、能源企业交易
北方电力交易所（Nord Pool）	1996年	强制	电力企业交易市场
法国未来电力交易所（Power Next）	《京都议定书》之前	强制	电力企业交易市场
法国Blue Next交易所	2008年	强制 自愿	排放权现货、期货交易 其他金融衍生品交易
纽约商业交易所（Green Exchange）	2005年	自愿	EUAs、CERs以及美国Green-e认证发放的可再生能源许可额度（RECs）
芝加哥气候期货交易所（CCFX）	2008年	自愿	提供减排配额和其他环境产品的标准化期权期货合同
加拿大蒙特利尔气候交易所（Montreal Climate Exchange，MCeX）	2008年	自愿	二氧化碳排放配额交易
澳大利亚证券交易所（Australian Stock Exchange，ASX）	2007年	自愿	碳信用期货，包括零售、投资银行、大型公司机构、矿产和运输公司等
香港排放权交易所（Hong Kong Exchange，HEX）	2014年	自愿	公司和个人均可参与，还有碳交易手机APP"Carbon Trade"

定是各个碳金融市场必须遵守的，同时也是各国家或地区在制定法律框架时所必须要考虑的问题。经过多年的发展完善，国际碳金融市场上现有的法律框架有以下几个。

（一）联合国国际交易日志（International Transaction Log，ITL）

ITL是法定的碳交易的中央注册系统，与各国注册系统和欧盟排放独立交易日志系统（Community Independent Transaction Log，CITL）相链接，用以记录京都承诺期间排放配额的发放、国际转让和注销。该系统还能确保每个缔约方注册系统在每笔交易上遵守《京都议定书》。2008年10月16日实现了与欧盟排放交易登记机关的对接，使得欧盟企业进口经联合国认可的碳信用额成为可能。联合国方面称，除了塞浦路斯和马耳他之外，欧盟各成员国的登记机关，以及共同体交易日志都在 ITL 于欧洲中部时间 8：00 重启后实现了与 ITL 的成功对接。这两个登记机关的对接使欧盟各成员国能够进口 CDM 项目产出的 CER，帮助欧盟企业降低实现减排目标的成本。

（二）国家注册系统

《京都议定书》每个附件 B 缔约方必须建立一个国家注册系统，以说明该方及该方授权实体的排放配额持有情况。该系统还包含各种账户，以留出供履约之用的排放单位，并从系统消除排放单位。各账户持有者之间及各缔约方之间的转让与购买交易将通过这些国家注册系统进行。国家注册系统与联合国国际交易记录系统相链接，后者监督注册系统之间的配额转让情况。注册系统包括电子数据库，将跟踪、记录《京都议定书》温室气体贸易系统（碳市场）下的和各种机制（如清洁发展机制）下的所有交易。

（三）CDM 执行理事会（CDMEB）

由 10 位成员组成的执行理事会根据议定书/公约缔约方会议（Conference of the Parties / COP/MOP）的授权和指南，监督 CDM 项目的实施，并负责批准新的方法、认证第三方审定和验证机构、批准项目，并最终为 CDM 项目签发碳排放信用。在 2008 年 10 月的第 34 次会议上，CDMEB 否决了 8 个 CDM 项目，其中的 5 个能效项目在 2012 年之前产出 400 万吨 CER。其中有 5 个项目是挪威船级社负责审核的，而受影响最大的是英国交易排放公司，被否决的 8 个项目中该公司参与了 5 个。由此可见，CDMEB 成为调控 CDM 项目二级市场泛滥的关键机构。

（四）联合履行监督委员会（Joint Implementation Supervisory Committee，JISC）

JISC 是负责实施联合履行项目的委员会。其中有 10 位来自《京都议定书》缔约方的成员，3 位来自附件 B 缔约方，3 位来自非附件 B 缔约方，3 位来自经济转型国家（Economies in Transition，EIT），1 位来自发展中小岛国家（Small Island Developing States，SIDS）。符合资格要求的缔约方，可遵照一个简单程序进行减排单位（ERU）的转让和/或购买。不符合资格要求的缔约方，必须接受由联合履行监督委员会执行的核查程序。

（五）额外性规则

《京都议定书》关于联合履行（JI）（第 6 条）和清洁发展机制（CDM）（第 12 条）的条款中规定，把减排单位（ERU 和 CER）授予基于项目的活动，但条件是这些项目达到了以其他方式产生的附加的温室气体减排量。额外性规则为碳交易的审查设置了严格的标准。

（六）气候变化特别基金和全球环境基金

气候变化特别基金（Special Climate Change Fund，SCCF）和全球环境基金（Global Environment Facilit，GEF）是通过马拉喀什协定建立的基金，旨在资助发展中国家的气候适应、技术转让、能力建设及经济多元化项目。该基金由全球环境基金（Global Environment Facility，GEF）管理，是对 UNFCCC 和《京都议定书》的其他融资机制的补充，是发达国家在里约峰会期间为履行其在各种国际环境条约下的义务而建立的一个联合基金计划。全球环境基金充当 UNFCCC 的过渡期融资机制，尤其是支付非附件一国家的报告费用。当一个国家级、区域级或全球开发项目也将全球环境目标（如应对生物多样化的项目）作为其目标时，该基金支付非附件一国家发生的额外的或"同意增加的费用"，从而提供资金以弥补传统发展援助资金的不足。

五　碳金融的市场风险

碳金融市场作为对管制高度依赖的市场，碳交易存在诸多缺陷，其运行也面临着诸多风险（贾振虎等，2016）。各国在减排目标、监督体系以及市场建设方面存在巨大的差异，导致了市场分割、政策风险以及高昂交易成本的产生。碳市场和碳交易的风险实际上都是碳金融的风险所在。

（一）政策、制度和政治风险

排放权作为典型的负效用产品，其市场完全依赖于法律的强制实施来保证其有效运行。任何相关的政策和制度的变化，以及影响政策和制度的潜在的间接因素都会对市场产生至关重要的影响。

1. 政策风险

国际公约的延续性问题产生了市场未来发展的最大不确定性。2008年《京都议定书》的正式实施，在一定程度上改善了国际碳金融市场高度分割的现状，但是，《京都议定书》的实施期仅涵盖 2008—2012年，各国对其有关规定仍存有广泛争议。哥本哈根会议未取得有效的法律协议，目前所制定的各项制度，尤其是 CDM 机制面临较大的改革挑战，其具体目标和条款还依赖后续的国际谈判。为了应对后《京都议定书》时代的诸多不确定性因素，缔约方达成了"巴厘岛路线图"等，但碳排放大国美国对《京都议定书》的态度到目前为止尚未明确。所有这类政策的不确定性，都对碳金融市场的统一和发展产生了最大的不利影响。

2. 制度风险

由于 EU – ETS 对第一阶段的过度分配以及随后也未出台补救措施，导致碳市场价格两次出现巨幅波动，使欧盟讨论是否需要进行市场干预，现已准备好价格控制的预案，在必要的时候投放排放权储备以平抑价格波动。欧盟在 2012 年根据国际社会的谈判结果对碳减排量作出调整，同时对碳排放权初次分配引入拍卖，并确定具体的占比。此外，2012 年欧盟将航空业纳入碳交易体系。2014 年 10 月，欧盟 28 国就在《能源与气候协定》中明确到 2030 年前，就减排 40%、可再生能源占比提升至 27% 等内容达成一致意见。2015 年，欧委会提议，到 2050 年达到全球温室气体排放量比 2010 年减少 60% 的长期目标。显然，欧盟的减排目标又向前迈了一大步，这些都将对碳市场产生影响。当前，美国新总统特朗普公开诋毁全球化，甚至在一定程度上，一股反全球化和新贸易保护思潮正在兴起，这些制度变化都会对碳金融带来风险。

3. 政治风险

南美、北非和东欧的原油和天然气输出国和运输国的政局不稳，政治与能源高度相连。上述国家的政治事件通过能源影响碳市场。如委内瑞拉和利比亚国内的政治事件会对原油市场造成动荡。俄罗斯与乌克兰的天然气纠纷对欧洲的 16 个国家供气造成严重影响，政治事件通过能源市场也会对碳市场产生重要影响。

（二）经济风险

在给定的技术条件下，各类能源的碳排放系数是固定的。碳价格可看作能源价格的函数，或者实际能源价格的组成部分。宏观经济周期波动显著影响企业的生产扩展和收缩，也间接影响能源消耗和碳排放总量。全球宏观经济通过实体经济和金融体系对碳市场产生了两方面的影响。从实体经济看，繁荣期企业生产开工率高，能源消耗和碳排放量就高，对碳排放单位的需求推高了碳价格，在经济衰退期情况则相反。

2008 年金融危机使大部分地区的企业削减产量、停工，甚至倒闭，导致碳需求量萎缩。在东欧，某些企业甚至由碳排放的需求方转变为供给方，进一步加剧了供给大于需求，导致碳排放价格进一步下跌。从金融市场来看，许多碳交易市场上的投资银行与商业银行，由于投资资金的扩张和萎缩放大了实际的影响，在金融危机下，投资银行与商业的倒闭和兼并则加速了碳价格的下跌。

（三）市场风险

目前国际碳交易绝大多数集中于国家或区域内部（如欧盟），统一的国际市场尚未形成。碳金融交易的市场多种多样，交易机制、政府管制、地域范围和交易品种也不尽相同，不同国家或地区在相关制度安排上存在很大的差异，导致不同市场之间难以进行直接的跨市场交易，导致国际碳金融市场高度分割的现状。此外，碳价格与能源价格紧密联系，石油价格和天然气价格对碳价格有重要的先导影响作用，石油价格和天然气价格暴涨暴跌，对碳价格的单向溢出影响非常显著。

（四）技术风险

低碳技术包括风能、太阳能、生物能源、二氧化碳的捕获和储存（Carbon Capture and Storage，CCS）等技术，属于高新技术，具有良好的发展潜力。但目前低碳技术处于研发阶段，尚未成熟，其发展的不确定性较高。技术变化与减排成本密切相关，低碳技术发展不仅会影响发达国家的减排成本，也将影响发展中国家的 CDM 项目的实施成本，而减排成本又是影响碳价格的关键因素。低碳技术发展的不确定性是低碳经济和碳金融发展最本质和不可控的风险。

（五）道德风险

国际碳金融市场中，尤其是基于项目的市场中，涉及较多的跨国监管机构和注册机构对 CDM 项目的报批和技术认证，这些都决定着项目的成败。鉴于目前缺乏对中介机构的监管，以及专业技术的封闭性造成信息不对称，从而导致了道德风险的存在。有些中介机构在材料准备和核查过程中存在一定的道德风险，甚至提供虚假信息。世界上最大的 CDM 项目审计机构挪威船级社（DET NORSKE VERITAS，DNV）对不符合 CDM 的相关规定的项目签核放行，CDM 执行理事会于 2008 年 11 月终止了挪威船级社的碳减排项目审计资格，由此也致使大量的项目积压待审。因此，如何加强监管并促进项目的审计、验证与监测机构的工作效率问题也相当迫切。

（六）交付风险

在项目市场的原始减排单位的交易中，交付风险，即减排项目无法获得预期的核证减排单位是最主要的风险。而在所有导致交付风险的因素中，政策风险是最突出的因素。由于核证减排单位的发放需要有专门的监管部门，按既定的标准和程序来进行认证，因此，即使项目获得了成功，其能否通过认证而获得预期的核证减排单位，仍然具有不确定性。从过去的经历来看，由于技术发展的不稳定，以及政策意图的变化，有关认定标准和程序一直都处于变化当中。而且，由于项目交易通常需涉及两个以上的国家（包括认证减排单位的国家和具体项目所在的国家），除需要符合认证要求外，还需要满足项目东道国的政策和法律限制。

第三节　发达国家碳金融市场

一　欧盟碳金融市场

欧盟排放交易体系（EUETS）是目前世界上第一个也是最大的一个碳排放交易体系，从 2003 年成立至今，EUETS 大致经历了以下几个阶段（申文奇，2011）：

（一）初始阶段

初始阶段是指 2003—2005 年。从 2003 年，欧盟 2003/87/EC 号决议成了 EUETS 筹备与形成的里程碑。该决议规定，将建立包含欧盟 15 国的排放配额交易体系。其核心内容之一就是确定以欧盟国家分配委员会（National Allocation Plan，NAP）的形式，对欧盟内的企业分配排放配额。对于排放高于欧盟 NAP 分配的排放配额的企业，可以向有多余配额的企业购买相应数量的配额或在市场中购买等量碳信用额，如 CDM 项目中的 CERs。

（二）第一个交易期

第一个交易期是指 2005—2007 年，即第一轮国家排放额分配方案。在第一个交易期内，每年分配一次份额，按照欧盟各成员国在各个行业和地点的企业进行分配，主要是根据各个企业上一年核证排放量和注册的实际排放量而确定。由于第一个交易期内配额分配过量，企业实际排放明显低于排放限额，在 2006 年中导致 ETS 内价格暴跌至不足 1 欧元。总体来看，在 2006 年碳价格暴跌之前，电力等能源行业通过交易免费分配的过量配额获得了暴利，却没有实施有效的减排措施。

（三）第二个交易期

第二个交易期是指 2008—2012 年，与欧洲《京都议定书》所规定的第一个减排承诺期同步，将欧盟碳排放限制在 20.8 亿吨范围内。总体而言，第二个交易期相比第一个交易期已经明显地成熟起来。但由于主要的配额仍是通过免费分配获得，而且每一期的多余配额都可以在下一个交易期开始时，移交后抵扣当期排放，因而对欧盟企业来说减排的压力并不大。欧洲电力企业凭借其享受的种种补贴和免费发放的大部分配额，通过配额交易和其他碳信用额交易，电力企业在减排中不仅没有负担反而实现了盈利。

2007 年 3 月，欧盟领导人同意截至 2020 年欧洲在 1990 年的基础上减少 20% 的碳排放。为避免重复出现第一个交易期中出现的过度分配问题，欧盟委员会将各个成员国的配额总量削减了 10.5%。同时，欧盟已经开始在电力行业对 3%—4% 的配额进行拍卖，以取代免费分配。

目前，碳金融市场的动力主要来自在第二个交易期内碳金融资产交易的利益驱动，囤积多余的 EUA 或其他碳金融资产为第三个交易期的牟利做准备也是一个很重要的原因。

（四）第三个交易期

第三个交易期是指 2013—2020 年。EUETS 第三阶段的目标是在 2020 年之前在 1990 年的基础上至少减少 20% 的碳排放量，相当于要在 2020 年之前在 2005 年的排放量的基础上减排 14%。若将 EUETS 覆盖的部门和非 EUETS 覆盖的部门分开来考虑，就相当于是 EUETS 覆盖部门在 2020 年之前相比 2005 年排放水平减少 21%，非 EUETS 覆盖部门相比 2005 年减排 10%。

目前，公路运输、建筑业、农业、废弃物处置等行业虽然没有被 EUETS 包含，但是也要求完成截至 2020 年平均碳减排 10% 的任务。为了实现这样的任务，欧盟将根据各个成员国的 GDP 设定有差别的目标。具体来说，富裕的国家将被设置 20% 左右的目标，例如，丹麦、爱尔兰、卢森堡；而相对穷国，例如葡萄牙，以及 2004 年以后加入欧盟的成员国（除塞浦路斯），考虑到这些国家需要较高的 GDP 增长率，允许其在一些行业中保持增加部分碳排放（20% 以下）。另外，年排放量低于 2.5 万吨的排放源（多指企业）可以不进入 EUETS 体系。

EUETS 对外部的减排信用抵消（JI 和 CDM 项目产生的碳减排信用）的使用限制更加严格。欧盟委员会认为第二阶段允许使用的低成本的 CER 和 ERU 过多，不利于实现减排目标，因此从 2013 年之后，2008—2012 年所有成员国共同认可的减排项目产生的碳信用可继续使用，而对于新项目则只允许使用来自最不发达国家的 CER，其他发展中国家需要与欧盟签订相关协议才可向欧盟出口基于能效或可再生能源项目的减排信用。

二 美国碳金融市场

1997 年 12 月，由联合国气候变化框架公约参加国制定的《京都议定书》，旨在将大气中的温室气体含量稳定在一个适当的水平上，进而防止剧烈的气候改变对人类造成的伤害。然而，美国从气候谈判伊始，就一直坚持不承诺减排义务，要求发展中国家同样减排。所以，尽管美国政府在《京都议定书》上签了字，但美国参议院始终没有批准，并且美国总统布什于 2001 年 3 月 9 日专门召开记者招待会，宣布拒绝批准《京都议定书》，至此，美国成为第一个退出《京都议定书》的国家。

与在国际碳交易市场发展过程中的消极表现相比，美国在其国内碳交易市场的建设过程中表现得十分积极，其国内碳排放权交易体系却建设得比较完善。2009 年 6 月众议院通过了《2009 年美国清洁能源与安全法》，该法案详细规定了温室气体排放的总量控制计划和交易制度，这极大地推动了美国国内碳排放交易体系的建设。目前，美国已建立起成熟的区域性碳交易市场体系，形成了全球第二大碳交易市场（穆丽霞、周原，2013）。

事实上，早在前几年，美国各州利用宪法赋予的权限，就已经开始积极倡导并开展了众多区域性限额交易机制，建立了相应的配额市场，形成了多层次、多元化的碳市场及交易机构，州政府层面的强制减排交易体系发展迅速。如 2009 年 1 月 1 日由纽约州、马萨诸塞州、马里兰州等 9 个州开始实施的区域温室气体行动倡议（Regional Greenhouse Gas Initiative，RGGI），根据美国国会服务局的调查，RGGI 的环保和经济效果明显，2015 年实施 RGGI 的 9 个州利用煤、石油等含碳量高的能源进行发电的比例由 2005 年的 33% 降至 8%。而同期 RGGI 实现新增财政收入 21 亿美元，主要被用于多个旨在促进可再生能源发展、提高能效、减少温室气体排放的投资项目上。受碳配额紧缺的影响，安大略省决定在 2017 年年初实施新限额与交易计划，并于 2018 年加入范围更广泛的西部气候倡议（Western Climate Initiative，WCI），这将有助于安大略省实现 2030 年的减排目标，即 2030 年的排放水平比 1990 年降低 37%。

于 2007 年成立的中西部地区温室气体减量协议（Midwestern Greenhouse Gas Accord，MGGA），是一个以市场为基础的、多部门的区域限制和交易计划，覆盖的行业范围和温室气体范围与 RGGI 相比均有较大提高，旨在到 2050 年碳排放水平比目前减少 60%—80%。

2016 年 4 月 22 日，美国同其他 174 个国家一起，在联合国签署了《巴黎气候协议》，根据该协议，到 2025 年美国要实现在 2005 年基础上减排 26%—28%。为了兑现这一承诺，美国采取了包括碳金融在内的多项减排措施。

2003 年芝加哥气候交易所（CCX）首创全球企业"自愿加入、强制减排"的减排与交易模式，鼓励企业自愿开展温室气体减排活动，是运用市场机制实现温室气体减排的一次有益尝试。目前，CCX 的会员超过 300 家，遍布美洲、欧洲和亚洲，任何会员必须自愿并从法律上联合承诺减少温室气体的排放，以保证 CCX 能够实现其两阶段目标。在第一阶段（2003—2006 年）能够实现所有会员单位在其基准线排放水平的基础上每年减排 1% 的目标；在第二阶段（2007—2010 年）所有成员将排放水平下降到基准线水平的 94% 以下。对 2003—2006 年加入 CCX 的会员来说，他们的排放基准线被设定为其 1998—2001 年间年排放量的平均值；对 2006 年以后加入 CCX 的新会员来说，其基准线是 2000 年的排放量。会员的所有交易都必须通过一个基于互联网的电子交易平台进行温室气体排放权买卖。除芝加哥气候交易所的减排模式和各州的限额交易体系外，美国还发展了完全自愿的减排项目信用交易，如基于自愿碳标准（Voluntary Carbon Standard，VCS）和黄金标准（Gold Standard，GS）等开发的 VER 市场以及各州基于可再生能源配额制度（Renewable Portfolio Standard，RPS）进行的电厂之间的减排交易等。总之，美国有多元化的碳市场和丰富的碳交易产品，碳相关体系的基础建设条件较好，碳交易产品有一级碳市场的碳现货、二级碳市场的碳远期合约和碳期货；基础设施包括第三方核证机构、登记注册机构和金融化交易机构。

三 澳大利亚碳金融市场

澳大利亚国家碳污染减排体系（Carbon Pollution Reduction Scheme, CPRS）是工党陆克文政府提议的，是澳大利亚应对气候变化政策的重要组成部分。2007 年年初，工党还是澳大利亚在野党时，联合工党控制的六个州，共同委托澳大利亚国立大学经济系的著名教授罗斯·伽洛特进行一次独立的能源政策评估，称为"伽洛特气候变化评估"。2007 年年底，工党赢得澳大利亚大选，陆克文成为澳大利亚总理后推动澳大利亚的减排体系建设，于 2008 年完成了澳大利亚国家排放交易体系 CPRS 的设计。CPRS 覆盖澳大利亚 75% 的碳排放量，其政策目标是，到 2050 年，澳大利亚的温室气体排放水平在 2000 年的水平上减排 60%（李雪蕊，2014a）。但该法案两次未获得议会多数支持。工党政府在 2009 年 5 月宣布延迟该体系的生效时间一年。随着 2010 年陆克文下台，工党以少数优势当选后，碳交易体系（Emission Trade System, ETS）被新政府提到议事日程，并于 2012 年 7 月 1 日启动了碳交易体系，由澳大利亚政府气候变化与能源效率（Department of Climetechange and Energ, Efficiency, DCCEE）主管，负责制定相关政策及规则等，一个 ETS 机制取代了原先的 CPRS。

但早在 2003 年，澳大利亚新南威尔士州（New South Wales, NSW）温室气体减排体系（Greenhouse Gas Abatement Scheme, GGAS）就开始运行了，这是世界上最早的强制碳减排交易体系，也是目前世界上唯一的"基准线信用"型强制减排体系。主要用于减少新南威尔士州范围内与电力生产及使用相关的碳排放。GGAS 的初始基准为 8.65 吨/人，并逐步下降至 2007 年的 7.27 吨/人，并保持该基准至 2021 年不变。新南威尔士州能源、公用事业与可持续发展部预测，新州的人均排放目标如果在澳大利亚全国推行，其所取得的绝对减排量将相当于如果澳大利亚加入《京都议定书》所需要承担的第一减排期目标的 50%。

四 日本碳金融市场

日本是全区最大经济体之一，2010 年的碳排放为 12.08 亿吨二氧化碳当量位列世界第五。而且，作为哥本哈根协议的成员国，日本承诺，到 2020 年，其温室气体排放在 1990 年的水平上减少 25%；到 2030 年，其温室气体排放在 1990 年水平上从化石燃料中减少 30% 的排放；到 2050 年，其温室气体排放在 1990 年水平上减少 80%。2013 年 11 月，由于核能的损失，日本政府决定将哥本哈根的减排目标定为，到 2020 年日本温室气体排放在 2005 年水平上降低 3.8%（李雪蕊，2014b）。显然，新的减排目标较之前的目标悬殊较大，但日本一直致力于控制温室气体排放。

1997 年 7 月，在 UNFCCC 京都会议之前，日本经济团体联合会向日本商业界发出呼吁，组织开展"日本经济团体联合会环境自愿行动计划"。1997 年该计划第一次公布时，有 38 个行业加入，并公布了具体的环境目标。到 2007 年，有 50 个行业协会、1 个企业集团和 7 个铁路公司参与该计划。所有的参与行业在 1990 年共排放 5.05 亿吨二氧化碳，代表了工业和能源行业总排放量（6.15 亿吨）的 82% 和全国温室气体排放总量（11.2 亿吨）的 45%。

2005 年 5 月，日本环境省发起了日本自愿排放交易体系（Japan Voluntary Emission Trading Scheme，JVETS）。该体系允许环境省给予选择的参与者一定数额的补贴，支持参与者安装碳减排设备。作为交换，参与者承诺实现一定量的碳减排目标。该体系同样允许参与者互相交易配额来实现减排目标。该体系的目的是实现以较低成本减排二氧化碳，积累与国内碳排放体系相关的知识和经验。

2008 年 10 月，日本国内排放交易综合市场正式实施。该市场可交易的对象由四部分碳信用额度组成：一是来自《京都议定书》机制的碳信用额度，如 CDM。二是来自日本国内 CDM 的碳信用额度，这是日本经济团体联合会自愿环境行动计划中不在计划内的中小企业的项目所产生的减排额度。正如"国内 CDM"所表示的那样，是将国与国之间的 CDM 机制应用在日本国内中小企业项目上。三是第三方核证的、比公司自愿承诺的减排目标更多的减排信用额度，其以自愿环境行动计划为基础，如果公司比在自愿环境行动计划中分配的配额排放得少，那么未使用的配额可以作为信用额度出售。四是由环境省执行的日本自愿排放交易体系产生的碳信用额度，这是日本自愿排放交易体系，采用限额交易体系，参与者设定自愿减排目标，并以过去三年的平均碳排放量为基准线。

2010 年 4 月，东京都碳排放限额交易体系正式启动，这是全球第三个限额交易体系，居欧盟 EUETS 和美国 RGGI 之后。但它是全球第一个为商业行业设定减排目标的限额交易体系，也是亚洲第一个强制性限额交易体系。2008 年 6 月，东京都市长 Shintaro Ishihara 向东京都国民大会第二次例会提交了在东京都开展强制限额交易计划的议案，并获得批准。2009 年 3 月，东京都政府设定了第一个履约期（2010—2014年）的目标，即在基准年的基础上减排 6% 或 8%。第二个履约期（2015—2019 年）的目标是在基准年的基础上减排 17%。东京都限额交易体系的行业覆盖范围为工业和商业领域（这两个领域约占东京都总排放的 40%），主要针对 1400 个年消耗燃料、热和电力至少 1500 千升原油当量的大型设施。这些设施的年排放量约占工业和商业领域总排放的 40%，占东京都总排放的 20%。其中商业设施 1100 个，工业设施300 个。

五 其他国家碳金融市场

总体而言，与发达国家相比，发展中国家的碳金融市场不仅数量偏少而且高端市场严重缺乏。印度的碳金融市场是发展中国家的骄傲。印度建立了多种商品交易所（MCX）和国家商品及衍生品交易所（National Commodity & Derivatives Exchange，NCDEX），它们都已推出碳金融衍生品，其中，MCX 上市了 EUA 期货和 5 种 CER 期货，NCDEX 也于 2008 年 4 月推出 CER 期货，仅仅 4 个月，到 2008 年 8 月，就有近700 万吨 2008 年 12 月交付的 CER 期货合约在 NCDEX 交易。

巴西国会于 2009 年 12 月 29 日通过立法建立了巴西国家气候变化的政策（Nationdl Climate Change Policy，NCCP），同时，巴西还自愿设计了国家温室气体减排目标，即相比 2005 年排放水平，到 2020 年，减排 6%—10%（李雪蕊，2014c）。为此，巴西出台了国内法并制定了一系列相关政策。巴西有 19 个州制定了针对气候变化的法律，其中至少有 7 个针对碳信用额度建立市场的规定，2012 年 6 月推出一个排放权交易体系（SP ETS）。巴西与联合国气候变化框架公约秘书处详细介绍了他们的减排承诺。比如，到 2020 年，通过减少亚马孙河流域和塞拉多草原的森林砍伐，每年减少 6.68 亿吨碳（二氧化碳当量）；通过对退化牧场的修复，每年减少 8300 万—1.04 亿吨的碳；通过大力增加水力发电，每年减少 7900 万—9900 万吨的碳；通过生物能源的利用，每

年减少 2800 万—6000 万吨的碳；通过减少畜牧，每年减少 2200 万吨
的碳；通过实现零开垦，每年减少 2000 万吨的碳；通过生物固碳技术，
每年减少 1600 万—2200 万吨的碳；通过节能措施，每年减少 1200
万—1500 万吨的碳。

六 碳金融市场的发展展望

总的来说，全球碳排放交易市场正加速发展、市场潜力巨大。虽然
金融危机对全球碳排放交易市场形成了一定的冲击，气候变化问题也不
会在 2009 年哥本哈根年会上得到根本解决，但在发达国家近期公布的
2020 年减排目标以及美国政府态度的转变和积极行动都会为全球碳排
放市场的发展增加新的动力。应对气候变化将是全球经济可持续发展的
主要内容，未来全球碳市场的发展仍存在巨大潜力。

未来全球碳市场的格局将发生改变，美国将成为欧盟的主要竞争对
手。自 2005 年欧盟推出了欧盟排放贸易方案后，在 EU ETS 体系下的
碳交易一直占据主导地位。未来几年内，随着美国立法引入并逐步实施
"碳总量和贸易制度"，预计全球的碳市场格局将从根本上发生改变，美
国将成为欧洲碳交易市场的主要竞争对手——全球第二大碳交易市场。

亚洲对全球碳市场的影响正在扩大。近年来，亚洲的中国和印度已
成为最主要的 CDM 市场卖家。2009 年 8 月，中印两国的 CDM 核准数
量占全球总数量的 60%，其中，中国的项目数量和交易量都位居第一。
根据世界银行的碳排放权供需数据，2008—2012 年间碳需求的主要供
应来自 CDM 项目，亚洲作为最主要供应方对全球碳排放交易市场有较
大的影响。

在未来的碳交易市场里，各个国家或地区将会根据减排成本的不同
自然地进行分类，并根据本国的配额价格，按照一定的比例连接到相应
的减排量交易机制，而配额价格波动范围相近的买家则会选择同样的减
排量交易机制。同时，各系统的连接比例也将逐渐从固定制改为浮动
制，以控制价格过高的情况。减排量交易机制会出现多样性的局面，并
根据不同的减排部门或减排区域而同时存在，以满足各国配额交易系统
的连接需求。需要特别指出的是，由于 CDM 能够直接抵消减排指标，
因此具有了更多的价值。各国可能会通过配额交易系统以外的渠道，如
政府采购来获得，其价格仍将参照 EU ETS 其他减排量交易机制的价
格，一般会低于 CDM 的价格。因此，碳交易市场全球化的两个阶段将

如图 7 – 4 和图 7 – 5 所示。各国相继建立配额交易系统，并允许引入外部减排量；减排量交易机制将呈现出多样性的局面，并逐渐与配额交易系统对接。由于各国的气候变化政策尚不成熟，减排成本差异较大，这一阶段将主要是碳商品形成的过程，各国均会采取谨慎的策略，区域性碳交易市场率先形成，但全球化动力有限第二个阶段将呈现的特点是：随着减排成本的趋同，一些国家的配额交易系统开始直接对接，不同的减排量交易机制之间也将开始融合，这时不同种类碳商品的竞争力将开始发挥作用，出现互相折算的情况，区域碳交易市场开始互联，一个统一的碳交易市场开始真正形成。

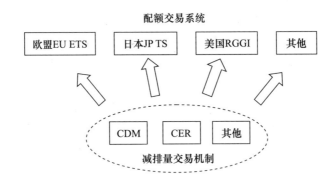

图 7 – 4　全球碳市场第一阶段

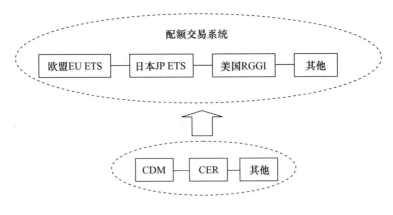

图 7 – 5　全球碳市场第二阶段

第四节　中国碳金融发展

一　中国发展碳金融市场的可行性

作为全球的碳排放大国，中国发展碳金融是否可行，下面从两个方面展开分析。

首先，中国作为发展中国家的大环境可行性分析。在《京都议定书》提出的三种合作机制中，只有清洁发展机制是在"附件Ⅰ国家"和"非附件Ⅰ国家"之间进行的互利机制，通过该机制，发达国家企业可以通过协助发展中国家减少温室气体的排放，来换取"经核证的减排量"（CERs），并以此抵减本国的温室气体减排义务。CDM在发达国家和发展中国家中实现"双赢"。对发达国家来说，通过清洁发展机制可以远低于其国内所需的成本兑现《京都议定书》规定的减排指标，节省大量的资金；同时，对于发展中国家而言，通过清洁发展机制项目可以获得节能减排所需要的资金支持和先进技术，有利于发展中国家的经济发展与环境保护，实现可持续发展。因此，中国作为世界上最大的发展中国家，就具备了开展碳金融业务的条件。

第一，国内温室气体排放量巨大。中国目前二氧化碳排放量已经超过美国，位居世界第一。据英国梅普尔克罗夫特公司公布的温室气体排放数据，因中国经济增长相当稳健，2014年，中国排放的温室气体超过60亿吨，位居世界之首，其次是美国，为59亿吨，但美国人均二氧化碳排放量为每年19.58吨，仅次于澳大利亚，位居世界第二；俄罗斯排放17亿吨二氧化碳，位居世界第三；第四名为印度，二氧化碳排放量为12.9亿吨，日本下降至12.47亿吨，位居世界第五。这5个国家的二氧化碳排放量占全球二氧化碳排放量的一半还多，因此，中国加快减碳步伐刻不容缓。

第二，边际减排成本远低于发达国家。发达国家的减排成本较高，根据世界银行的报告，以OECD组织为例，其西欧成员国（OECD-W）的边际控制成本为108美元/吨碳，亚太地区成员国（OECD-P）为93美元/吨碳，而中国在同样的减排量下远低于这些国家。

第三，中国占国际CDM市场上的50%。2008—2012年，发达国家承诺减排的第一时期，世界银行测算全世界需要减排 13.71 亿吨二氧化碳。发达国家内部承担 6.49 亿吨的减排任务，剩下的由《京都议定书》下的 CDM 等三个机制来完成。其中，CDM 市场份额会扩大至 1.64 亿吨。而中国完成 CDM 中 48% 的项目，承担 7920 万吨的减排量，也就是说 CDM 市场的至少一半来自中国。

其次，商业银行发展碳金融的可行性分析。市场机制和金融手段是解决气候变化问题的关键。哥本哈根谈判虽然未能消除未来碳市场的走向的不确定性，但与会国家基本都提出了更加严格的减排力度和目标，相信未来碳市场还有很大的发展空间。中国的碳金融业务部署，包括一些低碳经济项目的贷款支持；扩大对低碳经济的直接融资力度，如发行企业债券等；设计和引入市场机制激活国内碳交易市场。

此外，发展碳金融对中国也有诸多有利条件。从节能减排角度看，中国市场存在巨大的需求，国内外也有比较成熟的减排技术，当前最大的问题就是资金。巨额资金的需求，仅仅依靠政府的投入是远远不够的，需要依靠碳金融的市场机制及金融产品在间接融资和直接融资市场进行融通，为开发可再生能源技术搭建资本平台。要发展低碳经济，中国必须大力开发和应用可再生能源技术，以减少排放并增强能源安全。要达到上述目标，政府必须承诺更多的公共资源，同时能有效地吸引私人资本也参与到投资清洁能源的未来发展中，这就需要建立创新的碳金融机制，形成新的经济增长点。碳金融交易是以碳排放权交易为核心的碳金融产品的交易，交易机制本身就比较复杂，交易过程中牵涉部门、机构、产业也比较多，除直接参与传统金融证券产品交易的银行、投资银行、证券公司、律师事务所、政府监管机构、其他社会服务机构外，还有碳评级和审计机构、碳科技研究机构、碳技术贸易机构、碳国际组织等，它们业务活动的规模性收入都可以为 GDP 做出贡献。

碳金融是中国紧跟国际市场发展步伐的必然选择，有利于提高我国碳交易定价能力。碳排放权属于买方主导的交易，发达国家负有减排义务的企业以及减排集成商和投资交易商是买方，它们拥有资金实力或技术优势，按成本最低化的原则筛选和开发 CDM 项目，具有实际的定价权。我国拥有巨大的碳排放资源，是未来低碳产业链上最具有潜力的供给方，但我国 CDM 项目减排产品的交易价格明显低于国际碳交易价格。

因此，构建结构完整、功能齐全的碳金融体系有利于增加我国低碳项目的资金来源，摆脱过于依靠发达国家买家的状况，利用国际化碳交易市场的价格发现功能，提升我国碳交易的定价能力。

发展碳金融有利于我国气候资源的优化配置。从经济学角度看，人人都要排放温室气体，而大气圈所能容纳的碳排放量是有限的。因此，碳排放空间成为一种资源且是稀缺资源，要使这种稀缺资源产生最大的经济效益，市场途径是实现资源最优配置的必不可少的手段。通过建立碳交易市场，使碳排放的边际成本较低的排放企业可以通过自身的技术优势或成本优势转让或储存剩余的排放权，碳排放的边际成本较高的企业则通过购买的方式来获得环境容量资源的使用权。这样，购买行为的本身不仅包含实际减排额度的兑现，同时也包含减排技术的交易。通过碳排放权的交易，最终的减碳任务必将落在减排成本最低的企业，或专业化的减排企业上。碳交易通过市场的力量来寻求温室气体削减的边际费用，使整体的温室气体允许排放量的处理费用趋于最小，使全国的气候资源实现最优化。

发展碳金融有利于推进我国清洁发展机制。建立碳交易市场，有利于推进各级政府和企业了解、认识国际气体减排机制，更有效地利用清洁发展机制合作的规则，实现清洁发展和可持续发展。而积极参与国际合作，开发 CDM 项目，将有利于引进国外的资金与先进技术，从而优化我国能源消费结构，提高能源效率、降低单位 GDP 的能耗与温室气体的排放；有利于改善我国某些部门，特别是重污染型部门资金短缺及环保设施缺乏的现状；有利于保障我国生态环境安全，提高人民健康水平，有利于促进我国经济增长模式从粗放型向集约型转变。

发展碳金融有利于我国形成可持续发展战略实施的制度安排。党的十八大精神要求继续深入贯彻落实科学发展观，可持续发展是科学发展观的重要内容。有了碳排放权交易，政府机构可以发放和购买碳排放权来实施污染物总量的控制，影响碳排放权交易价格，从而控制环境标准。政府如果希望降低大气二氧化碳浓度，可以进入市场购买碳排放权，然后把碳排放权控制在自己手上，不再卖出，这样大气中二氧化碳浓度就会降低，从而保护我国的大气环境。碳排放权交易使二氧化碳减排有利可图，可以促进企业进行技术革新。在政府控制二氧化碳排放总量一定的前提下，如果环保技术上取得重大进展，或者产业结构进行调整，实际的二氧化碳排放量会降低，降低的排放量就为大量新企业进入留出了发展空间，从而可以在不降低环境质量的前提下实现经济的可持续发展。我国建立碳交易市场，有利于深入贯彻落实科学发展观，有利于我国形成可持续发展战略实施的制度安排。

二　中国碳金融市场的发展现状

我国碳金融市场的发展现状可以从以下几个方面展开分析。

（一）中国可减碳排放资源丰富

2012 年中国社会科学院发布的《中国低碳经济发展报告（2012）》（以下简称《报告》）首次将"二氧化碳减排"纳入"节能减排"硬指标，未来 10 年我国有望减少碳排放 70 亿吨。

中国是世界最大的碳减排国。《报告》指出，从 2005—2010 年的 5 年间，中国的单位 GDP 能耗降低 19.1%，相当于节省标准煤 6.3 亿吨，换算成碳排放就是 15 亿吨。中国是世界第一大碳排放国，也是世界最大的减碳国。《报告》主编、名古屋大学教授薛进军这样评价："如此大的减排量，中国做到了，这是对世界减排的一大贡献，也说明中国在带头减，只是说得少做得多，外界鲜为人知。"

2017 年 1 月 5 日，从国家能源局获悉，国家发展改革委、国家能源局正式发布《能源发展"十三五"规划》（以下简称《规划》），《规划》提出，"2020 年能源消费总量控制在 50 亿吨标准煤以内、煤炭控制在 42 亿吨左右、天然气消费比重达到 10% 左右、非化石能源占一次能源消费比重达到 15% 以上，单位国内生产总值能源消耗较 2015 年下降 15%，单位工业增加值二氧化碳排放比 2015 年下降 22%、工业领域二氧化碳排放总量趋于稳定、农田氧化氮排放峰值和 2020 年左右重化工业率先达到最高值"等一系列量化指标。这是首次对行业温室气体排放峰值提出了相关要求，体现了在推动供给侧结构性改革的大背景下，未来 5 年在加快改造传统产业、加大落后产能和过剩产能淘汰力度的同时，进一步推动主力产业由传统产业向低碳新产业转移。因此，这些目标的实现，将大大减少中国的二氧化碳和污染物排放，为中国经济发展方式的根本转变、实现单位 GDP 碳排放削减 40%—45% 国际承诺提供保障。对于这一减排目标，业内专家坦率指出，实现"十三五"规划纲要中的节能约束性指标具有相当大的难度，尤其是非化石能源比重的上升，在核电当前遭遇发展阻碍、可再生能源比重基数又很低的情况下，要达到目标绝非易事。工业部门尤其是重点耗能企业能耗强度的继续下降将是实现全国能耗强度目标的关键。但未来 5 年仍是中国工业化、城镇化继续推进的阶段，要继续保持各个部门能耗强度明显下降的态势，其难度也将明显增加。对此，中国科学院王毅教授指出，绿色科技创新是未来各国应对气候变化、实现可持续发展的重要路径，也是中国实现绿色低碳发展的关键。

（二）中国碳金融市场体系初步搭建

在《京都议定书》中，虽然没有对我国的二氧化碳排放总量进行限制，但我国出于发挥大国责任，在"十一五"规划中提出至 2010 年单位 GDP 能源消耗较 2005 年降低 20%，主要污染物排放总量减少 10%。2008 年，上海环境能源交易所、北京环境交易所和天津排放权交易所相继成立，我国碳金融市场形成基本框架。我国参与碳金融交易的方式主要是 CDM（清洁发展项目），是基于项目的配额交易，发达国家通过为节能项目投资，进而分享节能项目带来的核证减排额，满足自身碳排放需求。2005 年 6 月，内蒙古辉腾锡勒风电场项目成为我国第一个在联合国 CDM 执行理事会（Exetutive Board，EB）成功注册的 CDM 项目，也是世界上第一个在 EB 注册成功的风电项目，可带来 277.7 万欧元的销售收入，从此中国 CDM 狂潮拉开序幕。从全球第一个 CDM 项目获得批准注册开始至 2011 年 1 月，联合国 CDM 执行理事会（EB）批准注册的全球 CDM 项目达 2744 个，这些项目中有 501 亿吨二氧化碳当量的核证减排量已经获得 EB 的签发，是 2005 年年底签发总量的 501 倍。其中，我国共有 1168 个项目注册成功，占全部注册项目的 42.57%，被核证签发的减排量约为 2.677 亿吨，累计签发量占东道国 CDM 项目签发总量的 53%。我国虽是碳交易市场的主要供应者，但参与项目单一，且碳交易的定价权掌握在买方手中。国家发改委为了保护中国企业的利益，对企业 CDM 项目的价格进行底价规定，如化工类项目最低价为 8 欧元/吨，可再生类项目最低价为 10 欧元/吨，但是与国际二级市场相比，仍有很大的差距。

科技部、国家发改委、外交部和财政部于 2005 年 10 月 12 日颁布的《清洁发展机制项目运行管理办法》为推动我国 CDM 的顺利开展奠定了基础。2006 年 8 月底，国务院批准了四部委的联合请示，同意成立中国 CDM 基金及其管理中心，支持我国应对气候变化工作，财政部为此专门成立了基金筹备组。2007 年 3 月，由财政部牵头、七部委共同运作的"中国清洁发展机制基金（CDM 基金）"正式运营，该基金将是"政策性与开发性兼顾的、公益性、长期性、开放式和不以营利为目的的国有独资基金"。我国 CDM 项目分布的行业和领域非常广泛，包括可再生能源、径流式水电、风能发电、节能降耗、工业废气减排、煤层气回收利用、太阳能、生物燃料、生物柴油、地热、土地使用、土地用途变化和造林（西部地区的退耕还林、退耕还草）、燃料的逸散排放等项目。

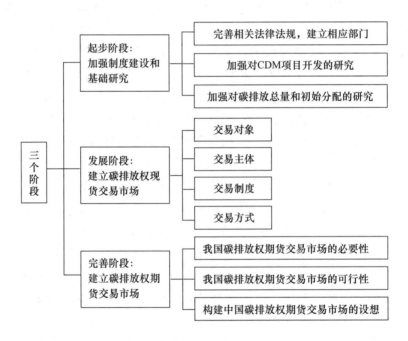

图 7 - 6　中国碳金融的发展阶段

（三）CDM 项目快速发展

目前我国碳排放权交易的主要类型是基于项目的交易，因此我国"碳金融"更多的是指依托 CDM 的金融活动。我国已成为目前世界上最具有潜力的碳减排市场和最大的清洁发展机制项目供应方，是全球 CDM 项目注册认证最多的国家。截至 2010 年 3 月 10 日，共有 752 个 CDM 项目成功注册，获得了联合国执行理事会核查认证的减排量证书（CER），占全球获认证项目总数的 36.3%，预期可产生的年均减排量可达到 188 亿吨二氧化碳当量，占项目总量的 48.4%。而据有关专家测算，2012 年以前我国通过 CDM 项目减排额的转让收益可达数十亿美元。自 2001 年，内蒙古龙源风能开发有限责任公司开发的辉腾锡勒风电场项目投标荷兰政府的 CERUPT 减排购买计划，拉开了国内参与低碳经济的序幕，碳金融市场逐步形成。

（四）交易平台逐步增多

碳交易体系初步形成。2008 年下半年，我国成立了三个碳交易市场，分别是北京环境交易所、上海环境能源交易所、天津排放权交易所，此后，我国先后在湖北、重庆、广东、深圳等地进行了碳排放权试点，这些省份的创新实践为统一和规范中国碳交易市场奠定了基础。天津排放权交易所于 2008 年 12 月 15 日发出二氧化硫排放指标电子竞价公告，七家单位参与竞价。2008 年 12 月 23 日，天津弘鹏有限公司以每吨 3100 元的价格竞购成功，这是国内排污权网上竞价第一单，标志着我国主要污染物排放权交易综合试点在天津启动。目前，上海环境能源交易所成功的 CDM 项目为 13 个，年均二氧化碳减排总量为 552248 吨。到 2010 年 4 月 5 日，挂牌交易的项目中，碳自愿减排项目数量为 21 项，节能减排和环保技术交易类为 61 项，节能减排和环保资产交易类为 13 项，日本经产省技术支持项目为 175 项，污水处理项目技术交易和二氧化硫项目技术交易类正在建设中。北京环境交易所目前主要有三个中心，分别是 CDM 信息服务与生态补偿促进中心、节能环保技术转让与投融资促进中心和排污权与节能量交易中心。

（五）金融机构尝试介入碳金融

相对于国外众多银行的深度参与，对于我国来讲，尽管我们有极其丰富的碳减排资源和极具潜力的碳减排市场，但是，碳资本与碳金融的发展落后，目前仅在"绿色信贷"等方面有所进展。国家开发银行等在探索针对清洁技术开发和应用项目的节能服务商模式、金融租赁模式等创新融资方案，一些中小型股份制商业银行在尝试发展节能减排项目贷款等绿色信贷，还有一些银行推出了基于碳交易的理财产品。2006 年 5 月 17 日，兴业银行与国际金融公司签署《能源效率融资项目合作协议》，成为国际金融公司开展中国能效融资项目合作的首家中资银行。2008 年 10 月兴业银行成为我国首个加入赤道原则的银行，2009 年 12 月其首个"原则运用项目"开幕；该行还与国际金融公司（International Finance Corporation，IFC）签约率先切入中小企业能效融资项目，截至 2009 年上半年共贷款 42 亿元。农业银行总行成立了投资银行部，先后与湖北、四川等多个省份的十几家企业进行了接触，与多家企业达成了 CDM 项目合作意向书，涵盖了小型水力发电、水泥回转窑余热发电、炼钢高炉余热发电等清洁发展项目。农行采取了组建专业队伍、培训筛选客户、加强制度建设等措施，确保 CDM 业务平稳发展。2010 年 1 月，浦发银行发布了"建设低碳银行倡议书"。在贷款方面，民生银行创新推出了基于 CDM（清洁开发机制）的节能减排融资项目。在理财产品方面，中国银行和深圳发展银行率先推出挂钩排放权交易的理财产品。

（六）碳基金参与运作

2006 年中国碳基金成立，总部设在荷兰阿姆斯特丹，旨在购买各种不同类型的 CDM 项目产生的减排量，尤其是各类可再生能源项目。据初步结果统计显示，中国碳基金已经签署购买的潜在减排量约为 1000 万吨。中国绿色碳基金是设在中国绿化基金下的专项基金，属于全国性公募基金。基金设立的初衷是为企业、团体和个人志愿参加植树造林以及森林经营保护等活动，更好地应对气候变化搭建一个平台。之后，碳基金在北京、山西、大连、温州等地相继启动，规模不断扩大。

总之，我国现在基本形成了由碳资产、碳基金、碳证券、碳保险、碳信用和碳监管组成的相对完整的碳金融体系（见图 7-7）。

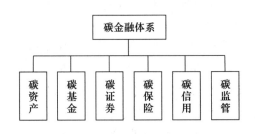

图 7-7　中国碳金融体系

三　中国碳金融市场的发展困境

尽管我国已经开始涉足碳金融，并取得了初步成效，但与发达国家的碳金融发展规模、运行机制相比，我国碳金融市场发展还存在以下一些突出的问题。

（一）CDM 市场存在问题

我国虽然提供大量的碳信用产品，但是，碳产品的交易价格远远低于发达国家的市场价格，有些比同类型的发展中国家还要低，主要原因是：其一，我国的 CDM 项目都是以"双边项目"为主，由买家承担全部的风险，这种低风险、低收益决定了中国在议价上没有多少优势。其二，产生的减排量基本是在初级市场交易，发达国家运用远期合约的形式购买产品在国外进行交易，实质上定价权的标准和交易市场掌握在发达国家手里，我国只不过充当了来料加工厂的角色。另外，CDM 机制本身也存在着一些问题，比如，CDM 的审批机构大部分都在国外，标准都是由发达国家制定的，所以，CDM 的注册时间长，过程繁杂，成功率低。CDM 项目机制本身的弊端，如持续的项目周期滞后和低效，导致了更高的交易成本、减排量的损失和更低的市场价值。2008 年，9% 申请注册的项目被拒或放弃，14% 申请注册的项目被要求复审，仅45% 在要求复审之后被批准注册，这进一步减缓了注册流程。自 2007 年 4 月至 2009 年 4 月，300 多个项目被要求复审，其中 57 个项目在签发时被要求复审，这导致 7 个项目被拒绝签发。

（二）金融机构参与度有待加强

"碳金融"是随着国际碳交易市场的兴起而走入我国的，在我国兴起和发展的时间都不长，国内商业银行对碳金融的价值、运作模式、风险管理、操作方法、项目开发、交易规则等尚不熟悉，在对碳金融业务没有较为充分把握的情况下，我国商业银行虽然对碳金融业务已经从关注逐步已经转移到参与，但是还处于相对初级的状态。除了部分商业银行小规模试水外，大部分的商业银行还处于观望阶段，保险公司、信托公司、基金公司、中介公司等基本上还没有参与到碳金融中来，碳金融的组织体系也没有彻底形成。

（三）碳金融制度不完善，中介机构缺乏

目前，中国碳金融还刚刚起步，特别是金融业进入还不深，碳资本利用率不高，缺乏完善的交易制度。发达国家已经形成了集碳期货、期权、直接投融资以及碳指标交易于一体的碳金融体系，而我国碳金融市场只停留在项目层面上，金融衍生产品严重缺失。金融衍生产品有助于减排项目的风险对冲，有助于 CERs 的合理定价，也有助于得到广泛部门对 CDM 市场的参与。碳配额是一种虚拟商品，交易规则十分严格，开发程序也比较复杂，销售合同涉及境内外客户，合同期限很长，非专业机构难以具备此类项目的开发、执行能力。在国外，CDM 项目的评估及排放权的购买大多数是由中介机构完成的，而中国本土的中介机构的碳金融活动尚处于起步阶段，加之自身的局限性难以开发或者消化大批量的项目。同时，也缺乏专业的技术咨询服务机构来帮助金融机构分析、评估、规避项目风险和交易风险。

目前国际上的碳排放权交易体系有四大交易体系，而中国作为最大的 CDM 项目供应方，只有刚成立不久的北京环境交易所、天津排放权交易所、上海环境能源交易所以及深圳联合产权交易所等不足 10 家，规模总体偏小，尚处于起步阶段。相应的政策和法律框架还不完善，咨询、监测、考核办法也不完善。建立全国统一、成熟的、与国际接轨的碳交易市场平台是目前中国迫切需要的。

（四）碳金融人才缺乏

碳金融在中国发展传播的时间有限，中国政府及国内金融机构对碳金融的利润空间、运作模式、风险管理、操作方法、项目开发及交易规则等方面也不够熟悉。目前，关注碳金融的除少数商业银行外，其他金融机构鲜有涉及。碳金融业务操作中亟须熟悉环境与金融、能源等的复合型专业人才，不仅要熟悉金融基础知识及运作规程，还要熟悉国家产业政策、能源政策与法规，熟悉用能设备和用能特点、行业生产工艺和技术规范，熟悉企业能源审计、项目工程预算编制，熟悉企业节能工程和节能咨询工作。由于碳金融发展历史较短，在我国传播时间有限，国内相关人才储备不足，对碳金融业务的利润空间、操作模式、项目开发、交易规则、风险管理等缺乏应有的专业知识，在评价项目的环境风险时，过度依赖外部环境专家对项目提供的评估意见，不能独立做出科学合理的判断，使我国碳金融市场发展缓慢。

（五）交易中心功能单一、碳金融产品单一

虽然我国已经建立了多个地方碳交易所，但是，相比国际上四大碳交易所，我国的碳交易所规模有限，功能单一，主要基于项目交易，而不是标准化的交易合约。由于缺乏交易平台，我国企业在谈判中常常处于弱势地位，碳排放交易中大部分买方是境外企业，我国 CDM 项目发起人在同国外 CERs 需求方接洽的时候只能进行分散的谈判，交易费用较高，也容易造成 CERs 的压价现象，致使国内企业与国际买家最终的成交价格与国际市场价格相去甚远。

我国金融机构提供的碳金融产品目前仅仅停留在信贷和资金清算业务上，直接融资、风险规避和信息中介类产品非常欠缺，相对于传统的生产或贸易金融领域，碳金融产品品种过于单一，我国金融机构参与碳金融的深度十分有限，金融体系发挥的功能作用也十分有限。

四 中国碳金融市场的发展对策

针对我国碳金融的发展现状和存在的困境，结合我国的实际国情，提出如下发展对策。

(一) 完善 CDM 市场

首先，重点行业的市场选择。鉴于国内 CDM 市场开发现状，保持 CDM 市场的供给活力，必须有针对性地选择市场进行开发。石油行业方面，石油行业减排潜力巨大，由于中国石油产业处于垄断，机构庞大，至今没有什么项目被开发，石油行业处于 CDM 滞后状态。所以，石油行业市场之门的开启，对中国 CDM 市场的供给具有不可限量的推动潜力。电力行业方面，五大电力公司 CDM 开发已经非常成熟，市场潜力几乎已经被挖掘完，而地方电力相对落后。和地方电力合作在现阶段时机已经成熟。煤层气利用方面，煤层气的利用是 CDM 领域里的重点项目之一。目前，全国共有高瓦斯矿井、煤与瓦斯突出矿井 9000 多处，占矿井总数的 30% 左右。为保证煤炭开采安全，矿区多对煤层气进行抽放，导致煤矿煤层气的排放量巨大，而且对煤层气的气体回收迫在眉睫，仅 2004 年一年中国煤矿区甲烷排放量达到两亿吨二氧化碳当量。截至 2007 年 6 月 12 日，国家发改委已经批准的 CDM 项目中，煤层气回收利用项目共 25 个，年减排量达 1555 万吨碳排量。煤层气回收利用属于比较优质的 CDM 项目，前景喜人。高耗能重工业行业方面，国内高污染、高能耗的经济增长方式所带来的环境问题已经不容乐观。以高耗能、高污染的钢产业为例，随着中国重工业产值屡创新高，对环境的污染也是与日俱增。从高能耗的重工业发展现状来看，中国高能耗重工业行业肩上的社会责任比较沉重。由此可见，我国传统重工业生产流程大量消耗能源，重工业面临前所未有的挑战。所以，除采取关停和淘汰落后产能的措施来节能减排之外，中国重工业要抓住机遇，积极引进 CDM 项目，既要解决资金上的问题，又要真正掌握节能减排的技术。

其次，严格坚持 CDM 项目可持续发展标准。中国在国际碳市场的参与程度和地位仍然比较低，通过几年来的市场参与和实践经验，中国迫切需要采取更加主动的政策，提高我国在国际碳排放交易中的地位。在蕴藏巨大商机的 CDM 市场方面严格坚持 CDM 可持续发展标准，开发 CDM 市场供给潜力。

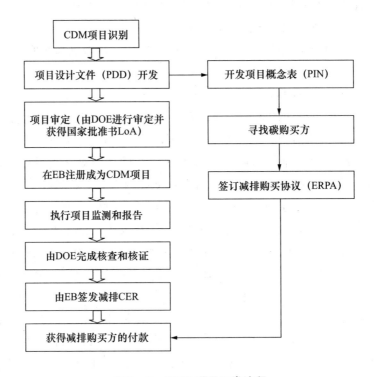

图 7 - 8　CDM 项目开发流程

（二）加快节能减排技术研发和推广的政策措施

在现阶段，政府要制定符合节能减排总体要求的能耗标准、技术标准、排放标准、准入标准，对耗能产品和落后工艺实行强制淘汰制度；政府采购制度要重点支持自主创新的产品和工艺技术，优先采购由我国企业或科研机构研发的、拥有自主知识产权的新产品，推动建立激励技术创新的有效机制；加强对节能减排新产品、新工艺的知识产权保护，完善相关知识产权政策和法律体系，保护研发单位或个人的合法利益。

政府应支持和鼓励有实力、有信誉和资质的投资者和专业人员进入节能技术服务市场，运用市场机制，引进和培育各类节能技术服务机构，提供节能项目评估、设计、融资、施工、运行、管理等全方位的服务，克服节能新技术推广的障碍，推进企业节能技术改造，促进节能服务产业化。

（三）必须加强对核心技术的研发工作

作为节能减排技术研发和推广的基础，基础性研究和应用研究投资大、收效慢，企业往往不敢冒这样的风险，一些专业研发机构在科研资金有限的情况下只能专注于投资少、收益大的项目，加上政府对这些研究的财政补助不足，造成节能减排技术的基础性研究、应用研究发展缓慢。另外，节能减排新技术和新产品价格偏高，造成消费市场疲软，没有形成从研发到推广再到研发的良性循环。节能减排技术研发和推广服务体系还不完善。目前，节能技术服务市场还没有形成，投资者和专业人员准入机制还不完善，项目服务机制也不完善。

（四）提高金融机构参与度

我国金融机构在参与碳金融交易时需要认清碳金融市场的发展趋势，找出碳金融市场的需求，并从需求出发权衡盈利与风险，设计创新性金融产品。本书从碳金融参与主体最主要的三种需求——交易需求、融资需求和风险管理需求出发，以碳金融交易中最基本的三类金融机构为例提出如下建议。

1. 交易所

目前，我国已建立了北京环境交易所、天津排放权交易所、上海环境能源交易所等多家排放权交易机构，主要经营各类排放权的交易。在中国近期将要出台的关于建立全国碳市场的规定中，这几家交易所将很有可能成为碳排放权的集中交易平台，履行为买卖双方提供信息、充分发现市场价格的职能。目前，这些交易所在碳金融领域的业务主要集中在作为中介方促成 CDM 项目的开发之上，因此，在这一领域，这几家交易所事实上已拥有巨大的信息优势与专业经验方面的累积。

我国碳金融发展潜力巨大，现有的几家排放权交易所应当充分利用好先发优势，继续在先期碳金融交易中积累经验，总结教训。今后全国各地还可能建立多家排放权交易所，现有交易所的经验和成果也将会是其他交易所发展的蓝本。同时，现阶段交易所涉及的业务范围狭小，如前文分析，在不远的将来狭小的业务范围将不适应我国碳金融市场的要求。碳交易所应尽早从硬件（技术、设备）和软件（交易流程、设计、交易人才培养）两方面加大关注和人力、物力投入。

另外，我们建议我国的排放权交易所充分发挥交易所的信息功能，充分发掘交易所的定价功效，充分利用可得资源。在国内碳金融市场形成之后，交易所可以依据近几年运作 CDM 与 VERs 项目所积累的经验对国内企业的减排项目进行评估，进而形成该项目的可行性评级。在国内交易发展到一定程度之后，交易所又可以根据企业交易的历史记录对企业进行信用评级。这些评级结果将为银行与保险公司推出分级费率提供保证。根据国际评级公司运作实践，承担评级任务对交易所而言既是对市场效率提高和交易总体成本的节约，又是交易所利用自身优势赢取稳定、优质客户，获得评级报酬的方式。

2. 商业银行

围绕商业银行的具体业务阐述如下：

（1）贷款业务：对口需求，产品创新。我国商业银行的主要利润来自存贷款利差，因而，贷出优质的、回收率高的贷款是银行发展业务的重中之重。寻找信誉优良的贷款者，寻找优质的贷款项目是我国商业银行实现盈利、提高利润的重要方式。国内银行现有的针对低碳经济的业务在很大程度上还局限在"绿色信贷"上，即优先将贷款发放给发展绿色循环经济的行业，限制对高能耗、高污染企业的贷款发放。商业银行这一放贷倾斜政策实行的主要原因是凭借"低碳"这一时兴概念的企业拥有较好的前景，贷出款项的回收率高。我国商业还应继续发展"绿色信贷"，既促进低碳经济的发展，又是银行盈利的手段。但我国碳金融的发展前景广阔，商业银行还应持续金融创新，设计更多与碳金融相关的贷款产品。商业银行可以考虑将贷款目标锁定在那些已经获得 CDM 项目的企业。从贷款需求看，目前国内企业参与国际碳金融的形式多为 CDM 机制下的排放权出售。出售排放权给国际买家，获得资金与技术支持，赚取利润。这些企业为了向买家交付减排指标，通常在项目起初需要资金进行技术改造、设备更新，来获得减排的硬件支持。而排放权的收入在减排后或是在完成一定程度的减排量后才能实现，投入和收入实现的时间差使出售排放权的企业有较大的贷款需求。从贷款的回收看，首先，企业获得 CDM 项目需要经过中国和联合国的一系列严格审批，审查对企业信用水平有一定要求，项目参与企业总体信用水平较高；其次，企业只要能成功实现项目交付，将由联合国法律保障其回报的实现，这又从源头上为商业银行回收贷款提供了保证。开设对CDM项目参与企业的贷款，既能保证CDM项目的实施，又能保证贷款的收回，实现商业银行的盈利。

CDM项目潜在参与者——虽未获得CDM项目最终认证，但已通过初步审批的企业也是值得商业银行考虑的贷款对象。由于CDM审批过程冗长烦琐，要求苛刻，许多企业在面临大量的交易成本与前期投资时也存在着融资需求。虽然这些企业在最终能否获得审批上仍然存在着不确定性，但由于这种不确定部分是由企业前期资金的匮乏造成的，商业银行的适时介入可以大大增加项目获得认证的可能性，在帮助企业获得项目审批的同时，因企业获得项目审批，企业获得项目利润的可能大大提高，这也为商业银行该笔贷款的质量提供了保证。另外，一旦这些潜在CDM项目参与者的项目获得通过，它们必然会成为各大商业银行公认的优质贷款业务客户。而先期介入的商业银行由于已经与项目参与企业建立起良好的借贷关系，将享有较大的竞争优势。

商业银行也可以考虑向致力于开发碳减排技术的企业发放贷款，该贷款因风险较高可以设计与风险匹配的较高利率。研发新技术的企业在其研发阶段需要较大资金投入，有很大的贷款需求。若新技术研发成功，拥有该项技术的企业一方面具有巨大的减排能力，可以获得巨额排放权出售收入；另一方面可以出售该项技术给其他企业或是应用该项技术生产减排设备，以此获得高额收益。企业成功盈利，该项贷款的利率又较高，银行也可以实现较高的收益。但若新技术研发不成功，企业将承受较大的损失，银行贷款回收风险也会相应增大。商业银行在充分调查企业技术开发状况的前提下，可以开展贷款业务，通过提高贷款利率、分散风险等方式可以保障银行盈利水平。

建议国家开发银行参与碳金融交易。国家开发银行贷款的特点是：一是贷款时间长；二是体现国家政策导向，体现在碳金融交易上，部分产业，如高能耗行业——钢铁、煤炭行业的企业是减排的重点对象，在这些行业没有硬性减排的任务时，它们可以通过长期投资更新设备技术，作为排放权卖家获得收益。我国减排目标明确后，这些企业将会承担较大的减排责任，它们会有较大的资金需求。这些企业参与的减排项目的时间跨度相对较大，资金需求也较多，国家开发银行可以考虑向此类企业发放贷款。从国家政策导向角度看，体现了对发展低碳经济的支持。从国家开发银行的盈利角度，此类企业在出售排放权阶段的盈利收入及其作为国家垄断行业大型企业的良好信用都是贷款回收的保证，此项贷款的盈利可观。国家开发银行向高能耗行业减排周期长的企业贷款具有较高可行性。

（2）中介业务：发挥优势，创造新增长点。现代金融机制中，商业银行存在的根本在于业务创新，也正是在业务上不断基于存贷款却又超越存贷款，才使得即使是在金融高度发达的国家，商业银行至今仍保持着至关重要地位。

针对现有的国内碳金融交易中介缺乏的状况，我们建议商业银行开展中介业务和咨询服务。银行开展的中介业务与交易所从事的中介业务重点不同：交易所的中介业务主要是为潜在交易双方提供交易平台；银行中介业务关注的则是最终成交价格的协商。类比证券交易市场，在碳金融领域，排放权交易所如同证券交易所和评级机构，而商业银行则为投资银行和咨询公司，两者业务冲突不大，商业银行中介业务的开展具有可行性。目前，中国企业之所以拥有巨大的碳排放权供给却仍处于国际碳金融的底端，主要原因之一是国外买家凭借其在中介市场的垄断地位与其自身专业优势，掌握了定价权和潜在交易者的信息。我国金融机构有必要开展定价业务和咨询服务。以 2009 年 11 月 15 日天津排放权交易所完成的国内首笔碳中和业务为例，外界估计该交易成交价格在1—3 欧元/吨之间，而次日欧洲排放权交易所（ECX）的 CER（核准排放量）成交价为 12.46 欧元/吨。可见，中国企业所可能获得的价格还拥有巨大的上升空间，同时，商业银行进驻中介咨询领域有极大的盈利余地。

浦发银行已成为国内首家试水碳金融中介领域的商业银行。浦发银行 2009 年以独家财务顾问的身份，为陕西两个水电项目引进了 CDM 项目，并争取到了较有优势的交易价格，也为自己赢得了利润。可见，参与碳金融交易中介业务在理论层面和实践层面都有利于商业银行的盈利。同时，对于商业银行而言，参与国际碳金融交易的深层意义还在于能够为其未来在国内碳金融市场上占据高点积累经验与培养人才。面对碳金融这一新兴领域，商业银行亲身参与其中所获得的经验储备与人力资源储备都是日后其在国内市场上获取竞争优势的无形资产。

前文提及的碳金融市场形成初期的业务仍然可以延续下去，但有必要做一些改进。

首先，统一的碳金融市场建立之后，碳排放权也就成为在国内得到承认的具有价值的资产。银行因而可以针对碳排放权资产的特性开展以碳排放权为抵押的贷款业务，从而扩展抵押贷款所涉及的可用以抵押的资产的范围。此类业务的开展对排放权价值的确认机制、排放权的认定机制和转移机制的完善程度等方面有很严格的要求，而国内碳排放权还没有法律的认可与保证，业务开展要求尚未达到。目前这一模式存在较大风险，并不建议商业银行现在开展，但这是碳金融市场较完善后商业银行可以考虑的业务。抵押业务还可以进一步扩展渗透到其他碳金融交易业务中，比如前文所介绍的 CDM 项目相关企业贷款时，商业银行可以要求借款企业以其排放权作为抵押，在企业无法正常还贷时，银行有权转手其减排权，从而降低银行的风险。其次，银行可以争取政策支持。我国商业银行的存贷款利率受国家管制，有特定的变动范围。由于低碳经济是国家政策倡导的，商业银行可以向当局争取给予碳金融交易相关贷款较低利率的贷款政策支持。

其次，银行可以争取政策支持。我国商业银行的存贷款利率受国家管制，有特定的变动范围。由于低碳经济是国家政策倡导的，商业银行可以向当局争取给予碳金融交易相关贷款较低利率的贷款政策支持。通过较优惠的利率支持低碳事业的发展，同时维系良好的客户关系。

此外，商业银行还应加强与其他金融机构的合作，比如与排放权交易所的合作。国内碳金融发展到一定程度后，商业银行可以参照交易所等中介机构的信用评级和项目评级对借款企业及其项目进行评估，依据评估结果决定是否发放贷款，依据评级等级在制度允许的条件下调整贷款利率。

3. 保险公司

碳金融市场与所有金融市场一样，都存在诸多风险，而这些风险之中最为直接的无疑是交付过程中的信用风险和未能达到排放目标的罚责风险。作为保险公司，可以针对碳金融中涉及的风险设计出相应的碳减排保险产品。

（1）信用保险——瞄准潜在需求，扩展保险业务。参与碳金融交易的企业面临着类似于企业出口商品时的信用风险：碳交易中排放权卖方在项目初期首先投入资金进行减排，减排与其利润实现不同时，并且由于排放权买方多为国外企业，我国企业对其信用状况难以详细了解，企业的应得报酬可能无法按时收回或不能足额收回。建议我国的保险公司开发针对国际碳交易的信用保险产品。从信用保险的需求看，由于我国现阶段是世界上最大的排放权卖家，并且这个角色在短期内不会发生很大转变，我国参与碳金融交易的企业具有对信用保险的巨大潜在需求。

从产品的可行性看，现阶段，与我国企业进行碳金融交易的是《京都议定书》中的附件 I 国家，主要是欧盟国家和日本。这些国家的信用体系较为健全，保险公司可以根据国外企业的信用记录较准确地预计企业违约风险的大小，这为承保时费率的厘定提供了保障。我国碳金融发展到一定程度后，国内企业参与碳交易将不仅限于排放权的出售，而且会涉及排放权的买卖交易，届时我国的信用体系也将更加健全。国内企业信用的评级有了一定的参考价值，国内企业参与碳交易的资料也有一定积累，保险公司对国内企业参与碳金融的信用风险也能够有比较科学的衡量。此时，保险公司也可考虑设计针对国内碳金融交易的信用保险产品以及保证保险。

最后，考虑到保险公司的营利性，我国国内保险公司开展现有信用保险的盈利水平不高。改善国内信用保险盈利状况的方式之一便是加大保险产品创新力度，寻找新的需求。碳金融交易相关的信用保险产品正是保险公司值得尝试的产品。

（2）责任保险——针对特定责任风险，关注交易双方需求。碳排放配额制下，为限制各企业、部门的排放所采取的主要办法之一就是制定、发布行业排污标准。超过标准的企业、部门将受到限期整改达标、罚款、停产等不同的处罚。承担减排责任的企业面临着超额排放的责任风险。而在碳金融交易中，通过签订带有罚则条款的 CDM 项目合约，排放权卖方在到期没有达成减排额度时需承担一定的赔偿责任。这种责任风险由排放权买方部分地转移到排放权卖方。针对排放权买卖双方面临的责任风险，建议保险公司开展相关责任保险，特别是针对排放权卖方的赔偿责任保险。

从需求看，碳排放权卖方企业可能会因为制度、环境等难以规避和控制的因素无法完成减排任务。具体分析致使卖方企业最终不能正常交付预定减排量的原因：从制度角度看，首先由于碳金融交易的双方大多来自不同国家，各国法律、规则迥异，对于排放量的测量方式不一，对减排额的认定规则不同，对排放权买方国家制度理解的不完全可能导致卖方企业的"超额"赔偿责任。其次，国际碳金融市场总体来说发展历史较短，《京都议定书》后的国际碳交易具体规范还是未知数。我国的碳金融更是刚刚起步，有关碳金融的相关法律、制度、政策还不够完善。这种政策的不确定性极易带来企业参与碳金融交易的责任风险，这种风险也被普遍认为是碳金融交易中最大的风险。从企业实际运行角度看，碳排放量的多少受自然环境因素的影响较大（如林业减排措施效果受到森林所在自然环境很大的影响），此类不可抗因素的负面影响企业不能通过管理控制而消除，却会给企业带来较大的赔偿责任风险。另外，由于排放权卖方企业大多通过应用新设备和新生产方式来进行减排，此方式可能给企业带来技术层面的风险（比如应用新技术时，虽预计能达到减排目标，可实际结果却低于预计水平，减排目标不能实现），新技术的实际效果的不确定性也会给企业带来赔偿责任。同时，企业运作过程中，所创造的经济效益是与碳排放量成正比的，若因为担心超过排放量限额而限制生产会带来企业经济利益的损失。企业面临着难以规避且难以控制的风险，且出于利益目标企业总是希望在不超过排放上限的情况下尽可能高效地利用排放额度，因而购买针对超额排放的责任保险来转移风险是卖方企业以最低成本管理风险，实现利润最大化的最好方式。排放权买方的责任风险与排放权卖方是相联系的，正是因为排放权卖方未能完成减排任务，排放权买方才需要承担超额排放的处罚。碳金融交易参与企业对于责任保险有很高的需求。

从可行性角度看，碳金融交易中所涉及的这种赔偿责任风险符合责任保险的开展要求。首先，超额排放的赔偿责任属于民事赔偿责任，具体来说对于排放权买方，其超额排放责任主要为违反规定的法律责任，对于排放权卖方，其责任风险主要为约定责任风险，属于对碳金融交易项目合约的违约责任，碳金融交易涉及的责任风险属于责任保险的可保风险。其次，基于碳金融交易的责任保险的创新实际上没有超出现有责任保险的范畴，仅是在原来的基础上增加了针对超额排放责任风险和碳金融交易的买卖双方需求的考虑。虽然关于责任保险是否会消除制度约束的学术争论一直没有停止过，但正如周成建（2008）"责任保险有助于民事责任制度的实现""责任保险有助于弥补民事责任制度的不足"和"保险责任可以推动民事责任发展"三方面的理论论证以及机动车第三者责任保险的实践都表明，责任保险对于制度约束力的负面影响很小。只要能够采取适当的制度设计，基于碳金融交易的责任保险也不会起到减少超额排放处罚制度约束力的负面作用。碳金融责任保险理论上具有可行性，该保险创新值得我国的保险公司探索和尝试。

从盈利角度看，我国的责任保险发展虽然较快，但是除了机动车责任保险，其他类别的责任保险市场份额较小，发展状况不理想。和发达国家的责任保险发展情况对比，西方国家将责任保险视为保险业的第三阶段，责任保险的保费收入在财产保险中占据很高的比重。我国的责任保险拥有很大的增长空间，相应地对于我国保险公司开展责任保险还有很大的盈利可能性，碳金融交易相关的责任保险产品的开发或许是我国保险公司盈利的一种新方式。

（3）健全中介市场。健全中介市场可以从以下几方面着手。一是培育中介机构，包括交易平台的培育和完善以及对参与碳金融的咨询、评估、法律、会计等中介机构的培植两个层面。二是在开展碳交易时，鼓励专业性的中介机构参与其中，如项目谈判时让专业的咨询机构给予指导、项目评估时让资深的评估机构参与、项目融资时让担保机构介入、合同订立时让法律机构协助等，以有效地降低交易成本和项目风险，促进碳金融业务的健康开展。三是商业银行应该加强与国内外碳金融服务中介的合作，共同探索碳金融市场的发展，一方面可以获得关于CDM等项目的风险评估等服务；另一方面也可以从合作中学习借鉴到先进经验。

（4）大力培养碳金融专业人才。打造专业化人才队伍。相比传统业务，碳金融业务需要具备理工、金融、外语、项目管理等专业知识的综合性人才，而目前银行从事碳金融业务的员工数量很少，且多为单一专业人员，复合型人才培养任务很重。应充分考虑碳金融业务现状和未来发展需要，大力提升业务人员素质，加大人员配备，打造一支专业的碳金融人才队伍。

（5）完善碳金融交易制度。目前全球性的四个碳交易所都在发达国家，与之相应的中国既然作为一个具有极大潜力的碳交易国，我们不能被排斥在外。因此，要尽快建立和健全经济、行政、法律、市场四位一体的新型节能减排机制。首先，推动建立多样化的东西部减排机制，考虑我国东西部地区经济发展水平的差异，建立区域碳交易体系。在东部地区采取更严格的减排政策，以此促进东部地区实现产业升级，而在西部地区则采取较为温和的排放控制政策，在保持经济增长的前提下，通过政策引导，鼓励企业更多地采用低碳发展模式。其次，建立限额贸易机制，以法律的形式把温室气体排放量比较大的企业纳入限额排放体系，用透明、合理的排放权分配机制，对纳入限额排放体系内的企业规定一个排放配额，允许配额有剩余的企业把剩余的配额在气候交易所出售，而允许那些配额不足的企业在气候交易所购买市场上出售的配额，对于那些排放超标并且没有购买配额的企业，相关机构应根据超标的数额给予相应的惩罚或吊销其贷款证，限制其上市融资或从银行取得贷款等。

参考文献

［美］A. C. 庇古：《福利经济学》，何玉长、丁晓钦译，上海财经大学出版社 2009 年版。

［美］安德鲁·霍夫曼：《碳战略——顶级公司如何减少气候足迹》，李明译，社会科学文献出版社 2012 年版。

白海军：《碳客帝国》，中国友谊出版公司 2010 年版。

白金：《城市居民环境意识及其影响因素分析》，硕士学位论文，中央民族大学，2011 年。

北京环境交易所：《北京进一步开放碳排放权交易市场加强碳资产管理》，2014 年 12 月 22 日，http://www.cbeex.com.cn/article/zxdt/bsdt/201412/20141200055434.shtml。

蔡可泓：《法国碳标签的"蝴蝶效应"》，《进出口经理人》2012 年第 12 期。

蔡守秋、张建伟：《论排污权交易的法律问题》，《河南大学学报》（哲学社会科学版）2003 年第 5 期。

陈德湖、李寿德、蒋馥：《排污权交易市场中厂商行为与政府管制》，《系统工程》2010 年第 3 期。

陈洁民：《碳标签：国际贸易中的新热点》，《对外经贸实务》2010 年第 2 期。

陈磊、张世秋：《排污权交易中企业行为的微观博弈分析》，《北京大学学报》（自然科学版）2010 年第 11 期。

陈文颖、代光辉：《广西重点行业二氧化碳减排潜力分析》，《环境科学与技术》2007 年第 6 期。

陈泽勇：《碳标签在全球的发展》，《信息技术与标准化》2010 年第 11 期。

重庆联交所：《重庆市碳排放权交易隆重开市》，2014 年 7 月 28 日，ht-

tp：//www. cspea. org. cn/article/hydt/hydt/201407/20140700002893.
shtml。

储益萍：《排污权交易初始价格定价方案研究》，《环境科学与技术》
2011 年第 Z2 期。

戴世明、吕锡武：《企业推广排污权交易的可行性研究》，《基建优化》
2005 年第 3 期。

戴星翼：《走向绿色的发展》，复旦大学出版社 1998 年版。

[美] 丹尼尔·埃斯蒂、安德鲁·温斯顿：《从绿到金》，张天鸽、梁雪
梅译，中信出版社 2009 年版。

窦温暖：《大学生职业自我概念问卷的编制及其特点研究》，硕士学位
论文，江西师范大学，2008 年。

杜晶、朱方伟：《企业环境技术创新采纳的行为决策研究》，《科技进步
与对策》2010 年第 7 期。

范群林、邵云飞、唐小我：《以发电设备制造业为例探讨企业环境创新
的动力》，《软科学》2011 年第 1 期。

冯运科：《企业环境技术创新影响机制及政策体系研究》，硕士学位论
文，河南理工大学，2012 年。

耿建新：《企业环境信息披露与管制的理想框架》，《环境保护》2007
年第 4 期。

龚欣、刘文忻、张元鹏：《公共品私人自愿提供决策的实验研究》，《中
南财经政法大学学报》2010 年第 4 期。

勾红洋：《低碳阴谋》，山西经济出版社 2010 年版。

郭兰平、刘冬兰：《妨碍我国排污权交易政策实施的制度因素分析》，
《特区经济》2011 年第 12 期。

韩建平：《习近平与"十三五"五大发展理念·创新》，新华网，2015
年 11 月 1 日，http：//news. xinhuanet. com/politics/2015 - 11/01/c_
128380546_ 3. htm。

韩丽华：《排污权交易会计问题研究——基于我国排污权交易市场发展
的思考》，《财会通讯》2012 年第 22 期。

何欢浪、岳咬兴：《策略性环境政策：环境税和减排补贴的比较分析》，
《财经研究》2009 年第 2 期。

洪大用：《环境关心的测量：NEP 量表在中国的应用评估》，《社会》

2006 年第 5 期。

胡剑波、丁子格、任亚运：《发达国家碳标签发展实践》，《世界农业》
2015 年第 9 期。

胡锦涛：《高举中国特色社会主义伟大旗帜　为夺取全面建设小康社会
新胜利而奋斗》，《人民日报》2007 年 10 月 16 日第 2 版。

胡锦涛：《坚定不移沿着中国特色社会主义道路前进　为全面建成小康
社会而奋斗》，《人民日报》2012 年 11 月 9 日第 2 版。

胡荣：《影响城镇居民环境意识的因素分析》，《福建行政学院学报》
2007 年第 1 期。

胡莹菲、王润、余运俊：《中国建立碳标签体系的经验借鉴与展望》，
《经济与管理研究》2010 年第 3 期。

黄德春、刘志彪：《环境规制与企业自主创新》，《中国工业经济》2006
年第 3 期。

黄健：《基于环境技术创新导向的环境政策研究》，硕士学位论文，浙
江大学，2008 年。

黄亦薇：《碳标签、碳足迹——我国国际贸易持续发展的"新门槛"》，
《现代商贸工业》2011 年第 1 期。

贾振虎、姚兴财、米君龙：《碳金融风险管理》，华南理工大学出版社
2016 年版。

江元美：《我国消费者绿色消费态度与绿色消费行为关系实证研究》，
硕士学位论文，山东大学，2011 年。

鞠晴江、王川红：《基于环境责任的企业绿色技术创新战略研究》，《科
学管理研究》2008 年第 12 期。

孔志峰：《排污权交易的财政机制》，《环境保护》2009 年第 5 期。

李翠锦：《企业绿色技术创新绩效的综合评测方法探讨》，《统计与咨
询》2007 年第 3 期。

李光军、徐松：《企业实施清洁生产政策激励机制研究》，《环境科学与
技术》2004 年第 3 期。

李慧敏：《地球是烫的：低碳是人类的必然选择》，电子工业出版社
2011 年版。

黎建新：《绿色购买的影响因素分析及启示》，《长沙理工大学学报》
（社会科学版）2006 年第 4 期。

李创：《我国排污权初始价格问题研究》，《价格理论与实践》2013 年第 10 期。

李创：《国内排污权交易的实践经验及政策启示》，《理论月刊》2015 年第 7 期。

李惠蓉：《我国排污权初始分配问题探析》，《商业会计》2013 年第 1 期。

李克强：《催生新的动能实现发展升级》，《求是》2015 年第 20 期。

李寿德、王家祺：《初始排污权不同分配下的交易对市场结构的影响研究》，《武汉理工大学学报》（交通科学与工程版）2010 年第 1 期。

厉以宁、章铮：《环境经济学》，中国计划出版社 1995 年版。

李永红、陈侃翔、鲍健强：《国外排污权交易理论分析》，《消费导刊》2009 年第 13 期。

刘军、臧海瑞、崔鹏：《关于排污权交易的讨论》，《电力科学与工程》2009 年第 4 期。

刘亮：《我国建立碳标签制度的公共政策路径研究》，硕士学位论文，华南理工大学，2014 年。

李如忠、刘咏、孙世群：《公众环境意识调查及评价分析》，《合肥工业大学学报》（社会科学版）2003 年第 4 期。

刘田田、王群伟、许孙玉：《碳标签制度的国际比较及对中国的启示》，《中国人口·资源与环境》2015 年第 Z5 期。

李秀英：《建立我国碳标签法律制度的可行性分析》，《商品与质量理论研究》2011 年第 8 期。

李云雁：《环境管制与企业技术创新：政策效应比较与政策配置》，《浙江社会科学》2011 年第 12 期。

李武威：《绿色技术创新模式下的环境制度设计研究》，《科技进步与对策》2008 年第 9 期。

李志学、张肖杰、董英宇：《中国碳排放权交易市场运行状况、问题和对策研究》，《生态环境学报》2014 年第 11 期。

李自琴：《"低碳认证"或大幅推高生产成本》，《光明日报》2013 年 4 月 10 日。

刘玮：《2014 年全球灾害风险与巨灾保险发展》，《中国保险报》2015 年 1 月 5 日。

李新娥、穆红莉:《工业企业环境技术创新动力机制和政策研究》,《商业现代化》2008 年第 3 期。

李新秀、刘瑞利、张进辅:《国外环境态度研究述评》,《心理科学》2010 年第 6 期。

刘光中、李晓红:《污染物总量控制及排污收费标准的制定》,《系统工程理论与实践》2001 年第 10 期。

刘明浩:《我国物流业碳排放测算与低碳化政策研究》,硕士学位论文,河南理工大学,2016 年。

刘瑞利:《大学生环境态度问卷编制及特点分析》,硕士学位论文,西南大学,2010 年。

刘燕娜、林伟明、石德金:《企业环境管理行为决策的影响因素研究》,《福建农林大学学报》(哲学社会科学版)2011 年第 5 期。

刘正权、陈璐:《低碳产品和服务评价技术标准及碳标签发展现状》,《中国建材科技》2010 年第 S2 期。

龙金光、丁雯:《"碳标签"兴起"绿色风"尽现》,《南方日报》2013 年 5 月 5 日。

卢伟:《构建我国排污权交易体系的政策建议》,《中国经贸导刊》2012 年第 12 期。

罗艳菊、黄宇、毕华、赵志忠:《基于环境态度的城市居民环境友好行为意向及认知差异——以海口市为例》,《人文地理》2012 年第 5 期。

吕永龙、许健、胥树凡:《我国环境技术创新的影响因素与应对策略》,《环境污染治理技术与设备》2000 年第 5 期。

吕永龙:《环境技术创新及其产业化的政策机制》,气象出版社 2003 年版。

吕永龙、梁丹:《环境政策对环境技术创新的影响》,《环境污染治理技术与设备》2003 年第 7 期。

柳下再会:《以碳之名低碳幕后的全球博弈》,中国发展出版社 2010 年版。

马丹:《环境知觉、环境态度和环境行为的关联性分析》,硕士学位论文,东北大学,2008 年。

马先明、姜丽红:《态度及其行为模式述评》,《社会心理科学》2006

年第 3 期。

马小明、张立勋：《基于压力—状态—响应模型的环境保护投资分析》，《环境保护》2002 年第 11 期。

马中、Dudek、吴健：《总量控制与排污权交易》，《中国环境科学》2002 年第 1 期。

马中：《环境经济与政策：理论及应用》，中国环境科学出版社 2010 年版。

［美］迈克尔·波特：《竞争论》，高登第、李明轩译，中信出版社 2012 年版。

孟庆峰、李真、盛昭瀚、杜建国：《企业环境行为影响因素研究现状及发展趋势》，《中国人口·资源与环境》2010 年第 9 期。

穆丽霞、周原：《美国碳排放交易问题不同立场评析》，《人民论坛》2013 年第 11 期。

聂晓文：《生态补偿过程中相关利益主体的博弈行为分析》，硕士学位论文，北京工业大学，2010 年。

潘家华：《可持续发展的经济理论创新》，《国外社会科学》1997 年第 3 期。

乔晓岚：《重庆、湖北启动碳排放权交易配套机制尚需完善》，2014 年 4 月 10 日，http：//finance. ifeng. com/a/20140409/12075057_0. shtml。

裘晓东：《国际碳标签制度浅析》，《大众标准化》2011 年第 1 期。

邱永召：《排污权交易及其配套制度思考》，载《中国环境科学学会学术年会优秀论文集》，中国环境科学出版社 2007 年版。

［美］R. H. 科斯：《论生产的制度结构》，盛洪、陈郁译，生活·读书·新知三联书店 1994 年版。

任勇、李华友、周国梅、陈赛：《我国发展循环经济的政策与法律体系探讨》，《中国人口·资源与环境》2005 年第 5 期。

沈冰、冯勤：《基于可持续发展的环境技术创新及其政策机制》，《科学学与科学技术管理》2004 年第 8 期。

沈芳：《环境规制工具的选择：成本与收益的不确定性及诱发性技术革新的影响》，《当代财经》2004 年第 6 期。

申文奇：《欧盟碳金融市场发展研究》，硕士学位论文，吉林大学，

2011 年。

深圳排放权交易所:《EMC 投资基金》,2015 年 4 月 17 日,http://www. cerx. Cn/Financial Service/360. htm。

世界银行报告:《碳市场现状与趋势 2014》,http://www. worldbank. org/en/news/feature/2014/05/28/state – trends – report – tracks – global – growth – carbon – pricing。

帅传敏、吕婕、陈艳:《食物里程和碳标签对世界农产品贸易影响的初探》,《对外经贸实务》2011 年第 2 期。

孙宁、蒋国华、吴舜泽:《国家环境技术管理体系实施现状与政策建议》,《环境保护》2010 年第 15 期。

孙亚梅、吕永龙、王铁宇、马骅、贺桂珍:《基于专利的企业环境技术创新水平研究》,《环境工程学报》2008 年第 3 期。

[美] 索尼娅·拉巴特、罗德尼·怀特:《碳金融》,王震等译,石油工业出版社 2010 年版。

[美] 泰坦伯格:《排污权交易:污染控制政策的改革》,崔卫国、范红延译,生活·读书·新知三联书店 1992 年版。

碳交易网:《上海市碳排放权交易市场存在哪些问题》,2014 年 11 月 21 日,http://www. tanpaifang. com/tanguwen/2014/1121/40233. html。

田建春:《绿色技术创新多元主体分析》,《中国高新技术企业》2007 年第 3 期。

天津排放权交易所:《区域碳市场》,http://www. chinatcx. com. cn/tcxweb/pages/build/jsgc. jsp? name = 1。

万旭荣:《乌鲁木齐市市民环境意识及行为现状的调查研究》,硕士学位论文,新疆医科大学,2008 年。

万志宏、吕梦浪:《国际碳金融市场的现状与前景》,《农村金融研究》2010 年第 9 期。

[美] 温斯顿:《低碳崛起:Green recovery:低成本公司的未来》,张天鸽、梁雪梅译,中信出版社 2010 年版。

吴林海、赵丹、王晓莉、徐立青:《企业碳标签食品生产的决策行为研究》,《中国软科学》2011 年第 6 期。

王贺峰:《消费者态度改变的影响因素与路径分析——基于消费者饮料购买的实证研究》,硕士学位论文,吉林大学,2000 年。

王环採:《旅游者碳足迹》,中国林业出版社 2011 年版。

王金南、毕军:《排污交易:实践与创新》,中国环境科学出版社 2009 年版。

王金南、董战峰、杨金田、李云生、严刚:《排污交易制度的最新实践和展望》,《环境经济》2008 年第 10 期。

王京芳:《促进中小企业绿色技术创新的对策研究》,《科学学与科学技术管理》2005 年第 12 期。

王蕾、毕巍强:《排污权交易下的政府行为分析》,《经济研究导刊》2009 年第 16 期。

王丽萍:《非对称企业间环境技术创新的复制动态和演化稳定策略》,《工业技术经济》2013 年第 5 期。

王丽萍:《政府与企业环境技术创新的互动决策分析》,《资源开发与市场》2013 年第 11 期。

王丽萍:《节能减排与环境技术创新》,中国轻工业出版社 2014 年版。

王丽萍:《河南省碳排放权交易的制度设计》,《现代管理科学》2016 年第 6 期。

王璐、杜澄:《环境管制对企业环境技术创新影响研究》,《公共经济》2009 年第 2 期。

王世猛、李志勇、万宝春、冯海波:《创新排污权交易工作机制的探讨——以河北省为例》,《中国环境管理》2012 年第 2 期。

王微、林剑艺、崔胜辉、吝涛:《碳足迹分析方法研究综述》,《环境科学与技术》2010 年第 7 期。

王溪竹:《低碳经济对我国外贸影响日益凸显》,《中国经贸》2012 年第 12 期。

王勇:《焦作市工业企业环境技术创新的影响因素》,硕士学位论文,河南理工大学,2014 年。

王玉婧:《环境壁垒与环境技术创新》,《生产力研究》2008 年第 15 期。

吴洁、蒋琪:《国际贸易中的碳标签》,《国际经济合作》2009 年第 7 期。

吴俊、林冬冬:《国外碳金融业务发展新趋向及其启示》,《商业研究》2010 年第 8 期。

吴巧生、成金华：《中国自然资源经济学研究综述》，《中国地质大学学报》（社会科学版）2004 年第 3 期。

武旭：《低碳城市建设的国际经验借鉴与路径选择》，《区域经济评论》2014 年第 1 期。

夏飞、李成智：《前景理论及其对政府决策的启示》，《现代管理科学》2005 年第 3 期。

肖鹏、郝海清：《排污权交易的若干法律问题探析》，中国环境科学出版社 2009 年版。

［美］熊彼特：《经济发展理论》，邹建平译，中国画报出版社 2012 年版。

徐春艳：《构建中国的排污权交易制度》，《辽宁工程技术大学学报》（社会科学版）2004 年第 5 期。

许健、吕永龙：《我国环境技术产业化的现状与发展对策》，《环境科学进展》1999 年第 2 期。

徐俊：《碳标签对我国对外贸易的影响及对策》，《中国经贸导刊》2010 年第 24 期。

许庆瑞：《企业绿色技术创新研究》，《中国软科学》2000 年第 3 期。

许士春、何正霞、龙如银：《环境政策工具比较：基于企业减排的视角》，《系统工程理论实践》2012 年第 11 期。

［美］亚当·乔力：《低碳技术商业化指南：清洁技术与清洁利润》，季田牛译，中信出版社 2011 年版。

严刚、王金南：《中国的排污交易实践与案例》，中国环境科学出版社 2011 年版。

杨方方：《浅析碳排放试点期间碳核查现状及发展趋势》，《工程技术》（文摘版）2016 年第 9 期。

杨志、郭兆晖：《低碳经济的由来、现状与运行机制》，《学习与探索》2010 年第 2 期。

尹政平、李丽：《建设低碳超市的国际经验借鉴及对策探讨》，《经济问题探索》2012 年第 5 期。

尹忠明、胡剑波：《国际贸易中的新课题：碳标签与中国的对策》，《经济学家》2011 年第 7 期。

张根林：《消费者对绿色食品的态度及其影响因素研究》，硕士学位论文，重庆大学，2009 年。

张金香：《论排污权交易中政府的职能定位》，《经济论坛》2011 年第
　　5 期。

张琛：《动态两难对策中竞合行为若干影响因素的实验研究》，硕士学
　　位论文，浙江大学，2006 年。

张丽杰、王霞：《吉林省排污权交易体系构建的研究与探讨》，《工程技
　　术》（引文版）2016 年第 5 期。

张璐：《论排污权交易法律制度》，《河南财经政法大学学报》2000 年
　　第 1 期。

张庭溢、计国君：《碳标签政策下的企业碳减排决策研究》，《广西大学
　　学报》（哲学社会科学版）2015 年第 6 期。

张欣：《排污权交易政策的制度创新分析》，《沈阳大学学报》（自然科
　　学版）2010 年第 6 期。

张宗和、彭昌奇：《区域技术创新能力影响因素的实证分析》，《中国工
　　业经济》2009 年第 12 期。

赵红：《环境规制对中国企业技术创新影响的实证分析》，《管理现代
　　化》2008 年第 3 期。

赵爽、杨波：《兰州市民环境意识调查研究与对策》，《北京邮电大学学
　　报》（社会科学版）2007 年第 5 期。

赵细康：《环境政策对技术创新的影响》，《中国地质大学学报》（社会
　　科学版）2004 年第 1 期。

中国国务院：《中国 21 世纪人口、环境与发展白皮书》，1994 年 3 月 25
　　日。

中国环境科学学会：《实施主要污染物总量控制的理论与实践》，中国
　　环境科学出版社 1996 年版。

钟晖、王建锋：《建立绿色技术创新机制》，《生态经济》2000 年第
　　3 期。

周培国：《绿色消费者生活方式研究》，硕士学位论文，长沙理工大学，
　　2008 年。

周树勋、陈齐：《排污权交易的浙江模式》，《环境经济》2012 年第
　　3 期。

周业安：《行为经济学是对西方主流经济学的革命吗》，《中国人民大学

学报》2004 年第 2 期。

Ajzen, I., "The theory of planned behavior", *Organizational Behavior and Human Decision Processes*, 1991, 50 (2): 179 – 211.

Balderjahn, I., "Personality variables and environmental attitudes as predictors of ecologically responsible consumption patterns", *Journal of Business Research*, 1988, 17 (1): 51 – 56.

Baldwin, S., "Carbon Footprint of Electricity Generation", *Parliamentary Office of Science and Technology*, Number 268, London, UK, 2006.

Brown, E. and Wield, D., "Regulation as a means for the social control of technology", *Technology Analysis & Strategic Management*, 1994, 6 (3): 259 – 272.

Burtraw, D., Evans, D. A. and Krupnick, A. et al., "Economics of population trading for SO_2 and NO_x", *Annual Review of Environment & Resources*, 2005, 30 (1).

Carbon Trust, "Carbon Footprint Measurement Methodology", Version 1.1, The Carbon Trust, London, UK, 2007, 2.

Cason, T. N. and Gangadharan, L., "An experimental study of electronic bulletin board trading for emission permits", *Journal of Regulatory Economics*, 1998, 14 (1): 55 – 73.

Coggins, J. S. and Swinton, J. R., "The price of pollution: A dual approach to valuing SO_2 allowances", *Journal of Environmental Economics and Management*, 1996 (30): 58 – 72.

Crocker, T. D. ed., "*The structuring of atmospheric pollution control system, The Economics of Air Pollution*", Wolorin, H., New York: Norton W. W. & Co., 1996, 61 – 86.

David, W., "Markets in licenses and efficient pollution control programs", *Journal of Economic Theory*, 1972, 5 (3): 395 – 418.

Downing, P. and Kimball, J., "Enforcing pollution control laws in the United States", *Policy Studies Journal*, 1982 (11): 55 – 65.

Dunlap, R. E., "The new environmental paradigm scale: From marginality to worldwide use", *The Journal of Environmental Education*, 2008, 40 (1): 3 – 18.

Egteren, H. V. and Weber, M. , "Marketable permits, market power, and cheating", *Journal of Environmental Economics and Management*, 1996, 30 (2): 161 – 173.

Fransson, N. and Gärling, T. , "Environmental concern: Conceptual definition, measurement methods, and research findings", *Journal of Environmental Psychology*, 1999, 19 (4): 369 – 382.

Galli, A. , Wiedmann, T. and Ercin, E. et al. , "Integrating ecological, carbon and water footprint into a 'footprint family' of indicators: Definition and role in tracking human pressure on the planet", *Ecological Indicators*, 2012, 16 (16): 100 – 112.

Global Footprint Network, "*Ecological Footprint Glossary*", Oakland, CA, USA, 2007.

Grubb, E. , "*Meeting The Carbon Challenge: The Role of Commercial Real Estate Owners, Users& Managers*", Chicago, 2007.

Hahn, R. W. , "Market power and Transferable property right", *Quarterly Journal of Economics*, 1984 (10): 753 – 765.

Hansen, J. , Sato, M. , Ruedy, R. , Lo, K. and Lea, D. W. , "Global temperature Change", *Proceedings of the National Academy of Sciences*, 2006: 14288 – 14293.

Heddeghem, W. V. , Vereecken, W. and Colle, D. et al. , "Distributed computing for carbon footprint reduction by exploiting low – footprint energy availability", *Future Generation Computer Systems*, 2012, 28 (2): 405 – 414.

Ho, Z. P. , "Restaurant facilities layout – reducing carbon footprint aspect", *Applied Mechanics & Materials*, 2011 (58 – 60): 618 – 623.

Karpiak, C. P. and Baril, G. L. , "Moral reasoning and concern for the environment", *Journal of Environmental Psychology*, 2008, 28 (3): 203 – 208.

Keeler, A. G. , "Noncompliant firms in transferable discharge permit markets: Some extensions", *Journal of Environmental Economics & Management*, 1991, 21 (2): 180 – 189.

Kreiser, P. M. , Marino, L. D. and Weaver, K. M. , "Reassessing the en-

vironment – EO link: the impact of environmental hostility on the dimen-
sions of entrepreneurial orientation", *Academy of Management Annual
Meeting Proceedings*, 2002（1）: G1 – G6.

Krupnick, A. J., Oates, W. E. and Verg, E. V. D., "On marketable air
– pollution permits: The case for a system of pollution offsets", *Journal
of Environmental Economics & Management*, 1983, 10（3）: 233 –
247.

Lee, K. H., "Integrating carbon footprint into supply chain management:
the case of Hyundai Motor Company（HMC）in the automobile indus-
try", *Journal of Cleaner Production*, 2011, 19（11）: 1216 – 1223.

Liere, K. D. V. and Dunlap, R. E., "The social bases of environmental
concern: A review of hypotheses, explanations and empirical evi-
dence", *Public Opinion Quarterly*, 1980, 44（2）: 181 – 197.

Lutz, J. R., "The role of attitude theory in marketing", in Kassarjian,
H. A.（ed.）, *Perspectives in Consumer Behavior*, Prentice – Hall, En-
glewood Cliffs, NJ, 1991: 317 – 339.

Malik, A. S., "Markets for pollution control when firms are noncompliant",
Journal of Environmental Economics & Management, 1990, 18（2）:
97 – 106.

Malik, A. S., "Enforcement cost and the choice of policy in structure for
controlling pollution", *Economic Inquiry*, 1992, 30（4）: 714 – 724.

Malik, A. S., "Further results on permit markets with market power and
cheating", *Journal of Environmental Economics & Management*, 2002,
44（3）: 371 – 390.

Maloney, M. P. and Ward, M. P., "Ecology: Let's hear from the people:
An objective scale for the measurement of ecological attitudes and knowl-
edge", *American Psychologist*, 1973, 28（7）: 583 – 586.

Maloney, M. P., Ward, M. P. and Braucht, G. N., "A revised scale for
the measurement of ecological attitudes and knowledge", *American
Psychologist*, 1975, 30（7）: 787 – 790.

Montero Juan – Pablo, "Permits standards and technology innovation", *Jour-
nal of Environmental Economics and Management*, 2002, 44（1）: 23 –

44.

Oates, W. E. and Mcgartland, A. M., "Marketable Pollution Permits and Acid Rain Externalities: A Comment and Some Further Evidence", *Canadian Journal of Economics*, 1985, 18 (3): 668 – 675.

Pandey, D., Agrawal, M. and Pandey, J. S., "Carbon footprint: current methods of estimation", *Environmental Monitoring & Assessment*, 2011, 178 (1 – 4): 135 – 160.

Pandey, D. and Agrawal, M., *Carbon Footprint Estimation in the Agriculture Sector*, Springer Singapore, 2014: 25 – 47.

Pargaland, S. and Wheeler, D., "Informal regulation of industrial pollution in developing countries: Evidence from Indonesia", *Econometric Theory*, 2003, 104 (4): 1314 – 1327.

Paulson, R. M. and Lord, C. C., "Which behaviors do attitudes predict? meta analyzing the effects of social pressure and perceived difficulty", *Review of General Psychology*, 2005, 9 (3): 214 – 227.

Perry, R. W., Gillespie, D. F. and Lotz, R. E., "Attitudinal variables as estimates of behavior: A theoretical examination of the attitude – action controversy", *European Journal of Social Psychology*, 1976, 6 (2): 227 – 243.

Porter, M. E. and Claas, V. D. L., "Toward a New Conception of the Environment – Competitiveness Relationship", *Journal of Economic Perspectives*, 1995, 9 (4): 97 – 118.

Quinteiro, P., Araújo, A. and Oliveira, B. et al., "The carbon footprint and energy consumption of a commercially produced earthenware ceramic piece", *Journal of the European Ceramic Society*, 2012, 32 (10): 2087 – 2094.

Rees, W. E., "Ecological footprints and appropriated carrying capacity: What urban economics leaves out", *Environment and Urbanization*, 1992, 4 (2): 121 – 130.

Rosendahl, K. E., "Cost effective environmental policy: Implications of induced technological change", *Journal of Environmental Economics and Management*, 2004, 48 (3): 1099 – 1121.

Schultz, P. W. , "The reward signal of midbrain dopamine neurons", *News in Physiological Sciences*, 2000, 14 (6): 249 – 255.

Schultz, P. W. , Gouveia, V. V. and Cameron, L. D. et al. , "Values and their relationship to environmental concern and conservation behavior", *Journal of Cross – Cultural Psychology*, 2005, 36 (4): 457 – 475.

Stanwick, P. A. and Stanwick, S. D. , "The relationship between corporate social performance, and organizational size, financial performance, and environmental performance: An empirical examination", *Journal of Business Ethics*, 1998, 17 (2): 195 – 204.

Stavins, R. N. , "Transaction costs and tradable permits", *Journal of Environmental Economics & Management*, 1995, 29 (2): 133 – 148.

Stranlund, J. K. and Chavez, C. A. , "Effective enforcement of a transferable emissions permit system with a self – reporting requirement", *Journal of Regulatory Economics*, 2000, 18 (2): 113 – 131.

Swinton, J. R. , "At what cost do we reduce pollution Shadow prices of SO_2 emissions", *Energy Journal*, 1998, 19 (4): 63 – 84.

Tanner, C. , "Constraints on environmental behavior", *Journal of Environmental Psychology*, 1999, 19 (2): 145 – 157.

Tietenberg, T. H. , "Emissions trading: Principles and practice", *Ecological Economics*, 2006, 61 (2 – 3): 576 – 577.

UND Programme, "Fighting climate change: Human solidarity in a divided world", *Human Development Report* 2007/2008. 2007: 1193 – 1202.

United Nations Commission on the Environment and Development, "*Global partnership for environment and development: A guide to Agenda* 21", USA: UNCED, 1992.

Upmeyer, "Attitudes and behavioral decisions", *British Journal of Social Psychology*, 1990, 19 (3): 464.

Wagner, T. , "Environmental policy and the equilibrium rate of unemployment", *Journal of Environmental Economics & Management*, 2005, 49 (1): 132 – 156.

Waldman, D. A. and Siegel, D. , "Defining the socially responsible", *The Leadership Quarterly*, 2007, 19 (1): 117 – 131.

Wiedmann, T. and Minx, J. , "A definition of carbon footprint", *Journal of the Royal Society of Medicine*, 2007, 92 (4): 193 – 195.

World Resource Institute (WRI), "World business council for Sustainable development (WBCSD), The Greenhouse Gas Protocol, A Corporate Accounting and Reporting Standard", Revised edition, 2004.

Wu, K. , Nagurney, A. and Liu, Z. et al. , "Modeling generator power plant portfolios and pollution taxes in electric power supply chain networks: A transportation network equilibrium transformation", *Transportation Research Part D Transport & Environment*, 2006, 11 (3): 171 – 190.

Zelezny, L. C. , Chua, P. P. and Aldrich, C. , "Elaborating on gender differences in environmentalism", *Journal of Social Issues*, 2000, 56 (3): 443 – 457.